Journey Through

Genius

The Great Theorems of Mathematics

天才引导的历程

数学中的伟大定理

[美] William Dunham 著
李繁荣 李莉萍 译

4

7

8

1

5

2

6

10

9

3x²

3

8

机械工业出版社
CHINA MACHINE PRESS

图书在版编目（CIP）数据

天才引导的历程：数学中的伟大定理 /（美）邓纳姆（Dunham，W.）著；李繁荣，李莉萍译. —北京：机械工业出版社，2013.1（2025.1 重印）

书名原文：Journey Through Genius：The Great Theorems of Mathematics

ISBN 978-7-111-40329-6

Ⅰ. 天… Ⅱ. ①邓… ②李… ③李… Ⅲ. 数学史－世界－普及读物 Ⅳ. O11-49

中国版本图书馆 CIP 数据核字（2012）第 267370 号

北京市版权局著作权合同登记 图字：01-2012-4654 号。

本书将带领读者穿越两千年的数学旅程。作者从数学史的角度阐述了历史上最伟大的数学家以及他们历久弥新的成果，书中定理涉及平面几何、代数、数论、分析学和集合论等各个数学分支，内容丰富多彩，生动有趣。

本书是中学生、大学生案头必备的文化读物，更是各层次数学爱好者的珍宝。

机械工业出版社（北京市西城区百万庄大街 22 号 邮政编码 100037）

责任编辑：王春华

河北宝昌佳彩印刷有限公司印刷

2025 年 1 月第 1 版第 27 次印刷

147mm×210mm · 10.5 印张

标准书号：ISBN 978-7-111-40329-6

定 价：69.00 元

客服电话：(010) 88361066 68326294

译者序

Journey Through Genius

“小荷才露尖尖角，早有蜻蜓立上头。”天才，尤其是数学天才，在成为受人瞩目的耀眼明星之前，想必早已有了过人之处。尽管他们为世人带来的奇葩已是众所周知，可是，这一朵朵奇葩在绽放之前所经历的磨练，却未必是尽人皆知。

我们所熟悉的艾萨克·牛顿，是冠以“爵士”的头衔，孰知，他非但不是出生于贵族家庭，甚至是一个遗腹子，还是一个几乎没有得到母爱的孩子。可就是这样一个“不招人待见”的孩子，在童年时期就能做出由小老鼠在踏车上驱动的小风车，将点燃的灯笼系在风筝上，高高放入春天的夜空中；在大学期间，为了了解眼球的形状如何扭曲和改变视觉形象，甚至用一根小棍在自己的眼睛与眼骨之间使劲扎。而如此成长起来的一位知识巨人，也不过是英雄辈出的 17 世纪中的一位代表（当然，是最为杰出的代表）。

读完全书后不难发现，这些天才纵然不会带着上天赐予他们的特殊印记来到这个世界上，但是，他们的确有着共同点，那就是“专注”与“勤奋”。最早的著名数学家和天文学家泰勒斯，有一次一边散步一边仰望星空，竟然掉进了一口深井中；阿基米德就更别提了，他不仅会忘记吃饭，甚至会忘记自己的存在，他兴奋地从浴盆里跳出来的故事已是家喻户晓；

欧拉后来尽管双目失明，却仍在一刻不停地进行数学研究，直至生命的最后一天，他的成就数量用著作等身来形容都实在是小巫见大巫。要知道，这些天才的生平所带给我们的启发意义，绝不逊色于他们的成就，同样不容错过。

当然，全书的精彩之处就是将两千多年的数学发展历程融为十二章的内容。一个个“伟大的定理”，犹如一颗颗璀璨的明珠，组成一串最美的项链以飨读者。经过作者精心挑选的这串项链不仅串起了历史的车轮，更是串起了数学这门学科所涵盖的各个深邃而不乏实用性的领域，将永恒和经典一一呈现在众人面前。

热爱数学？那就读读这本书吧，因为这些天才的证明过程一定会让你体会到犹如绝处逢生一般的喜悦感！厌恶数学？那也读读这本书吧，因为你会发现这些天才不为人所知的另一面，而这些生动的故事以及详尽的证明，一定会让你体会到数学家以及他们所研究的数学也有可爱的一面！

天才，当然不是你想当就能当的；但成功，一定是你勤奋努力所能实现的未来。看看这些身为天才却仍然不懈努力的伟大数学家，他们的历程一定会鞭策你不断前进。

此书的翻译虽为合力之作，但每位译者在解读这本书时都十分谨慎，同时也以优势互补的方式完成了全书内容的翻译。尽管我们竭尽全力以提供优秀的作品，但难免会存在错漏之处，敬请有识之士指正。

李莉萍

2012 年 11 月 17 日

前言

Journey Through Genius

伯特兰·罗素在他的自传中回忆了他青少年时期的一场危机：

> 有一条小路，穿过田野，通向新南盖特，我经常独自一人去那里观看日落，想象着自杀。然而，我最终没有自杀，因为我希望了解更多的数学知识。

诚然，只有极少数人能够如此虔诚地皈依数学，然而有许多人能够领会数学的力量，特别是领会数学之美。本书谨献给那些希望更深入地探索漫长而辉煌的数学史的人们。

对于文学、音乐和美术等各种学科，人们的传统做法是以考证杰作——“伟大的小说”、“伟大的交响乐”、“伟大的绘画”——作为最恰当和最有启发性的研究对象。人们就这些主题著书立说，授课讲学，使我们能够了解这些学科中颇具创新意识的里程碑和创造这些里程碑的伟人。

本书采用类似的方法来研究数学，只不过书中大师们创造的不是小说或交响乐，而是定理。因此，本书不是一本典型的数学教材，没有一步一步地推导某个数学分支的发展。本书也不强调数学在确定行星运行轨道、理解计算机世界或者结算支票等方面的应用。当然，数学在这些应用领域极其成功。然而，并不是这些世俗功利促使欧几里得、阿基米德或乔治·康托尔为数学殚精竭虑，终生不悔。他们觉得没有必要借功利目的为自己的工作辩解，正如莎士比亚不必解释他为何要写十四行诗而没有写食谱，或者凡高为何要画油画而没有画广告画一样。

在本书中，我将从数学史的角度来探究一小部分最重要的证明和最精巧的逻辑推理，并重点阐述这些定理为什么意义深远，以及数学家们是如何彻底地解决了这些迫切的逻辑问题的。本书的每一章都包含三个基本组成部分。

第一部分是历史背景。本书中的“伟大定理”跨越了2300多年的人类历史。在讨论某个定理之前，我都将先介绍历史背景，介绍当时的数学状况乃至整个世界的总体状况。像其他任何事物一样，数学也是在一定的历史环境中产生的。因此，指明卡尔达诺三次方程的解法出现在哥白尼日心说公布后两年和英格兰国王亨利八世死前两年是有意义的，强调青年学者艾萨克·牛顿1661年进入剑桥大学学习时，王政复辟对剑桥大学的影响也是有意义的。

第二部分是人物传记。数学是有血有肉的实实在在的人的造物，而数学家的生平则可能给人以灵感、示人以悲剧或令人惊呼怪诞。本书所涉及的定理体现了许多数学家的勤奋努力，从交游广阔的莱昂哈德·欧拉到生性好斗的约翰·伯努利，以及最世俗的文艺复兴时期的人物杰罗拉莫·卡尔达诺，不一而足。了解这些数学家的不同经历，有助于我们更好地理解他们的工作成果。

第三部分，即本书的重点，是在这些“数学杰作”中所表现出的创造性。不读名著，无从理解；不观名画，无从体味。同样，如果不去认真地、一步一步地钻研这些证明方法，也不可能真正掌握这些伟大的数学定理。而要理解这些定理，就必须全神贯注，加倍努力。本书各章仅仅为理解这些定理梳理线索。

这些数学的里程碑还具有一种永世不灭的恒久性。在其他学科，今天流行的时尚，往往明天就被人遗忘。一百多年前，沃尔特·司各特爵士还是当时英国文学界中最受尊重的作家之一，而今天，人们对他已淡忘。20 世纪，超级明星们匆匆来去，转瞬即成历史，而那些旨在改变世界的观念，最终却常常变成思想垃圾。

的确，数学的口味时常也会改变。但是，严格遵循逻辑的限定条件而得到完美证明的数学定理则是永恒的。公元前 300 年欧几里得对毕达哥拉斯定理的证明，丝毫未因时光的流逝而丧失它的美与活力。相比之下，古希腊时期的天文学理论或医术却早已变成陈旧而有点可笑的原始科学了。19 世纪的数学家赫尔曼·汉克尔说得好：

> 就大多数学科而言，一代人摧毁的正是另一代人所建造的，而他们所建立的也必将为另一代人所破坏。只有数学不同，每一代人都是在旧的建筑物上加进新的一层。

从这一点来看，当我们探讨伟大数学家历久弥新的成果时，就能够逐渐体会奥利弗·亥维赛精辟的论说："逻辑能够很有耐性，因为它是永恒的。"

在选择最能体现数学精髓的这些定理时，我考虑了许多方面的因素。如前所述，我首要考虑的是找到具有深刻见解或独创性的论题。当然，这里有一个个人好恶的问题，我承认，不同的作者肯定会选取不同的定理。除此之外，能够直接看到数学家通过巧妙的演绎，将看似深奥的问题变得清晰易懂，确实是一种不同寻常的经历。据说，聪明人能够战胜困难，而天才则能够战胜不可能。显而易见，本书将呈现许多天才。这里有真正的经典——数学界的《蒙娜丽莎》或《哈姆雷特》。

当然，选择这些定理也有其他方面的考虑。首先，我希望本书能够包含历史上主要数学家的定理。例如，欧几里得、阿基米德、牛顿和欧拉必不可少。忽略这些数学人物，犹如研究美术史而不提伦勃朗或塞尚的作品一样。

其次，为求丰富多彩，我兼顾了数学的各个分支。书中的命题来自平面几何、代数、数论、分析学和集合论等各个领域。各种分支，以及它们之间的偶然联系和相互影响，为本书增添了一些新鲜的气息。

我还希望能在本书中展示重要的数学定理，而不仅仅是一些小巧的智力题。实际上，本书的大部分定理或者解决了长期存在的数学问题，或者提出了意义深远的问题留待未来解决，或者二者兼而有之。每一章的结尾处都有后记，一般都会论证一个由该伟大定理提出的问题，同时会介绍其在数学史上的影响。

现在再跟大家说一说难度深浅的问题。显然，数学有许多伟大的里程碑，其深度和难度只有专家可以理解，而所有其他人都会感到莫测高深。在一本针对一般读者的书中引入这些定理是十分愚蠢的。只要具备高中代数和几何知识即可理解本书所论述的定理。但有两处例外，一是第9章在讨论欧拉的工作成果时应用了三角学中的正弦曲线，二是第7章在讨论牛顿的工作成果时应用了初等微积分。许多读者可能已经掌握了这些知识，而对于那些尚未掌握这些知识的读者，本书做了一些解释，以帮助他们克服阅读中的困难。

必须强调，本书不是一本学术著作。一些重大的数学问题或微妙的历史问题当然不可能在这种书中一一述及。虽然我尽力避免编入一些错误的或历史上不准确的材料，但这里也不是对所有问题的所有方面刨根问底的时间和场合。毕竟，本书是一本大众读物，不是科学著作或新闻报道。

就此，我必须对定理证明的真实性说几句。在准备写这本书的时候，我发现，为了让现代读者能够理解这些数学资料，我不得不对定理创始人最初使用的符号、术语和逻辑战略做一些变通。完全照搬原作会使一些定理非常难于理解，但严重偏离原作又与我的历史目标相冲突。总之，我尽力保留了定理原作的全部要旨和大量细节。我所作的修改并不严重，在我看来，不过就像是用现代乐器演奏莫扎特的乐曲一样。

因此，我们即将开始两千年的数学里程之旅。这些定理虽然古老，但在历经许多个世纪之后，却依旧保持着一种新鲜感，依旧能展现古人的精湛技艺。我希望读者能够理解这些证明，并能够领会这些定理的伟大之处。对于达到这一境界的读者，我希望他们不仅会对他人的伟大之处肃然起敬，还会因为能够理解大师著作而增加成就感。

致谢

我在编写本书时，曾得到过许多机构和个人的帮助，谨在此表示感谢。首先，我要感谢私人企业和公共部门提供的宝贵赠款：利利捐赠基金有限公司提供的 1983 年夏季津贴，以及美国国家人文基金会为 1988 年题为“历史上的数学经典定理”夏季研讨会提供的资金。利利捐赠基金有限公司和美国国家人文基金会的支持，使我得以归纳以往对数学史的散乱兴趣，从而形成在汉诺威学院和俄亥俄州立大学教授的系统课程。

我衷心感谢俄亥俄州立大学，特别是数学系，在我作为客座教员编写本书时所给予我的热情支持。数学系主任约瑟夫·费拉尔以及琼·莱泽尔和吉姆·莱泽尔，在我任客座教员的两年期间，一直给予我有力的帮助和支持，对此，我永志不忘。

许多个人也为本书提供了帮助。感谢图书馆管理员鲁思·埃文斯在我1980年休假期间为我提供了1900年以前的数学资料汇编；感谢美国国家人文基金会的史蒂文·泰格纳和迈克尔·霍尔对本书之前夏季研讨会提出的良好建议；感谢卡罗尔·邓纳姆的热情和鼓励；感谢俄亥俄州立大学的艾米·爱德华兹和吉尔·鲍默-皮纳为我介绍麦金托什文字处理系统的细节；感谢威利公司编辑凯瑟琳·肖沃尔特、劳拉·卢因和史蒂夫·罗斯对一个初出茅庐的作者的宽容；感谢全美最有权威的发言人之一，鲍灵格林州立大学的V. 弗雷德里克·里基提出的观点，即数学也像其他学科一样具有不容忽视的历史；感谢巴里·A. 西普拉和韦斯特蒙特学院的拉塞尔·豪厄尔对本书手稿所作的大有裨益的仔细审查；感谢汉诺威学院的乔纳森·史密斯在出版前的最后阶段提出的编辑意见。

我应特别感谢彭尼·邓纳姆，她为本书绘制了插图，并就书的内容提出了许多宝贵建议。彭尼是一位非凡的数学教师，在共同主办美国国家人文基金会赞助的研讨会期间，她是一位不可替代的同仁，同时，她也是我的支持者、顾问、夫人和可以想象到的最好朋友。

最后，我要特别感谢布伦丹和香农两位大师。

威廉·邓纳姆

俄亥俄州哥伦布市

目录

Journey Through Genius

第1章

Journey Through Genius

希波克拉底的月牙面积定理

（约公元前440年）

论证数学的诞生

我们对人类最早期数学发展的认识在很大程度上依靠推测，是根据零星的考古资料、建筑遗迹和学者的猜测拼凑而成的。显然，随着公元前15 000到公元前10 000年之间农业的出现，人类不得不（至少是以简陋的方式）应付两个最基本的数学概念：量和空间。量的概念，或“数”的概念，是在人们数羊或分配粮食时产生的，经过历代学者几百年的推敲和发展，量的概念逐渐形成了算术，后来又发展成为代数。同样，最初的农夫也需要认识空间关系，特别是与田地和牧场的面积有关的问题，随着历史的发展，这种对空间的认识就逐渐形成了几何学。自从人类文明之初，数学的这两大分支（算术和几何）就以一种原始的形式共存。

这种共存并非永远和谐。数学史上一个不变的特征就是在算术与几何之间始终存在着紧张关系。有时，一方超过了另一方；有时，另一方又比这一方在逻辑上更占优势，让人感觉更可信。而一个新发现，一种新观点，都可能会扭转局面。也许，有人会感到十分惊讶，数学竟然像美术、音乐或文学一样，在其漫长而辉煌的历史进程中，存在着激烈的竞争。

我们在古埃及文明中找到了数学发展的明显迹象。古埃及人关注的重点是数学的应用方面，以数学作为工具，促进贸易、农业和日益复杂的日常生活其他方面的发展。根据考古记载，在公元前2000年以前，埃及人已建立了原始数系，并掌握了某些有关三角形和棱锥体等的几何概念。例如，据传说，古埃及建筑师用一种非常巧妙的方法确定直角。他们把12段同样长的绳子相互连成环状（如图1-1所示），把从 B 到 C 之间的5段绳子拉成直线，然后在 A 点将绳子拉紧，于是就形成了直角 BAC。他们将这种构形放在地上，让工人们按照这个构形将金字塔、庙宇或其他建筑的各个角建成标准的直角。

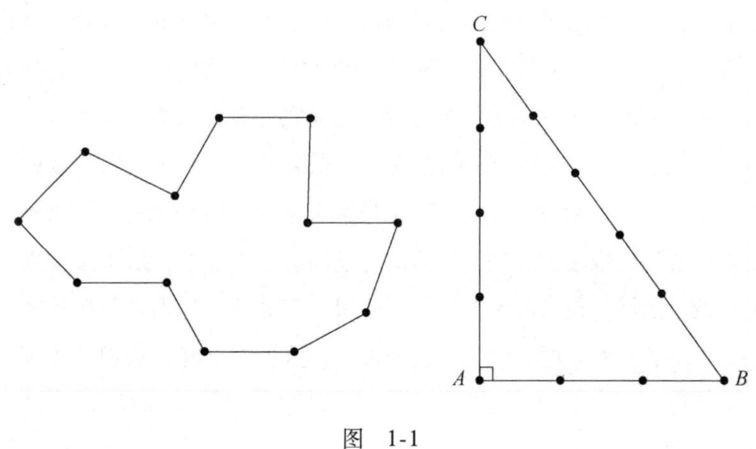

图 1-1

这种构图表明，古埃及人已经认识到直角三角形的勾股弦关系。也就是说，他们似乎懂得，边长为3、4和5的三角形肯定会含有直角。当然，$3^2+4^2=9+16=25=5^2$，我们从中提前窥见所有数学关系中最重要的关系之一——勾股关系（见图1-2）。

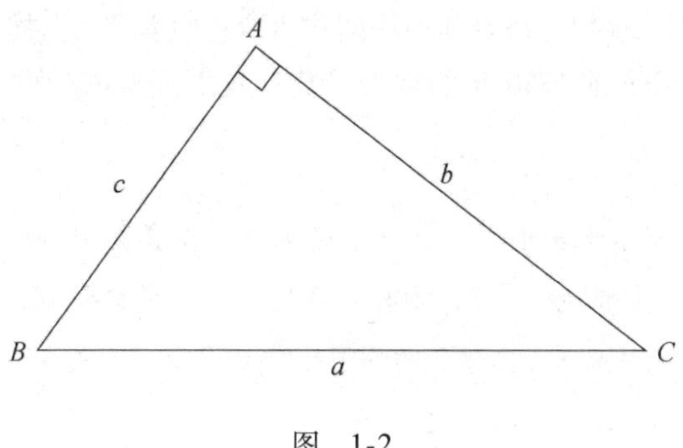

图　1-2

严格说来，古埃及人的这种认识还不是毕达哥拉斯定理本身。毕达哥拉斯定理是这样说的，“如果△BAC 是直角三角形，则 $a^2=b^2+c^2$。”而古埃及人的认识则是毕达哥拉斯定理的逆定理，“如果 $a^2=b^2+c^2$，则△BAC 是直角三角形。”也就是说，关于命题“如果 P，则 Q”，对其相关命题“如果 Q，则 P”，我们称之为逆命题。我们将会看到，一个完全正确的命题，其逆命题可能是错误的，但著名的毕达哥拉斯定理则不然，其正命题和逆命题都是正确的。实际上，这些就是我们将在第 2 章讨论的“伟大定理”。

虽然古埃及人对 3-4-5 直角三角形的几何性质有所认识，但他们是否具有更广义的理解则还是个疑问，例如，他们是否知道 5-12-13 三角形或 65-72-97 三角形同样也含有直角（因为在这两个三角形中，都是 $a^2=b^2+c^2$）。更关键的一点是，没有迹象表明，古埃及人是如何证明这些关系的。也许，他们掌握某种逻辑推理以支持他们对 3-4-5 三角形的观察结论；也许，他们纯粹是靠反复试验而无意中发现了这一点。但无论如何，在埃及的文字记载中都没有发现通过严密的逻辑推理，证明一般数学规律的迹象。

下面这个古埃及数学的例子也许能提供有用的线索：这是他们发现截棱四棱锥体积的方法，即一个用平行于底面的平面截去顶部的四棱锥体（见图1-3）。这种几何体如今叫做正四棱台。发现这种棱台体积的方法在公元前1850年的称为“莫斯科纸莎草书”的手卷中就有所记载：

> 如果你被告知：一个截棱棱锥体，垂直高为6，下底边长为4，上底边长为2。则你取4的平方，得结果16。你将4加倍，得结果8。你取2的平方，得结果4。你将16、8和4相加，得28。你取6的三分之一，得结果2。你取28的2倍得56。看，是56。你会发现答案是正确的。

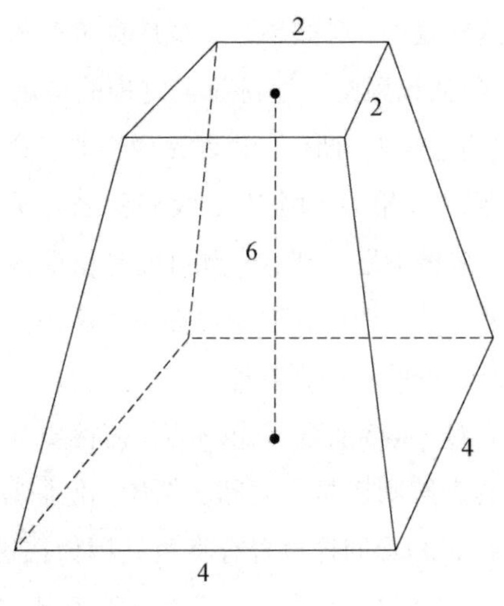

图 1-3

这段描述非常精彩，确实得出了那个棱台体积的正确答案。但是，请注意，它的计算方法却有不足的一面。这种方法没有导出一个一般公式，因此无法适用于其他尺寸的棱台。古埃及人为计算不同尺寸棱台的体积，或许不得不比照这个例子来加以演绎，而这个计算过程又让人感到有点儿混乱不清。我们现代的计算公式则更简单明了：

$$V = \frac{1}{3}h(a^2 + ab + b^2)$$

其中，a 为下底正方形的边长，b 为上底正方形的边长，h 是棱台的高。最糟糕的是，没有任何资料显示古埃及人的方法**为什么**会得出正确的答案。相反，他们仅仅留下了简单的一句话——“你会发现答案是正确的”。

从一个特殊例子引出放之四海而皆准的一般结论，很可能是危险的，而历史学家注意到，在法老统治下的埃及这种独裁社会，必然会产生这种武断的数学方法。在古埃及社会，民众习惯了无条件地服从他们的君主。以此类推，当时，如果提出一种官方的数学方法，并断言“你会发现答案是正确的”，则埃及臣民是不会要求对这种方法为什么正确作出更详尽的解释的。在法老统治的土地上，民众只能唯命是听，让你怎么做你就怎么做，不论是建筑宏伟的庙宇，还是解答数学题，一概如此。那些敢于怀疑体制者必然不得善终。

另一处伟大的古代文明（或者更准确地说，另几处文明）在美索不达米亚蓬勃发展，并产生了比古埃及先进得多的数学。例如，巴比伦人已能解出带有明显代数特征的复杂问题。现存称为“普林顿 322 号收藏品”的楔形文字泥版书（写作年代大约在公元前 1900 到公元前 1600 年之间）表明，巴比伦人绝对理解了毕达哥拉斯定理，其理解深度远远超过了古埃及人。他们懂得 5-12-13 三角形或 65-72-97 三角形（或更多）都是直角三角形。除此以外，他们还为他们的数系创造了一种复杂的进位系统。当然，我们都习惯于十进制数系。显然，十进制是从人类有十个手指引申出来的。所以，巴比伦人选择 60 进制就让人感觉有点儿奇怪了。虽然没有人会认为这些古巴比伦人长有 60 个手指，但他们选定的 60 进制却仍然用于我们今天的时间（每分钟

60 秒）和角度测量（在一个圆中，$6 \times 60° = 360°$）。

然而，美索不达米亚人的所有成就也同样只是“知其然”，而回避了更为重要的“知其所以然”的问题。看来，论证数学（将重点放在证明重要关系上的理论演绎体系）的出现还在另一时间和另一地点。

论证数学诞生的时间是公元前 1000 年，诞生地点是位于小亚细亚半岛和希腊半岛之间的爱琴海岸。这里出现了最伟大的历史文明，其非凡的成就对西方文化进程产生了永久性的影响。随着希腊国内和跨越地中海贸易的繁荣，希腊人逐渐成为一个流徙不定、热衷冒险的民族，相对比较富裕和精明，在思想和行动上都比以往看到的西方世界更具独立性。这些充满好奇心且思想自由的商人对权威是不会言听计从的。实际上，随着希腊民主的发展，公民自己就已**成为**权威（但必须强调，公民的定义在古希腊是非常狭隘的）。在这些人看来，对任何问题都可以自由地加以争论和分析，对任何观点都不能被动地、无条件地服从和接受。

到公元前 400 年时，这个杰出文明已经能以其丰富的（或许可以说是无与伦比的）文化遗产而自豪。历史学家希罗多德和修昔底德，剧作家埃斯库罗斯、索福克勒斯和欧里庇得斯，政治家伯里克利和哲学家索克拉蒂斯——所有这些人都在公元前 4 世纪初叶留下了自己的足迹。在现代社会，名望会迅速衰落，因此现代人可能惊讶，这些古希腊人的名望为何在经历了 2000 多年之后依然保持其辉煌。直至今日，我们仍然钦佩他们以深邃的理性烛照自然与人类状况的勇气。诚然，其理性虽然不乏迷信与无知，但古希腊思想家确实取得了极大的成功。即使他们的结论并非永远正确，但希腊人仍旧感到，他们的结论连成了一条光明之路，从野蛮的过去通向梦想不到的未来。人们在描述这一特别的历史阶段时，常常使用“觉醒”一词，这是十分贴切的。人类确实已经从千百万年的沉睡中醒来，利用大自然最强大的武器——人类思维，勇敢地对抗这个陌生而神秘的世界。

数学当然也是这种情况。大约公元前600年，在小亚细亚西海岸的小镇米利都，生活着一位伟人，他就是古代“七贤”之一——泰勒斯（约公元前640—前546）。米利都的泰勒斯是第一个在“知其然”的同时提出“知其所以然”的学者，所以他被公认为论证数学之父。正因为如此，泰勒斯是最早的著名数学家。

关于他的生平，我们掌握的确切资料很少。事实上，他是作为一个半神话式人物从历史的薄雾中出现的，归于他名下的那些业绩和发现是否属实，仅仅是人们的猜测而已。传记作家普卢塔克（公元46—120）回顾了700年前的史迹，他写道：“当时，泰勒斯独自将纯粹基于实践的哲学上升到理论的高度。”泰勒斯这位著名的数学家和天文学家，不知以何种方式竟然于公元前585年成功预言了一场日食。他像所有古板的科学家一样，常常心不在焉或长时间地出神——传说，有一次，他一边散步，一边仰望星空，竟然掉进了一口深井中。

泰勒斯虽然被公认为论证数学之“父”，但实际上，他却从未结过婚。当同代人梭伦向他追问原因时，他竟开了一个残酷的玩笑。泰勒斯让人带给梭伦一个消息说他的儿子死了。据普卢塔克记载，梭伦当时：

> 捶胸顿足，痛不欲生，像人们遭遇不幸时惯常所做的那样。但泰勒斯拉着他的手，笑了笑说：“梭伦，这就是我不想结婚，也不想生儿育女的原因，这种事连你那么坚强都承受不了；不过，你不必太过伤心，因为这都是假的。”

显然，泰勒斯算不上最富同情心的人。从下面这则农夫的故事来看，我们也有同感。一个农夫常常要将沉重的盐袋绑在驴背上，赶着驴去集市卖盐。聪明的驴子很快就学会了在涉过一条小河时打滚，把许多盐溶化在水里，大大减轻盐袋的重量。农夫有点恼火，就去请教泰勒斯，而泰勒斯则建议农夫在下次赶集时，给驴驮一袋海绵。

当然，泰勒斯能在数学领域赢得很高的声望，靠的肯定不是对人或动物的友善之心。正是泰勒斯极力主张，对几何陈述，不能仅凭直觉上的貌似合理就予以接受，相反，必须要经过严密的逻辑证明。这是他留给数学这门学科的一笔相当可观的遗产。

泰勒斯的定理具体都有哪些呢？传统上认为，泰勒斯第一个**证明**了下列几项几何学的结论：

- 对顶角相等。
- 三角形的内角和等于两个直角之和。
- 等腰三角形的两个底角相等。
- 半圆上的圆周角是直角。

虽然我们没有任何有关泰勒斯对上述命题证明的历史记载，但是我们可以推测它们的本来面目。例如，考虑最后一个命题。下列证明方法选自欧几里得的《几何原本》第三卷第31命题，但它简单明了，完全可以看做是泰勒斯自己的证明。

【定理】半圆上的圆周角是直角。

【证明】以 O 为圆心、以 BC 为直径作半圆，选半圆上任意一点 A 作圆周角 $\angle BAC$（图1-4）。我们必须证明 $\angle BAC$ 是直角。连接 OA，形成 $\triangle AOB$。由于 OB 和 OA 都是半圆的半径，长度相等，所以 $\triangle AOB$ 是等腰三角形。因此，根据泰勒斯先前所证明的定理，$\angle ABO$ 与 $\angle BAO$ 相等（或用现代术语，全等）；我们称这两个角为 α。同样，在 $\triangle AOC$ 中，OA 与 OC 相等，因此，$\angle OAC = \angle OCA$；我们称这两个角为 β。而在大三角形 BAC 中，我们看到，

$$
\begin{aligned}
2\text{ 个直角} &= \angle ABC + \angle ACB + \angle BAC \\
&= \alpha + \beta + (\alpha + \beta) \\
&= 2\alpha + 2\beta = 2(\alpha + \beta)
\end{aligned}
$$

因此，1 个直角 $=\dfrac{1}{2}$ [2 个直角] $=\dfrac{1}{2}[2(\alpha+\beta)]=\alpha+\beta=\angle BAC$。

这正是我们要证明的。　　**证毕**

（备注：按照惯例，证明完成后都会在右下角写上“Q. E. D.”（证毕）这三个字母，这是拉丁语“Quod erat demonstrandum”的缩写，意思是“这就是要证明的”。这个词意在提醒看证明的人，论证已经结束，我们可以开始新的问题了。）

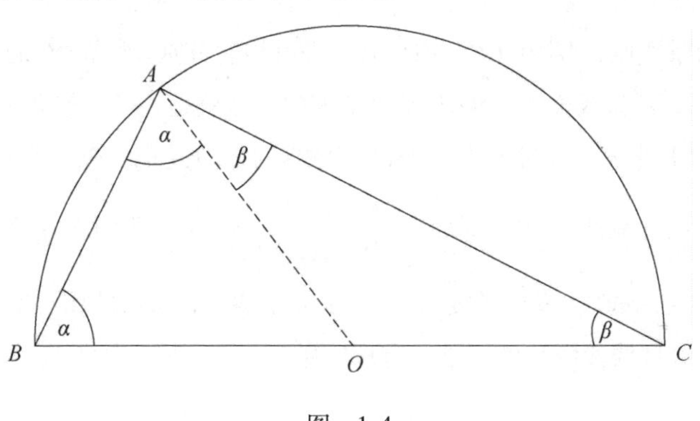

图 1-4

在泰勒斯之后，希腊数学界又出现的一个大人物是毕达哥拉斯。毕达哥拉斯大约公元前 572 年出生于萨摩斯，并在爱琴群岛东部生活和工作，传说他甚至还曾师从泰勒斯。但当暴君波利克拉特斯夺取这个地区的政权之后，毕达哥拉斯逃到了现今意大利南部的希腊城镇克洛托内。他在那里创办了一个学术团体，现今称为毕达哥拉斯兄弟会。毕达哥拉斯学派的人认为，“整数”是宇宙万物的关键构成要素。不论是音乐、天文学，还是哲学，“数”的中心地位是随处可见的。关于物理可以“数学化”地理解的现代观点在很大程度上也源自于毕达哥拉斯学派的观点。

在严格意义的数学领域，毕达哥拉斯学派为我们贡献了两个伟大发现。一个当然是无与伦比的毕达哥拉斯定理。像所有远古时代的其他定理一样，我们没有关于毕达哥拉斯原始证明的历史资料，但古人却一致将这一定理的发现归功于毕达哥拉斯。实际上，据说，心存感激的毕达哥拉斯曾向上帝献祭一头牛，以庆祝他的证明带给所有相关人员的喜悦（大概这头牛除外）。

毕达哥拉斯学派的另一个重要贡献却没有得到人们的热情支持，因为它不仅公然蔑视直觉，而且还重创了整数的优势地位。按现代说法，他们发现了无理量，但他们的论证方法却有点儿几何学的味道。

两条线段，AB 和 CD，如果有一条可均匀分割 AB 和 CD 的小线段 EF，我们就说线段 AB 和 CD 是**可公度的**。也就是，对于整数 p 和 q 来说，AB 是由 p 个全等于 EF 的线段组成；而 CD 是由 q 个全等于 EF 的线段组成（见图 1-5）。因而，$\frac{\overline{AB}}{\overline{CD}}=\frac{p(\overline{EF})}{q(\overline{EF})}=p/q$（我们在这里使用了符号$\overline{AB}$表示线段 AB 的长度）。由于 p/q 是两个正整数的**比**，所以我们说，可公度线段的长度比是“有理”数。

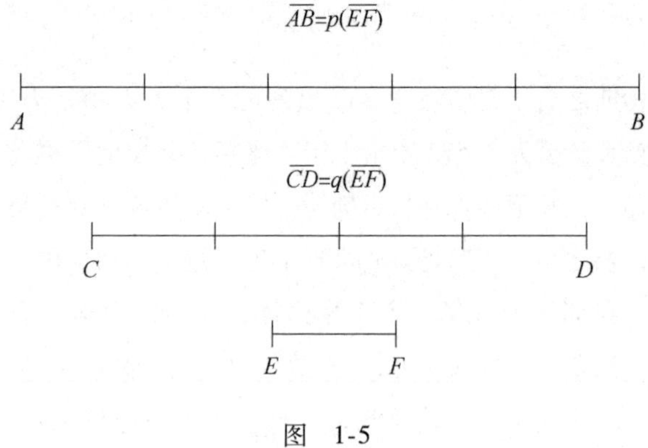

图 1-5

直观上来说，毕达哥拉斯学派认为，**任何**两个量都是可公度的。给定任意两条线段，必有另一条线段 EF 可以均匀地分割这两个线段，哪怕 EF 的值为此会变得非常之小。怀疑 EF 的存在，似乎是十分荒谬的。线段的可公度性对毕达哥拉斯学派至关重要，这不仅因为他们利用这一观点证明相似三角形，而且还因为这一观点似乎可以支持他们关于整数中心地位的哲学态度。

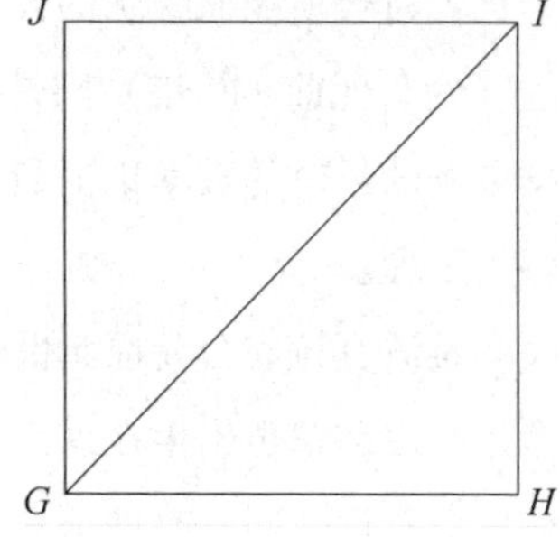

图 1-6

但是，据说，毕达哥拉斯的弟子希帕萨斯发现正方形的边长与其对角线（见图 1-6 中的 GH 与 GI）是不可公度的。即不论划分多小，都没有一个 EF 量可以**均匀地**分割正方形的边长和对角线。

这一发现产生了许多深远的影响。显然，这个发现粉碎了毕达哥拉斯那些建立在所有线段都可公度的假设基础之上的证明。几乎 200 年之后，数学家欧多克索斯才设法在不基于可公度概念的基础上，修补了相似三角形理论。其次，这一发现还动摇了整数至高无上的地位，因为如果并非一切量都可公度，那么，要想表示所有线段长度的比，光靠整数就不够了。因此，这一发现在其后的希腊数学中，建立了几何对算术的绝对优势。例如，如图 1-6 所示，正方形的边长和对角线无疑属于**几何**问题。然而，如果作为数字问题来计算，则会出现一个大问题。因为，如果我们设图 1-6 中正方形的边长为 1，根据毕达哥拉斯定理，则对角线长度为$\sqrt{2}$。由于边长与对角线不可公度，因而我们看到，$\sqrt{2}$不能写成形如 p/q 的有理数。就数字而言，$\sqrt{2}$是“无理的”，其算术性质非常神秘。希腊人认为，最好完全回避采用数字的表达形式，而全神贯注于通过简明的几何体来表达量。这种几何对算术的优势将支配希腊数学一千年。

无理数的发现所引发的最终结果是，毕达哥拉斯学派对希帕萨斯引起的所有麻烦大为恼怒，据说他们把希帕萨斯带到地中海深处，然后推下水中。如果故事属实，则自由思想固有的危险性由此可见，即使是在比较严肃的数学领域，也不例外。

泰勒斯和毕达哥拉斯，虽然在传说的故事中神乎其神，但他们都是远古时代模糊而朦胧的人物。我们下面将介绍的希俄斯的希波克拉底（约公元前440年）则是一位比较可靠的人物。事实上，我们把有据可查的最早的数学论证归功于他。这就是本书中将要介绍的第一个伟大定理。

希波克拉底公元前5世纪生于希俄斯岛。当然，之前介绍的他的多位杰出前辈也出生在这个地方。（顺便提请读者注意，希俄斯岛距科斯岛不远，同一时期那里还诞生了另一位“希波克拉底”，不过科斯的希波克拉底不是我们这里谈到的希波克拉底，而是希腊的医学之父和医生遵循的《希波克拉底誓言》的创始人。）

关于数学家希波克拉底，我们对他的生平知之甚少。亚里士多德曾写过，虽然希波克拉底是一位天才的几何学家，但是他“……看起来在其他方面却显得迟钝又缺乏见识”。身为数学家，却难以应付日常生活，他即是早期的这样一类人。据说，希波克拉底是因为被强盗骗去钱财而出名的，显然，他被人当作了容易受骗的傻瓜。为了摆脱财务的困境，他前往雅典，并在那里教学，他是少数几位为挣钱而开始教学生涯的人之一。

无论如何，人们都不会忘记希波克拉底对几何学作出的两个非凡的贡献。其一是他编写了第一部《几何原本》，即第一次阐述了从几个已知公理或公设中精确而有逻辑性地推导出几何定理的过程。至少，人们相信是他写了这部著作，但遗憾的是，这部著作没能流传至今。然而，这部书不论多么有价值，与100年后欧几里得的辉煌巨著《几何原本》

相比，也不免黯然失色，欧几里得的《几何原本》从根本上导致希波克拉底著作的过时。即便这样，我们仍然有理由认为，欧几里得借鉴了他前辈的思想，因此希波克拉底失传的大作无疑使我们受益良多。

然而，令人欣慰的是，希波克拉底的另一个伟大贡献——求月牙面积——却流传至今，不过大家公认，其流传是无意的和间接的。我们未能得到希波克拉底的原作，而只有欧德摩斯大约公元前 335 年对希波克拉底著作的转述。即使就转述而言，事情也不乏含混之处，因为实际上，我们也没有真正找到欧德摩斯关于这番转述的原著。我们只看到了辛普利西乌斯于公元 530 年写的概要，他在这本概要中论述了欧德摩斯的著作，而欧德摩斯则是概括了希波克拉底的著作。实际上，从希波克拉底到辛普利西乌斯，其间经历了近一千年之久，差不多等于我们与莱弗 · 埃里克松之间的时间跨度，这说明历史学家在考证古代数学时遇到了多么大的困难。尽管如此，大体而言，我们没有理由怀疑我们所探讨的这项成就的真实性。

有关求面积问题的一些评论

在探讨希波克拉底的月牙面积之前，我们先要介绍一下“求面积”的概念。显然，古希腊人被几何的对称性、视觉美和微妙的逻辑结构吸引住了。尤其令人感兴趣的是化繁为简的处理方式，即以简单和基本的东西作为复杂和纷繁问题的基础。这一点在下章我们探讨欧几里得定理时，就会显得十分明了，欧几里得从一些基本的公理和公设开始，一步步地推导出一些非常复杂的几何命题。

这种以简单构筑复杂的魅力还表现在希腊人的几何作图上。他们作图的规矩是，只能使用圆规和（没有刻度的）直尺。几何学家因此利用这两种非常简单的工具，便能够作出完美而统一的一维图形（直线）和完美而统一的二维图形（圆）——这必定出自于希腊人对秩序、简约和美的感受。并且，鉴于当时的技术水平，这些图案也是力所能及的，而像抛物线这样的图案肯定是技术范围之外的事了。也许，准确地说，是对直线和圆的迷恋加强了直尺和圆规作为几何作图工具的中心地位，同时，直尺和圆规的实用性又转过来增进了直线和圆在希腊几何学中的作用。

古代数学家因此利用直尺和圆规绘制了许多几何图形，但同时也受制于这两种工具。我们将在后面看到，在心灵手巧的几何学家手中，即使是看似并不复杂的圆规和直尺，也可以创造出丰富多彩的几何图形，从平分线段和角，绘制平行线和垂直线，到创造优美的正多边形，不一而足。但是，公元前5世纪，更加严峻的挑战却是平面图形的求面积或求方。确切地说：

□ 一个平面图形的**求面积**（或化其为方）就是只用圆规和直尺作出面积等于原平面图形的正方形。如果一个平面图形的求面积能够实现，我们就说这个图形是**可用等积正方形表示的**（或可为平方的）。

求面积问题能够吸引起希腊人并不奇怪。从纯粹务实的观点看，确定一个不规则图形的面积，当然不是一件易事。但如果这个不规则图形能够用一个等面积的正方形替换，那么确定原不规则图形面积的问题就变成了确定正方形面积的简单问题。

无疑，希腊人对求面积问题的强烈爱好不仅仅是出于务实的考虑。因为如果求方能够实现，那么，规则的对称性正方形就替换了不规则不对称的平面图形。对于那些寻求以理性和秩序支配自然世界的人来说，这在很大程度上是一个以对称取代不对称、以完美取代不完美、以有理性取代无理性的过程。在这种意义上，求面积问题就不仅是人类理性的象征，而且也是宇宙本身所固有的简约和美的象征。

对于希腊数学家来说，求面积是一个特别具有吸引力的问题，为此，他们作出了许多巧妙的几何构图。解数学问题，答案常常是一步一步地推导出来的，求面积也是如此。第一步先求出一个大体“规则”的图形的面积，然后再以此为基础，继续推导出更不规则、更稀奇古怪的图形的面积。在这一过程中，关键性的第一步是要求出长方形的面积，计算长方形的面积在欧几里得《几何原本》第二卷的命题 14 中就有所阐述，但我们确信，在欧几里得之前，人们便已熟知这种计算。下面，我们先从求长方形的面积讲起。

【第 1 步】求长方形的面积（图 1-7）

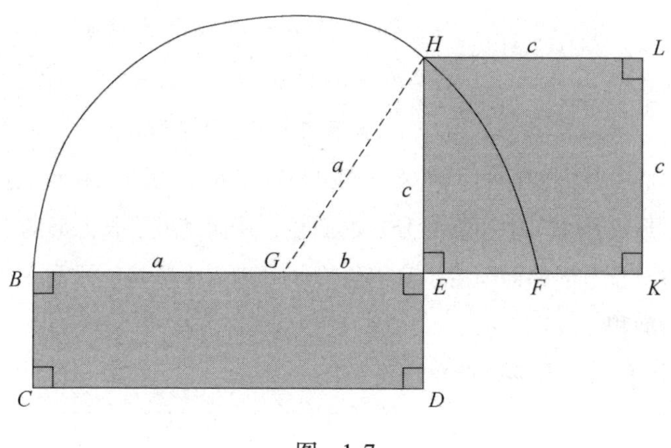

图　1-7

作任意长方形 $BCDE$。我们必须只用圆规和直尺作出与 $BCDE$ 面积相等的正方形。用直尺将线段 BE 向右延长，再用圆规在延长线上截取长度等于 ED 的线段 EF，即$\overline{EF}=\overline{ED}$。然后，等分 BF 于 G（利用圆规和直尺的一种简单作图法），再如图 1-7 所示，以 G 为圆心，以$\overline{BG}=\overline{FG}$为半径作半圆。最后，过点 E 作线段 EH 垂直于 BF，其中，H 是垂线与半圆的交点，然后从那里作出正方形 $EKLH$。

现在我们得出结论，刚刚作出的图形——边长为$\overline{EH}$的正方形（图 1-7中阴影部分）与原长方形 $BCDE$ 面积相等。

要证明这一结论，还需要费点儿功夫。为计算方便，我们设 a，b，c 分别为线段 HG、EG 和 EH 的长度。由于所作△GEH 是直角三角形，根据毕达哥拉斯定理，$a^2=b^2+c^2$，或移项，$a^2-b^2=c^2$。显然，$\overline{FG}=\overline{BG}=\overline{HG}=a$，因为所有这些线段都是半圆的半径。因此，$\overline{EF}=\overline{FG}-\overline{EG}=a-b$，而$\overline{BE}=\overline{BG}+\overline{GE}=a+b$。所以

$$
\begin{aligned}
\text{面积(长方形 }BCDE) &= (\text{底})\times(\text{高})\\
&= (\overline{BE})\times(\overline{ED})\\
&= (\overline{BE})\times(\overline{EF}),\text{因我们构造}\overline{EF}=\overline{ED}\\
&= (a+b)(a-b),\text{据以上推理}\\
&= a^2-b^2\\
&= c^2=\text{面积(正方形 }EKLH)
\end{aligned}
$$

因此，我们就证明了原长方形面积等于我们用圆规和直尺所作出的正方形（图 1-7 中阴影部分）的面积，从而完成了长方形的求方。

求出长方形的面积后，我们很快便可进入下一步，求更加不规则图形的面积。

【第 2 步】求三角形的面积（图 1-8）

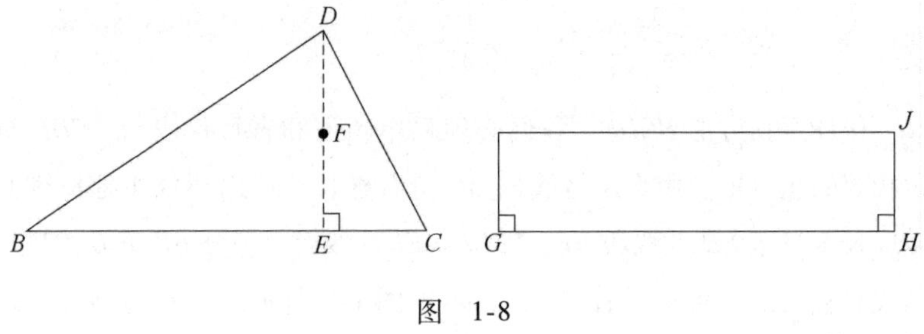

图 1-8

已知△BCD，构造一条经过点 D 的垂线，与 BC 相交于点 E。当然，我们称$\overline{DE}$为三角形的“高线”（altitude）或“高”（height），而且我们知道三角形的面积等于$\frac{1}{2}$(底)×(高)$=\frac{1}{2}(\overline{BC})\times(\overline{DE})$。如果

我们平分 DE 于 F，并作长方形，使$\overline{GH}=\overline{BC}$，$\overline{HJ}=\overline{EF}$，那么我们就知道，长方形的面积等于 $(\overline{HJ})\times(\overline{GH})=(\overline{EF})\times(\overline{BC})=\frac{1}{2}(\overline{DE})\times(\overline{BC})=$面积（$\triangle BCD$）。然后，我们按照第 1 步构造一个正方形，使其面积等于该长方形的面积，因此该正方形的面积也等于$\triangle BCD$ 的面积。至此，三角形的求方完成。

下面，我们将讨论一个非常一般的图形。

【第 3 步】求多边形的面积（图 1-9）

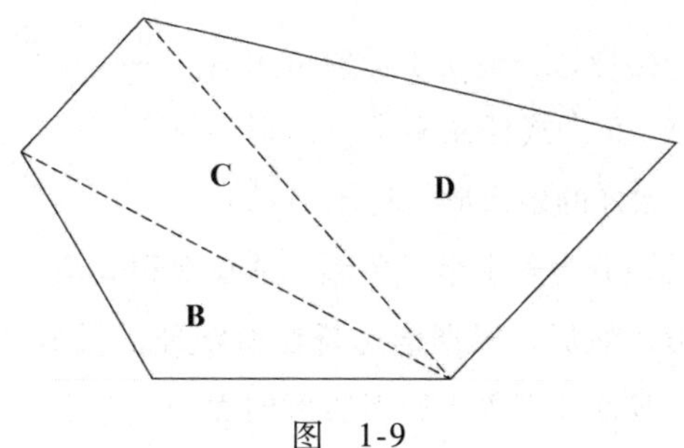

图 1-9

这次，我们首先讨论一个非常一般的多边形，如图 1-9 所示。通过作对角线，我们将这个多边形划分为 3 个三角形，即 **B**、**C** 和 **D**。因此，整个多边形的面积就等于 **B** + **C** + **D**。

在第 2 步中，我们已经知道三角形是可用等积正方形表示的，因此，我们可以分别以边长 b、c 和 d 作正方形，并得到面积 **B**、**C** 和 **D**（图 1-10）。然后，以 b 和 c 为直角边，作直角三角形，其斜边长为 x，

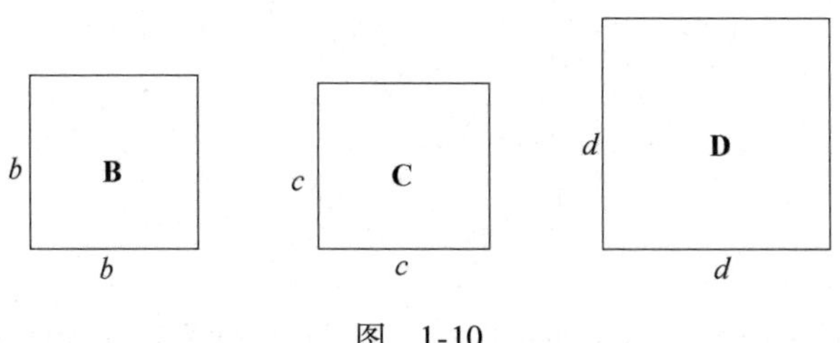

图 1-10

即 $x^2=b^2+c^2$。再以 x 和 d 为直角边，作直角三角形，其斜边为 y，因而，$y^2=x^2+d^2$。最后，我们便能以 y 为边长作正方形（见图 1-11 阴影部分）。

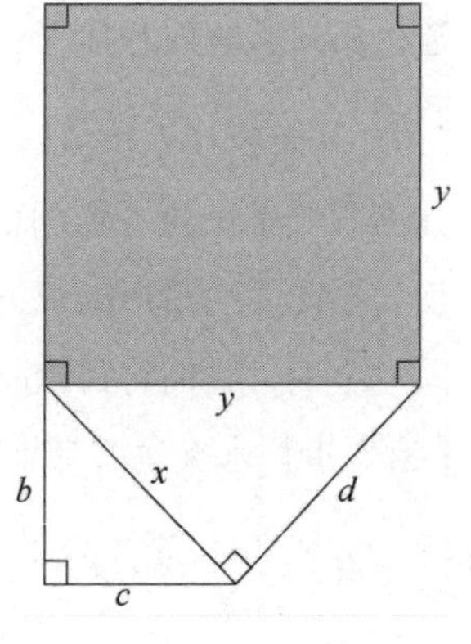

图 1-11

综合我们的推论，就得到

$$y^2 = x^2 + d^2 = (b^2 + c^2) + d^2$$
$$= \mathbf{B} + \mathbf{C} + \mathbf{D}$$

因此，原多边形的面积就等于以 y 为边长的正方形的面积。

显然，这一推导过程适用于任何可用对角线划分为 4 个、5 个或任意多个三角形的多边形。不论什么样的多边形（见图 1-12），我们都可以将其划分为若干个三角形，并按照第 2 步，作每个三角形的等面积正方形，然后，根据毕达哥拉斯定理，利用每一个正方形，作出大正方形，其面积即等于原多边形的面积。总之，多边形是可用等积正方形表示的。

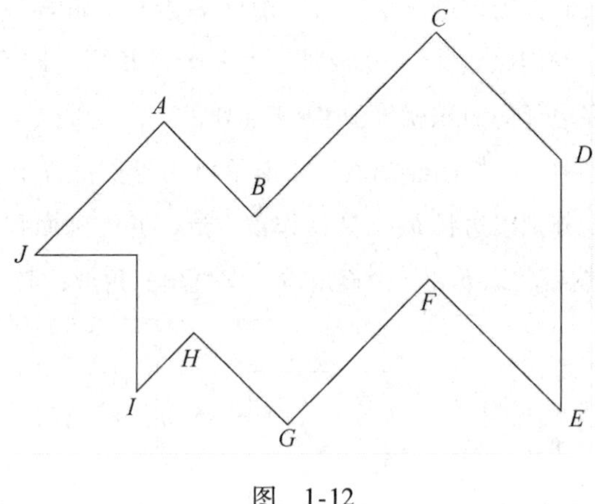

图 1-12

利用类似方法，我们也可以将一个图形的面积转化为两个可用等积正方形表示的面积之**差**（而不是其和）。也就是说，假设已知面积 **E** 等于面积 **F** 与 **G** 之差，并且我们已作出边长为 f 和 g 的正方形，如图 1-13 所示。然后，我们可作直角三角形，使其斜边等于 f，直角边等于 g 和 e。最后，以 e 为边长作正方形。于是有

$$\text{面积(正方形)} = e^2 = f^2 - g^2 = \mathbf{F} - \mathbf{G} = \mathbf{E}$$

因此，面积 **E** 也同样是可用等积正方形表示的。

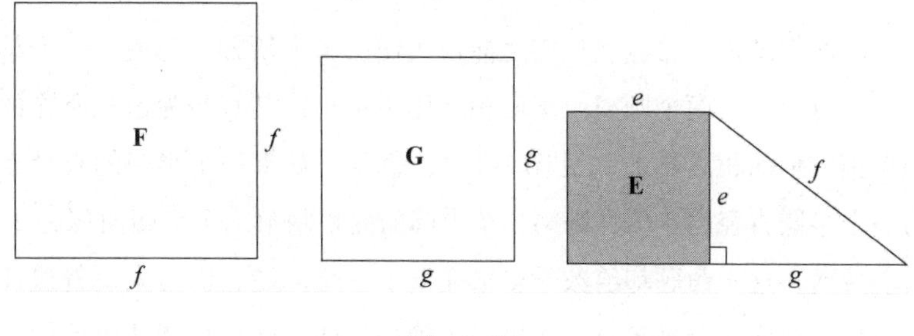

图 1-13

利用上述方法，希波克拉底时代的希腊人可以将杂乱无章的不规则多边形变为等面积正方形。但是，这一成就却因一个事实而减色不少，即这些图形都是**直线**图形——它们的边虽然数量众多，并构成各种奇怪的角度，但都只是直线。而更严峻的挑战是，曲边图形（即所谓**曲线**图形）是否也可以用等积正方形表示。起初，人们认为，这似乎是根本不可能的，因为显然没有办法用圆规和直尺将曲线拉直。因此，当希俄斯的希波克拉底于公元前 5 世纪成功地将一种称为“月牙”的曲线图形化为正方形时，世人惊得目瞪口呆。

伟大的定理：月牙面积

月牙形是一种边缘为两个圆弧的平面图形。希波克拉底并没有作出所有月牙形的等面积正方形，而只求出了一种他精心构造的特定月牙

形的面积。（本章“后记”将会阐述，似乎正是这一点造成了后人对希腊几何的误解。）希波克拉底的论证是建立在3个初步结论之上的：

- 毕达哥拉斯定理。
- 半圆上的圆周角是直角。
- 两个圆形或半圆形面积之比等于其直径的平方比。

$$\frac{\text{面积(半圆1)}}{\text{面积(半圆2)}} = \frac{d^2}{D^2}$$

前两个结论在希波克拉底之前很久便已为人所知。而最后一个结论却十分复杂。两个圆或半圆面积之比是基于以其直径为边长所作的两个正方形面积之比的（见图1-14）。例如，如果一个半圆的直径是另一个半圆直径的5倍，则第一个半圆的面积是第二个半圆面积的25倍。然而，这一命题却给数学史家提出了一个问题，因为人们普遍怀疑希波克拉底是否确曾对此作出过正确的证明。他很可能**认为**他能够证明这一结论，但现代学者普遍认为，这一定理（后来被列入欧儿里得《几何原本》第十二卷的命题2）所提出的逻辑难题远非希波克拉底所能够解决的。（这一定理的推导过程在第4章介绍。）

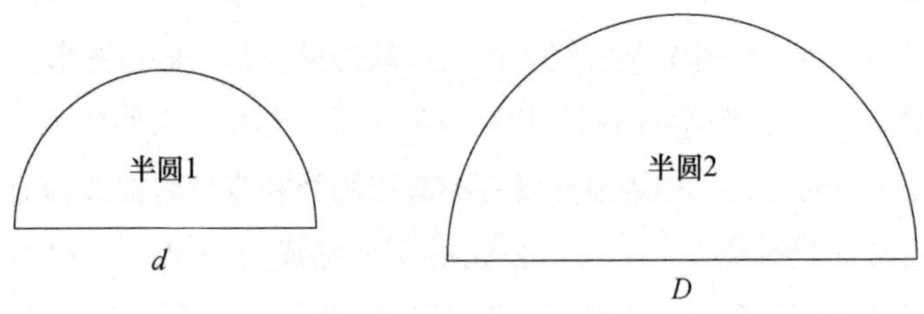

图 1-14

暂且抛开这个问题不谈，我们先来看看希波克拉底的证明。首先，以O为圆心，以$\overline{AO}=\overline{OB}$为半径作半圆，如图1-15所示。作$OC$垂直于$AB$，其交半圆于$C$，并连接$AC$与$BC$。平分$AC$于$D$，然后以$D$为圆心，以$\overline{AD}$为半径作半圆$AEC$，这样就形成了月牙形$AECF$，如

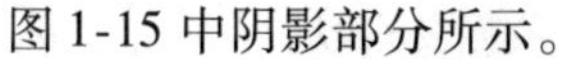
图 1-15 中阴影部分所示。

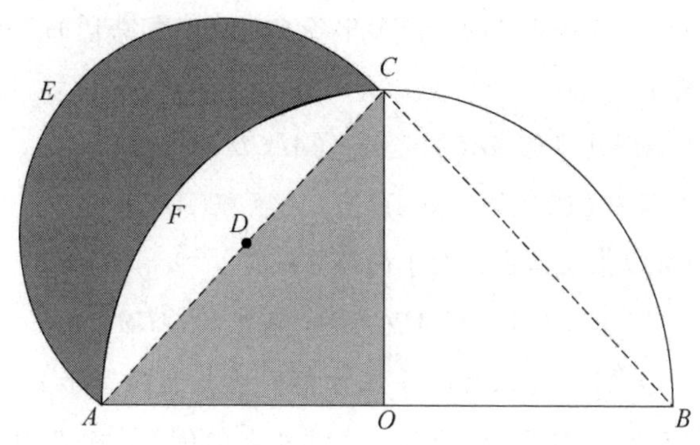

图　1-15

希波克拉底的证明方法既简单又高明。首先，他必须证实所论证的月牙形与图中阴影部分的$\triangle AOC$面积**恰好**完全相等。这样，他就可以应用已知的三角形能表示为等积正方形的公理来断定月牙形也可用等积正方形表示。这一经典论证的详细过程如下。

【定理】月牙形 $AECF$ 可用等积正方形表示。

【证明】由于$\angle ACB$为半圆上的圆周角，所以，$\angle ACB$是直角。根据“边角边”全等定理，三角形 AOC 和 BOC 全等，因此，$\overline{AC}=\overline{BC}$。然后，我们应用毕达哥拉斯定理，就得到

$$(\overline{AB})^2=(\overline{AC})^2+(\overline{BC})^2=2(\overline{AC})^2$$

因为 AB 是半圆 ACB 的直径，AC 是半圆 AEC 的直径，所以，我们可以应用上述第三条结论，即得到

$$\frac{面积(半圆 AEC)}{面积(半圆 ACB)}=\frac{(\overline{AC})^2}{(\overline{AB})^2}=\frac{(\overline{AC})^2}{2(\overline{AC})^2}=\frac{1}{2}$$

也就是说，半圆 AEC 的面积是半圆 ACB 面积的一半。

我们现在来看四分之一圆 $AFCO$。显然，这个四分之一圆也是半圆 ACB 面积的一半，据此，我们可直接得出

$$面积(半圆 AEC) = 面积(四分之一圆 AFCO)$$

最后，我们只需从这两个图形中各自减去它们共同的部分 $AFCD$，如图 1-16 所示，即

$$面积(半圆 AEC) - 面积(AFCD 部分)$$
$$= 面积(四分之一圆 AFCO) - 面积(AFCD 部分)$$

我们从图中可以很快看出，剩下的部分就是

$$面积(月牙形 AECF) = 面积(\triangle ACO)$$

我们已经知道，可以作一个正方形，使其面积等于三角形 ACO，因而也等于月牙形 $AECF$ 的面积。这就是我们所寻求的化月牙形为方的问题。 **证毕**

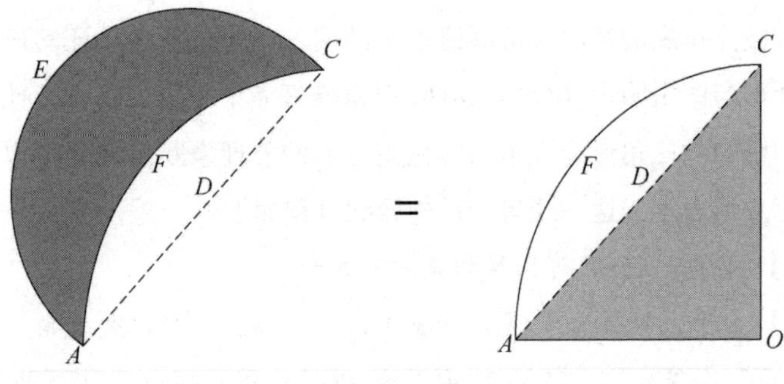

图 1-16

这的确是数学上的一大成就。评论家普罗克洛斯（公元 410—485）以他 5 世纪的眼光认为，希俄斯的希波克拉底“……作出了月牙形的等面积正方形，并在几何学中做出过许多其他发现，如果说那个时代有一位作图的天才，那一定非他莫属。”

后记

由于希波克拉底求月牙面积的成功，希腊数学家对求最完美的曲

线图形，即圆的面积，很乐观。古人为解决化圆为方问题付出了大量的时间和精力，一些后世作家认为希波克拉底自己也曾尝试解决这一难题，不过这件事情很难得到确实的求证，因为那些历史资料都是转述的转述，核实起来困难重重。5 世纪的辛普利西乌斯在其著作中引述了他的前辈阿弗罗狄西亚的亚历山大（约公元 210 年）的话说，希波克拉底曾声称他能够求出圆的面积。将这些蛛丝马迹串连起来，我们推测亚历山大所认为的是下面这种论证。

首先作任意圆，其直径为 AB。以 O 为圆心作大圆，使其直径 CD 等于 AB 的**两倍**。利用已知方法，在大圆中作内接正六边形，使六边形的每一条边都等于半径。也就是

$$\overline{CE}=\overline{EF}=\overline{FD}=\overline{DG}=\overline{GH}=\overline{HC}=\overline{OC}$$

请注意，这六条边的每一条边都等于大圆的半径，也就是说，每一条边都等于$\overline{AB}$。然后，以这六条边为直径，分别作 6 个半圆，如图 1-17 所示。这样，就形成了 6 个月牙形和 1 个以 AB 为直径的圆（见图 1-17 中阴影部分）。

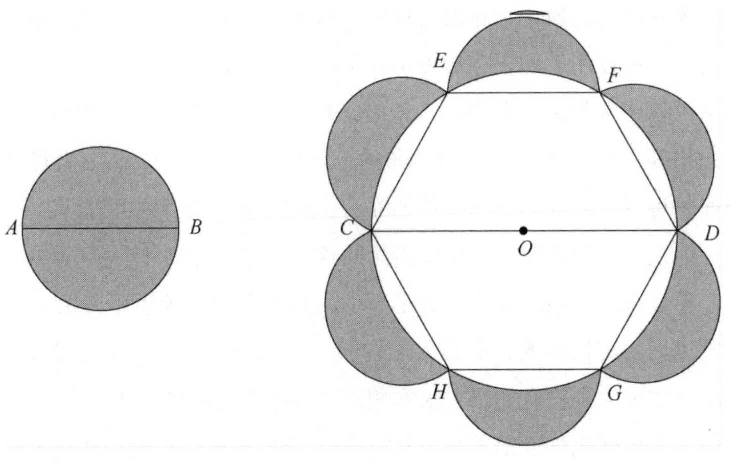

图　1-17

然后，我们想象将右边的图形按两种方式分解：其一，看做是1个正六边形 *CEFDGH* 加上6个半圆；其二，看做是1个大圆加6个月牙形。显然，这两种方式各得出的总面积是相等的，因为这都是对同一个图形的分解。但是，那6个半圆可以合成3个整圆，而且，每个圆的直径都等于$\overline{AB}$。因此

面积(正六边形) + 3 面积(以 *AB* 为直径的圆)

= 面积(大圆) + 面积(6个月牙形)

由于大圆的直径是小圆直径的2倍，因而，大圆的面积必定是小圆面积的$2^2=4$倍。即

面积(正六边形) + 3 面积(以 *AB* 为直径的圆)

=4 面积(以 *AB* 为直径的圆) + 面积(6个月牙形)

从等式两边分别减去“3 面积（以 *AB* 为直径的圆)”，我们就得到

面积(正六边形) = 面积(以 *AB* 为直径的圆) + 面积(6个月牙形)

或

面积(以 *AB* 为直径的圆) = 面积(正六边形) − 面积(6个月牙形)

据亚历山大所说，希波克拉底的推理如下：作为一个多边形，正六边形，可以用等积正方形表示，根据前面的论证，每一个月牙形也同样可以用等积正方形表示。于是，根据叠加过程，我们可以作出1个面积等于6个月牙形面积之和的正方形。因此，以 *AB* 为直径的圆的面积可以按照我们前面所说的方法，用简单的减法即可得到。

但是，正如亚历山大随即指出的那样，这一论证有一个明显的瑕疵：希波克拉底在之前论证的定理中求其面积的月牙形不是沿着内接正六边形的边长作的，而是沿着内接正方形的边长作的。也就是说，希波克拉底从来没有提出过求本例这种月牙形面积的方法。

大多数现代学者都觉得像希波克拉底这种水平的数学家不太可能会犯这种错误。相反，很可能是亚历山大，或辛普利西乌斯，或任何

其他转述者在介绍希波克拉底最初的论证时，在某种程度上曲解了他的原意。我们也许永远不会知道全部真相。然而，这种推理方法似乎也支持了一种看法，即化圆为方应该是可能的。如果说上述论证没有完成这项任务，那么，只要再多付出一点儿努力，再多一点儿洞察力，也许就可以成功了。

然而，情况并非如此。一代又一代人经过数百年的努力，始终未能化圆为方。历经种种曲折，人们提出了无数的解法。但最后却发现，每一种解法都有错误。逐渐地，数学家们开始怀疑，也许根本不可能用圆规和直尺作出圆的等面积正方形。当然，即便经过2000年的努力都没有找到一种正确的证明方法，这也不能表明化圆为方是不可能的。也许，历代数学家只是不够聪明，因而还没有找到一条穿越几何丛林的道路。此外，如果化圆为方不可能的话，那么就必须借助其他定理的逻辑严密性来**证明**这一事实，而人们决不清楚如何作出这样一个证明。

还有一点必须强调，那就是，过去并没有人会怀疑“已知一个圆，就必然存在着一个与之面积相等的正方形”。例如，已知一个固定的圆和圆旁一个正方形投影小光点，并且，正方形投影的面积远远小于圆的面积。如果我们连续移动投影仪，使之距离投影屏面越来越远，从而逐渐扩大正方形投影的面积，我们最终会得到一个面积超过圆面积的正方形。根据“逐渐扩大”的直观概念，我们可以确定无疑，在过程中的某一瞬间，正方形面积恰好等于圆的面积。

但是，这毕竟有点儿离题。请记住，关键的问题不是是否**存在**这样一个正方形，而是是否可以用圆规和直尺**作出**这个正方形。这就出现了困难，因为几何学家只限于使用这两种特定工具，而移动投影光点显然违反这一规则。

从希波克拉底时代直到一百多年前，化圆为方的问题始终未能解决。最终，在 1882 年，德国数学家费迪南德·林德曼（1852—1939）成功而明确地证明了化圆为方是根本不可能的。他证明的技术性细节非常高深，远远超出了本书的范围。然而，从下面的概要中，我们仍然可以窥探出林德曼是如何解决这一古老问题的。

林德曼将问题从几何王国转向数字王国，从而攻克这个难题。只要想象所有实数的集合（如图 1-18 中大长方形所包括的区域），我们就能够将它们再划分为两个穷举且相互排斥的类——代数数和超越数。

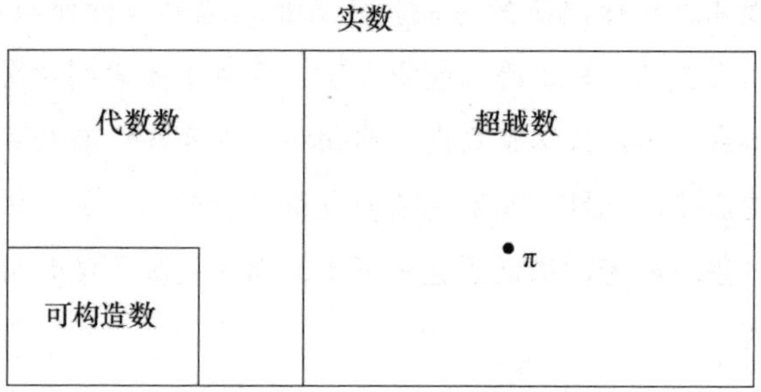

图 1-18

根据定义，如果一个实数满足下述多项式方程

$$a_nx^n + a_{n-1}x^{n-1} + \cdots + a_2x^2 + a_1x + a_0 = 0$$

那么它就是**代数数**，其中所有系数 a_n，a_{n-1}，…，a_2，a_1 和 a_0 都是整数。因此，有理数 2/3 是代数数，因为它是多项式方程 $3x-2=0$ 的解；无理数 $\sqrt{2}$ 也是代数数，因为它满足方程 $x^2-2=0$；甚至 $\sqrt[3]{1+\sqrt{5}}$ 也是代数数，因为它满足方程 $x^6-2x^3-4=0$。注意，在这几个例子中，每一个多项式的系数都是整数。

通俗一点说，我们可以认为，代数数就是我们在算术和初等代数中遇到的那些“容易”或“熟悉”的量。例如，所有整数都是代数数，所有分数及其平方根、立方根等也都是代数数。

相反，如果一个数不是代数数，那么它就必然是**超越数**——也就是说，这个数不是任何带有整数系数多项式方程的解。同其比较简单的代数数亲族相比，超越数要复杂得多。根据定义，显然，任何实数不是代数数，就是超越数，但不可能两者兼之。这就是严格的二分法，犹如一个人不是男的，就是女的，绝没有中性可言。

下面，我们以单位长度（即代表数字“1”的长度）为起点，一步步论证我们能够用直尺和圆规作出的其他长度。事实表明，虽然可构造的线段长度的总数非常之庞大，但却不可能包括每一个实数。例如，从长度1开始，我们可以作出长度2、3、4，等等，也能作出有理长度，如1/2、2/5、13/711，甚至还能作出仅涉及平方根的无理长度，如$\sqrt{2}$或$\sqrt{5}$。而且，如果我们能够作出两个长度，我们就能够作出这两个长度的和、差、积和商。把所有这些作图集合在一起，我们可以看到，那些更加复杂的表达式，如

$$\sqrt{\frac{6-2\sqrt{2}}{1+\sqrt{4+\sqrt{23-\sqrt{7}}}}}$$

也是可以构造的线段长度。

这些大量的可构造数就构成了代数数的子集，就像所有秃头男人的集合构成了所有男人的子集一样。如图1-18所示，这些可构造数严格属于代数数。这里关键的一点是，没有一个超越数能够用圆规和直尺作出。（如果把我们的比喻再延伸一步，那么，这后一句话的意思就是，没有一个女人会属于秃头男人之列。）

在林德曼开始着手研究化圆为方的问题时，所有这些知识都已为人们所知。在其前辈，特别是在法国杰出数学家查尔斯·埃尔米特（1822—1901）努力的基础上，林德曼攻克了著名的数字π。（在初等

几何中，我们见到的 π 是作为圆的周长与直径的比，我们在第 4 章中将更详细地论述这一重要的常数。）林德曼的成就是证明了 π 是超越数。换言之，π 不是代数数，因此，是不可构造的。同时，这也告诉我们，$\sqrt{\pi}$也不可构造，因为如果我们能够构造$\sqrt{\pi}$，那么，只要我们再努一把力，就能够用圆规和直尺构造 π。

乍看之下，这一数字上的发现与化圆为方的几何问题似乎毫无关系，但是，我们将看到，这一发现为这一古老难题补上了缺失的一环。

【定理】化圆为方是不可能的。

【证明】让我们先假设圆能够化为方，以便最后进行反证。我们可以很容易地用圆规作一个圆，使半径 $r=1$。因此，这个圆的面积就是 $\pi r^2=\pi$。如果按照我们的假设，圆能够化为方，那我们便非常兴奋地用圆规和直尺猛削圆弧，并画上直线。我们只需经过这样有限的几次，最后就得到了一个面积也是 π 的正方形，如图 1-19 所示。在这一过程中，我们**构造了**正方形，当然也就构造了它的四条边。假设正方形的边长为 x。于是，我们看到

$$\pi = \text{圆面积} = \text{正方形面积} = x^2$$

因此，长度 $x=\sqrt{\pi}$就应该能够用圆规和直尺构造。但是，如前所述，$\sqrt{\pi}$是无法构造的。

图 1-19

究竟哪里出了问题呢？我们回过头来再看一看整个论证过程，并寻找产生这一矛盾的原因，我们发现，问题只能出在最初的假设上，也就是圆能够化为方的假设。因此，我们必须否定这个假设，并据此得出结论，化圆为方在逻辑上是根本不可能的！　**证毕**

林德曼的发现表明，从希波克拉底时代直到现代，数学家对化圆为方这一难题的苦苦探索，实际上都是徒劳的。从化月牙形为方开始，所有有启发性的证明，所有有希望的线索，到头来都成了幻影。只使用圆规和直尺是不足以化圆为方的。

那么，历史对月牙形求方又作何评价呢？上述伟大定理表明，希波克拉底成功地作出了一种特定月牙形的等面积正方形，并努力探求另外两种月牙形的求方。因而，到公元前 440 年时，三种类型的月牙形化方，已为众人所知。但前进的脚步从此便停滞在这一水平，两千多年没有进展。直到 1771 年，伟大的数学家莱昂哈德 · 欧拉（1707—1783）（我们将在第 9 章和第 10 章中详细介绍）才发现了另外两种可以用等积正方形表示的月牙形。此后，直到 20 世纪，N. G. 切巴托鲁和 A. W. 多罗德诺才证明出这五种月牙形是**唯一**可用等积正方形表示的月牙形！所有其他类型的月牙形，包括我们前面讲到的曾引起亚历山大尖锐批评的那种月牙形，都像圆形一样，不可能化为等积正方形。

因此，希波克拉底及其月牙形的故事便就此画上了句号，而且，这是一个相当不可思议的故事。起初，直觉认为，不可能用圆规和直尺作出曲线图形的等积正方形。但是，希波克拉底通过月牙形求方颠覆了人们的直觉，而且人们继续找出了更多可用等积正方形表示的曲线图形。然而，最后，林德曼、切巴托鲁和多罗德诺的否定结论表明，直觉并非是都错了。曲线图形的求方就永远是一个例外——这个直觉没有错。

第2章

Journey Through Genius

欧几里得对毕达哥拉斯定理的证明

（约公元前300年）

欧几里得的《几何原本》

从希波克拉底到欧几里得，其间经历了 150 年。在这 150 年期间，希腊文明发展并臻于成熟，因柏拉图、亚里士多德、阿里斯托芬和修昔底德的著作而越发灿烂。无论是在伯罗奔尼撒战争的动荡时期，还是在希腊帝国亚历山大大帝统治的辉煌时期，希腊文明都在发展。到公元前 300 年时，希腊文化已跨越地中海，传播到更遥远的地方了。在西方世界，希腊是至高无上的。

在公元前 440 年到公元前 300 年期间，许多人都曾为数学的发展做出过杰出的贡献，柏拉图（公元前 427—前 347）和欧多克索斯（约公元前 408—前 355）就在这些人之列，不过只有后者才是真正的数学家。

柏拉图是来自雅典的伟大哲学家，我们之所以提到他，与其说是因为他在数学上的创造，不如说是因为他对数学的热情和高度评价。柏拉图年轻时在雅典师从苏格拉底，我们对他那位值得尊敬的老师的了解，主要也来源于他。柏拉图还曾在世界各地游历多年，认识了许多伟大的思想家，并形成了他自己的哲学体系。公元前 387 年，他回到自己的故乡雅典，并在那里建立起一所学院。柏拉图学院致力于学习和研究，很快吸引了来自各个地方的智慧学者。在柏拉图的领导下，学院发展成为古典时代的世界学术中心。

在学院众多的学科中，没有一个学科能比数学更受重视。这门学科吸引柏拉图不仅仅是因为迎合了他对美和秩序的感悟，代表了他心中未受日常繁琐事务污染的理想世界，还因为柏拉图认为数学是一种锻炼思维的最佳途径，它严密的逻辑推理不仅要求人们极度专注，还要求人们机敏和谨慎。传说，要进入他那所久负盛名的学院必须经过一扇拱门，门上写着一行大字，即“不懂几何的男子请勿入内”。尽管这一警句带有明显的性别歧视，但却反映了一种观点，即只有那些先展示出一定数学功底的人，才有资格面对学院里的智力挑战。可以说，柏拉图把几何学看做一种理想的入学要求，看做一种他那个时代的“高考”。

虽然以现代人的观点来看，真正属于柏拉图原创的数学发现微乎其微，但希腊学院的确培养了许多颇具才华的数学家，来自尼多斯的欧多克索斯就是其中无可争议的一位。欧多克索斯在学院创建初期就来到雅典，他亲自聆听过柏拉图的教诲。由于贫困，欧多克索斯不得不住在雅典的郊区比雷埃夫斯，每天往返于学院和比雷埃夫斯之间，成为最早的走读生之一（不过我们不知道他是否需要支付外地生择校费）。在他后来的生涯中，他曾到过埃及，随后又返回他的故乡尼多斯。在这期间，他注意吸收新的科学发现，并不断扩充科学的疆界。出于对天文学的兴趣，欧多克索斯对月球和行星的运动做出了自己的解释，在 16 世纪哥白尼提出革命性的理论之前，其学说颇有影响。他从不接受对自然现象的神化或带神秘色彩的解释，而总是对它们进行观察，并作出理性的分析。因此，托马斯·希思爵士曾称道：“如果那个时代有**真正的科学家**的话，他就是当之无愧的那一位。”

就数学领域而言，欧多克索斯因为两大贡献而被历史铭记，其一是比例论，其二是穷竭法。毕达哥拉斯学派曾因发现不可公度量而陷入绝境，而欧多克索斯的比例论则为走出这种绝境提供了逻辑依据。毕达哥拉斯学派的绝境在有关相似三角形的几何定理中特别明显，这些定理最初是根据一种假设论证的，即**任何**两个量都是可公度的。当这一假设被推翻后，几何学中一些最重要的定理也随之瓦解。这就是人们有时所谓的希腊几何学的“逻辑耻辱”。也就是说，人们虽然相信这些定理是正确的，但他们却拿不出有力的证据来支持他们的观点。正是欧多克索斯提出的有根有据的比例论为人们提供了这一长期寻觅的证据。他那令希腊数学界长舒了一口气的比例论，如今大部分都能在欧几里得的《几何原本》第五卷中找到。

欧多克索斯的另一个伟大贡献是穷竭法。这个方法一经发现就立刻应用于求复杂几何图形的面积和体积。穷竭法通常的步骤是，用一系列已知的基本图形不断逼近不规则图形，而每一次逼近，都比前一次更加近似于原图形。例如，圆完全是一种由曲线构成的平面图形，因此其面积难于求出。但是，如果我们在圆内构造一个内接正方形，然后再将边数翻倍，构造出一个内接正八边形，然后再翻倍，构造出一个内接正十六边形，等等，依次进行，我们就会得到一个和圆的面积越来越接近但相对而言更简单的多边形。用欧多克索斯的话说，这个多边形从内部“穷竭”了圆。

实际上，这个过程恰好就是阿基米德确定圆面积的过程，我们将在第 4 章的伟大定理中看到。阿基米德不仅将这一基本逻辑理论归功于欧多克索斯，而且还认为他用穷竭法证明了“圆锥的体积是其同底等高的圆柱体积的三分之一”，这绝不是一个无足轻重的定理。熟悉高等数学的读者都能看出，穷竭法是现代数学中的“极限”概念在几何中的先驱，而“极限”则在微积分中居于中心地位。欧多克索斯的贡献具有十分深远的意义，人们一般认为他也是最优秀的古希腊数学家，其地位仅次于无人能及的阿基米德。

公元前4世纪的最后30余年，马其顿国王亚历山大即位，开始了他征服世界的历程。公元前332年，亚历山大大帝征服埃及，随之在尼罗河入海口建立一座新城市——亚历山大城。这座城市发展迅速，据说在30年后便成为拥有50万人口的大都市。而更为重要的是，在这座城市中建立了宏大的亚历山大图书馆，这座图书馆很快便取代了雅典的柏拉图学院，一跃而成为世界第一的学术中心。亚历山大图书馆光是纸莎草纸文稿的收藏量就超过600 000卷，如此完整而恢宏的收藏规模远远超过了之前的任何一家学术机构。的确，在整个希腊和罗马统治时期，亚历山大城始终是地中海地区的学术中心，直到公元641年被阿拉伯人摧毁。

大约公元前300年，亚历山大城吸引了众多学者，其中有一位名叫欧几里得。他来到亚历山大城，创办了一所数学学校。我们对欧几里得的生平和他到达非洲海岸前后的情况都知之甚少，但他似乎曾在希腊柏拉图学院接受过柏拉图弟子的训导。不管情况是怎样的，欧几里得的深远影响是不可否认的，实际上，所有后来的希腊数学家都或多或少地与亚历山大学派有着某种联系。

欧几里得在数学史上的显赫声名，得益于他编纂的《几何原本》。这部著作对西方思想有着深远的影响，人们一个世纪又一个世纪地研究、分析和编辑此书，直至现代。据说在西方文明的全部书籍中，人们研究欧几里得这本《几何原本》的仔细程度仅次于《圣经》。

得到人们高度评价的《几何原本》是一部大型汇编书籍，全书分为13卷，有465个命题，涉及平面几何、立体几何及数论等领域。今天，人们一般认为，在所有这些定理中，只有比较少的一部分是欧几里得本人创立的。尽管如此，从整个希腊数学体系来看，他毕竟创造了一座数学宝库，这部编排得井井有条的命题集是那么的成功，那么的受人尊崇，以至于所有前人的类似著作都相形见绌。欧几里得的著作很快就成为了一种标准。如此一来，当一个数学家说到 I. 47 时，无需多作解释，人们就知道这指的就是《几何原本》第一卷中的命题 47，犹如人们一提到“I《列王记》7∶23”，就知道说的是《圣经》一样。

实际上，这种对比是非常恰当的，因为除了欧几里得的大作外，没有一本书能堪称“数学的圣经”。几百年来，《几何原本》已经有 2000 多个版本问世，这个数字足以使今天数学教科书的编著者羡慕不已。众所周知，即使在当时，《几何原本》也获得了巨大的成功。罗马帝国没落后，阿拉伯学者将《几何原本》带到了巴格达。文艺复兴时期，《几何原本》再度出现于欧洲，其影响十分深远。16 世纪的意大利著名学者及 100 年后年轻的剑桥大学学生艾萨克·牛顿都曾拜读过这部巨著。就连亚伯拉罕·林肯也不例外。下面，我们就从卡尔·桑德堡著的《亚伯拉罕·林肯传》中摘录一段，看一看没有受过什么正规教育的年轻律师林肯是如何磨砺他的推理技能的：

> ……购买一部欧几里得的《几何原本》，这部书已有 2300 年的历史……他在外出巡回出庭时，都会（把书）装在他的旅行袋里。晚上……别人都已入睡了，他还在借着烛光研读欧几里得的《几何原本》。

人们屡屡提及，林肯的散文造诣正是受益于对莎士比亚和《圣经》的研读。同样，他的许多政治论证也明显地反映出欧几里得命题的逻辑思路。

伯特兰·罗素（1872—1970）对《几何原本》情有独钟，他在自传中写下了这样一段非凡的回忆：

> 11 岁时，我开始学习欧几里得的《几何原本》，并请我的哥哥当老师。这是我生活中的一件重大事件，犹如初恋般令我神魂颠倒。

我们在本章和下一章讨论《几何原本》时，应该铭记，我们是在沿着一条许多人业已走过的道路前进的。只有极少数的经典著作，如《伊利亚特》和《奥德赛》，才能共享这份荣誉。我们将要讨论的命题，阿基米德和西塞罗、牛顿和莱布尼茨，以及拿破仑和林肯都曾研究过。置身于这一长长的学生名单之中，不免令我们诚惶诚恐。

欧几里得天赋超人，与其说他创造了一种新的数学体系，不如说他把旧数学变成一种清晰明确、有条不紊、逻辑严谨的新数学。这是一个不小的成就。必须认识到，《几何原本》绝不仅仅只是数学定理及其证明；毕竟，早在泰勒斯时代，数学家就已经能给出命题的证明。而欧几里得带给我们的是一套宏伟的、不证自明的演绎过程，这是一个根本的区别。在《几何原本》中，他首先给出要素：23 条定义、5 条公设和 5 个公理。这些都是基础，是欧几里得体系的“已知”。他可以在任何时候应用这些要素。利用这些要素，他证明了他的第一个命题。然后，以第一个命题为基础，结合其他的定义、公设及公理，就可以对第二个命题进行证明。如此循序渐进，直至逐条证明所有的命题。

因此，欧几里得不仅仅作出了证明，更重要的是，他是在这种不证自明的体系结构中作出的证明。这种论证方法的优越性十分明显，其一就是可以避免循环推理。每一个命题都与之前的命题有着十分清晰而明确的递进关系，溯其根源，它们都是由最初的公理推导出的。熟练使用计算机的人甚至还能够就此画出一张流程图，准确显示哪些结果被用于证明哪个定理。这种方式比“一头扎入”的证明方法优越得多，因为一旦“一头扎入”某个命题中，人们就弄不清楚以前的哪些推导结果可以应用，哪些不可以应用。而且，像这种从中间而不是从头开始推导的过程，会面临一个很大的危险，就是，如果要证明定理A，可能需要应用结果B，但反过来，如果不应用定理A本身，可能又无法证明结果B。这样，就陷入了循环论证的“怪圈”，犹如一条蛇吞吃了自己的尾巴。在数学领域里，这种做法显然徒劳无益。

除此以外，这种不证自明的方式还有另一个优点。由于我们能够明确判别任何命题所依赖的作为前提的其他命题，因此，如果需要改变或废弃某一基本公设，我们就能够立即觉察出可能会出现哪些情况。例如，如果定理A的证明没有依据公设C，也没有依据任何已经根据公设C而推导出的证明结果，那么，我们可以断言，即使废弃公设C，定理A依然正确。这看起来似乎有点儿深奥，但对于存有争议的欧几里得第5公设，恰恰就出现了这样的问题，引起了数学史上一次持续时间最长、意义最深远的辩论。我们将在本章的“后记”中详细讨论这一问题。

因此，《几何原本》这种不证自明的推导方式是非常重要的。虽然欧几里得没有使之尽善尽美，但它的逻辑极为严密，而且，欧几里得成功地将零散的数学理论编织成一套前后连贯的架构体系，从基本的假定一步步推导，直到得出最复杂的结论，所有这些，都使之成为其后所有数学著作的范本。时至今日，在神秘的拓扑学、抽象代数或泛函分析领域，数学家们还是首先提出公理，然后，一步一步地推导，直至建立他们奇妙的理论。而这正是欧几里得谢世2300年后的再现。

第一卷：准备工作

在本章中，我们只重点讨论《几何原本》的第一卷；其后几卷，我们将在第3章讨论。第一卷一开始就突兀地提出了一系列有关平面几何的定义。（欧几里得的全部引文均摘自托马斯·希思编辑的百科全书《欧几里得的 < 几何原本 > 十三卷》。）其中一些定义如下：

□ 定义1　**点**是没有部分的。

□ 定义2　**线**只有长度而没有宽度。

□ 定义4　**直线**上各点均匀地排列。

欧几里得今天的学生会发现这些定义的措词都是不可接受的，而且还有点儿离奇有趣。显然，在任何逻辑系统中，并非每个术语都是可以定义的，因为定义本身又是由其他术语组成的，而那些术语也必须定义。如果一个数学家试图对每个概念都给出定义，那么，人们一定会批评他在制造一个庞大的循环论证的怪圈。例如，欧几里得所说的“没有宽度”究竟是什么意思？而“各点均匀地排列”的专业含义又是什么？

从现代观点来看，一个逻辑系统总是始于一些未经定义的术语，而以后所有的定义都与这些术语有关。人们肯定会尽力减少这些未定义术语的数量，但这些术语的出现却是不可避免的。对于现代几何学家来说，“点”和“直线”的概念就始终未经定义。像欧几里得给出的这些陈述，有助于我们在头脑中形成某些图像，并非完全没有益处。但是，以精准的、合乎逻辑的定义要求来看，这最初的几条定义是不能令人满意的。

所幸他后来的定义都比较成功，其中一些非常突出，纳入了我们对第一卷的讨论中，值得予以评述。

□ 定义10　一条直线与另一条直线相交，如果两个邻角相等，则这两个邻角都是**直角**，且其中一条直线叫做另一条直线的**垂线**。

现代读者可能会觉得这很奇怪，欧几里得并没有用90°这个术语来定义直角。实际上，在《几何原本》中，也没有任何一个地方讲到

“度”是角的测量单位。在这部书中，唯一有意义的角测量是直角，正如我们所看到的那样，欧几里得将直角定义为一条直线上两个相等的邻角之一。

□ 定义 15　**圆**是由一条线包围成的平面图形，其内有一点与这条线上的点连接而成的所有线段都相等。

显然，“其内有一点”是指圆心，而他所说的相等的“线段”则是半径。

欧几里得在定义 19 至定义 22 中，定义了**三角形**（由三条直线围成的平面图形）、**四边形**（由四条直线围成的平面图形）和一些特殊的子类，如**等边**三角形（三条边都相等的三角形）和**等腰**三角形（“只有两条边相等”的三角形）。他最后一条定义十分重要。

□ 定义 23　**平行**直线是在同一平面且向两个方向无限延伸的直线，在不论哪个方向它们都不相交。

请注意，欧几里得没有用“处处等距”的术语来定义平行线。他的定义更为简单，而且有更少的逻辑陷阱：平行线就是在同一平面内且不相交的直线。

基于这些定义，欧几里得提出了 5 个几何公设。请不要忘记，这些都是欧几里得体系中的“已知”，是不言自明的真理。他当然对此必须审慎地选择，以避免重叠或内部矛盾。

■ 公设 1　从任一点到任一点（可）作一条直线。

■ 公设 2　一条有限直线（可）沿直线继续延长。

稍想片刻我们就可以看出，这前两个公设所支持的图形恰好是我们可以用无刻度直尺构造出的图形。例如，如果几何学家想用一条直线连接两点（这正是可以用直尺完成的作图），则公设 1 为此提供了合理的依据。

■ 公设 3　以任意点为圆心及任意的（半径），（可以）作一个圆。

这样，公设3就为以已知点为圆心，以已知距离为半径，用圆规作圆提供了相应的合理根据。因此，这前三个公设加在一起，就为欧几里得作图工具的全部用途奠定了理论基础。

是否确实如此呢？人们只要回想一下自己的几何作图训练，就会想起圆规的另一个用途，即将某个固定长度从平面的一部分转移到另一部分。也就是说，已知一条线段，拟在另一处复制其长度，我们只要将圆规的尖端放在线段的一端，并将圆规的铅笔端对准线段的另一端，然后，将圆规固定，并拿起圆规，放在需要复制线段的位置。这是一种非常简单，又非常有用的做法。但是，按照欧几里得的规则，这种做法却是不允许的，因为在他的著作中，没有一个地方提出一种公设，允许用这种方法转移长度。因此，数学家们常常称欧几里得的圆规是“可折叠的”。就是说，虽然圆规完全有能力作圆（如公设3所保证的），但只要把圆规从平面拿起，它就闭拢了，无法保持打开的状态。

造成这种情况的原因究竟是什么呢？欧几里得为什么不再增加一条公设，以支持这一非常重要的转移长度的方法呢？答案十分简单：他不需要假定这样一种方法作为公设，因为他将这种方法给证明出来了，并将其作为第一卷的第3个命题。也就是说，虽然欧几里得的圆规一从纸上拿起来就变成“折叠”的了，但他的确提出了一种十分巧妙的转移长度的方法，并证明了他的方法为什么奏效。欧几里得令人仰慕之处就在于，他尽力避免假定他实际上能够推导出来的公设，因而使公设的数目控制在绝对最小的范围内。

■ 公设4　所有直角都相等。

这一公设与作图无关，而是提供了一个贯穿于整个欧几里得几何体系的统一的比较标准。定义10引入了直角概念，而现在，欧几里得则假定任何两个直角，不论在平面的什么位置，都相等。基于这一公设，欧几里得提出了一个在希腊数学界引起最大争议的结论，即公设5。

■ 公设5　一条直线与两条直线相交，若在某一侧的两内角之和小于两直角之和，则这两条直线经无限延长后在这一侧相交。

如图2-1所示，这一公设的意思是说，如果$\alpha+\beta$小于两个直角之和，则直线*AB*与*CD*相交于右侧。公设5常常被人们称为欧几里得的平行线公设。这显然有点儿用词不当，因为实际上这一公设规定了使两条直线相交的条件，因此，根据定义23，更准确的名称应该是不平行公设。

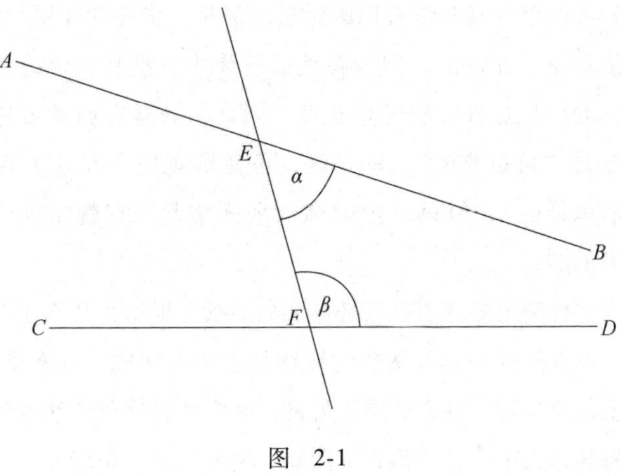

图　2-1

显然，这一条公设与其他公设大不相同。它的行文较长，而且需要有图帮助理解，似乎远不是那种不证自明的真理。这条公设看来过于复杂，与无伤大雅的“所有直角都相等”显然不属同一类。实际上，许多数学家都坚信这第5条公设其实就是一条定理。他们认为，既然欧几里得不需要假定可用圆规转移长度，那他也不需要假定这样一条公设，因为他完全可以根据更基本的几何性质来证明这一点。有证据表明，欧几里得自己也对这个问题感到有点儿不安，因为他在第一卷的演绎中一直尽力避免应用这一平行线公设。也即，在前28个命题的推导过程中，他对其他的公设都运用自如，想多早用就多早用，想用多少次就用多少次，可唯独这第5条公设，他一直就没有用。但诚如“后记”中所述，怀疑是否需要这一公设是一回事，作出实际证明则是另一回事。

他暂且不谈这一有争议的公设，接下来，欧几里得又提出了5个公理，从而完成了他的准备工作。这5个公理也都是不证自明的真理，但具有更一般的性质，不仅仅针对几何学。这些公理如下。

■ 公理1　与同一事物相等的事物，彼此也相等。

■ 公理2　等量加等量，其和仍相等。

■ 公理3　等量减等量，其差仍相等。

■ 公理4　彼此能重合的事物是全等的。

■ 公理5　整体大于部分。

在这5个公理中，只有公理4有点儿让人费解。显然，欧几里得的意思是，如果一个图形能够刚性不变地从纸上某一位置拿起，放到第二个图形上，且两个图形完全重合，则两个图形在各个方面都相等——即它们有相等的角和相等的边等。长期以来，人们认为，公理4具有某种几何特征，应该归入公设的范围。

这些假定的陈述就是《几何原本》这整座大厦的奠基之石。现在，我们可以再乘机回过头来看看伯特兰·罗素，听听他在自传中描述的另一段有趣的表白。

> 早就有人对我说欧几里得证明了不少东西，但看到他最先摆出的是些公理，我不免倍感失望。起初，我拒绝接受这些公理，除非哥哥能讲明其中的道理，但他说：“如果你不接受它们，我们就无法继续。”我为了能继续学习，勉强接受了它们。

第一卷：早期命题

做足了这些准备工作，欧几里得就开始证明他第一卷中的前48个命题。我们在此只讨论那些特别有趣或特别重要的命题，目标是要到达命题I.47和I.48，因为这两个命题是第一卷的逻辑顶峰。

当一个人拿着一些精选的公理来准备演绎几何时，他要证明的第一个命题会是什么呢？对于欧几里得来说，这第一个命题就是

【命题I.1】 在一条已知的有限直线上作等边三角形。

【证明】 欧几里得开始先作已知线段 AB，如图2-2所示。然后，他以 A 为圆心，以 AB 为半径，作圆。再以 B 为圆心，以 AB 为半径，作第二个圆。当然，这两个圆都应用了公设3，而且，在从纸上拿起圆规后，圆规都不必保持打开的状态。设 C 为两圆交点。欧几里得根据公设1作直线 CA 和 CB，然后，他宣布 $\triangle ABC$ 是等边三角形。因为根据定义15，由于 AC 和 BC 都是它们各自圆的半径，所以，$\overline{AC}=\overline{AB}$，$\overline{BC}=\overline{AB}$。由于公理1称，与同一个事物相等的事物彼此也相等，所以，我们说，$\overline{AC}=\overline{AB}=\overline{BC}$，因此，根据定义，$\triangle ABC$ 是等边三角形。 **证毕**

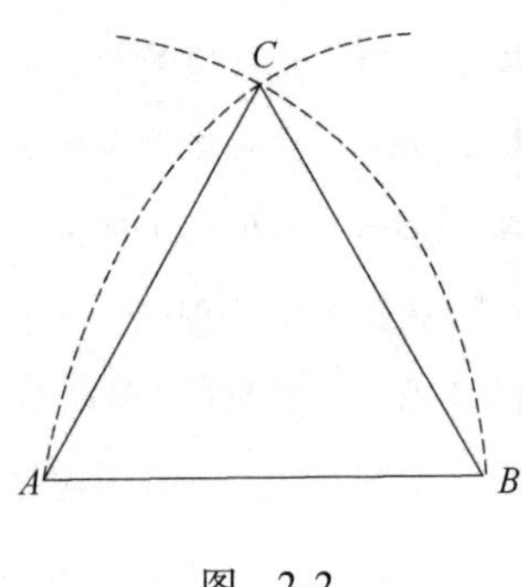

图 2-2

这是一个非常简单的证明，只应用了两个公设、一个公理和两个定义，乍一看，似乎很完美。但遗憾的是，这个证明是有缺陷的。即使是那些古希腊人，不论他们对《几何原本》的评价有多高，也都看出了欧几里得这第一个论证的逻辑缺陷。

问题出在 C 点上。欧几里得如何证明两个圆实际上一定会相交

呢？他怎么知道这两个圆除了相交以外就没有别的方式相互穿过呢？显然，既然这是他的第一个命题，那他在此之前是没有证明过这两个圆必然相交。而且，在他的公设或公理中，也都没有提到这个问题。对 C 点存在的唯一证明就是用图例来直接表示。

但问题就出在这里。如果说欧几里得想从他的几何中排除掉某个因素，那一定就是证明过程对图的依赖。根据他自己的基本原则，证明必须建立在逻辑基础上，必须建立在依据公设和公理所做的谨慎的推理基础上，一切结论最终都必须来源于此。欧几里得"让图说话"，就违背了他给自己制定的规则。并且，如果我们愿意依照图形来得出结论，那完全可以根据观察来判明命题I.1，因为按照这个方法作出的三角形看起来就是等边三角形。如果我们求助于这种视觉判断，那么，一切都不再成立。

现代几何学家认识到，需要增加一个公设，以作为判定这两个圆必定相交的理论根据，这一公设有时称之为"连续性公设"。他们还引入了其他公设，以弥补《几何原本》中这里或那里出现的类似缺陷。20世纪初，数学家戴维·希尔伯特（1862—1943）依据20个公设演绎出他自己的几何学，堵住了欧几里得的许多漏洞。这样的结果是，1902年，伯特兰·罗素对欧几里得的著作给予了以下这段否定的评价：

> 他的定义并非总是确定的，他的公理也不是都无法证明的，而他的论证还需要许多他自己都没有意识到的公理。有效的证明应该是在没有图形辅助时依然具有证明力，但欧几里得最初的许多证明却做不到这一点……要说他的著作是一部逻辑学的典范，那实在是夸大了它的价值。

无可否认，当欧几里得以图解而不是以隐含其中的逻辑为指导时，他就犯下了我们所说的疏忽之罪。不过，在他全部465个命题中，他并没有一处犯下故意而为之的罪行。他的465个定理，没有一个是错误的。只要对他的证明作一些小小的改动，并增加一些遗漏的公设，他的全部命题就能够经受住时间的考验。那些赞同罗素观点的人不妨首先将欧几里得的著作与希腊天文学家、化学家或物理学家的著作作一番比较。按照现代的标准，那些古希腊科学家极其原始，今天，没有一个人会依据这些古代科学家的著作来解释月球的运动或肝脏的功能。但与此相反，我们经常可以请教欧几里得。他的著作是一项永恒的成就。它无须依赖收集数据或创造更精密的仪器。一切只需敏锐的理性，而这恰恰就是欧几里得所擅长的。

命题I.2和I.3巧妙解决了前面提到的在没有移动圆规的明确公设情况下转移长度的问题，而命题I.4则是欧几里得的第一个全等命题。用现代术语来解释，这一命题就是“边角边”或“SAS”三角形全等模式，对此，读者可以回想中学几何课上学过的知识。命题I.4声明，如果有两个三角形，其中一个三角形的两条边及其夹角分别与另一个三角形的两条边及其夹角相等，则这两个三角形全等（图2-3）。

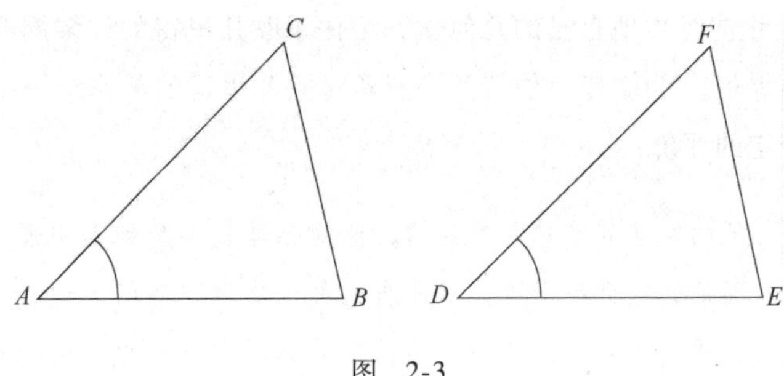

图 2-3

欧几里得在证明中，首先假设$\overline{AB}=\overline{DE}$，$\overline{AC}=\overline{DF}$，$\angle BAC=\angle EDF$。然后，他把$\triangle DEF$放到$\triangle ABC$上，并证明这两个三角形完全重合。这种用叠加方式证明的方法早已不受欢迎。毕竟，谁能保证当

图形在纸上移动的时候，它们不会变形或扭曲呢？希尔伯特认识到了这种危险，因此他一劳永逸地将SAS作为他的公理Ⅳ.6。

命题Ⅰ.5声明等腰三角形的两个底角相等。这一定理以“笨人过不去的桥”著称。之所以有此说法，一则是因为欧几里得的图形有点儿像一座桥。再则是因为，许多对几何知识了解不深的学生都难于理解这一定理的逻辑，因此，也就无法跨过这座桥，进入《几何原本》的其他部分。

接下来的命题，即命题Ⅰ.6，是命题Ⅰ.5的逆命题。该命题声明，如果一个三角形的两个底角相等，则这个三角形是等腰三角形。显然，逻辑学家对定理及其逆定理非常感兴趣，所以，欧几里得在证明一个命题后，常常会插入逆命题的证明，即使省略或延迟这一证明都不致损害他著作中连贯的逻辑性。

欧几里得的第二个三角形全等模式——“边边边”或“SSS”，写入了命题Ⅰ.8。这一命题声明，如果有两个三角形，其中一个三角形的三条边分别与另一个三角形的三条边相等，则与其相对应的三个角也都相等。

随后的几个命题是关于作图的。欧几里得演示了如何用圆规和直尺平分一个已知角（命题Ⅰ.9）或一条已知线段（命题Ⅰ.10）。紧跟其后的两个命题则演示了如何作已知直线的垂线，其一是过直线上已知点作垂线（命题Ⅰ.11），其二是过直线外已知点作垂线（命题Ⅰ.12）。

欧几里得接下来的两个定理是关于邻角$\angle ABC$和$\angle ABD$的，如图2-4所示。他在命题Ⅰ.13中证明，如果CBD是一条直线，那么上述两个角之和等于两个直角之和。在命题Ⅰ.14中，他证明了这一定理的逆定理，即如果$\angle ABC$与$\angle ABD$之和等于两个直角之和，则CBD是直线。接着，他应用这一角与直线的性质，证明了简单但重要的命题Ⅰ.15。

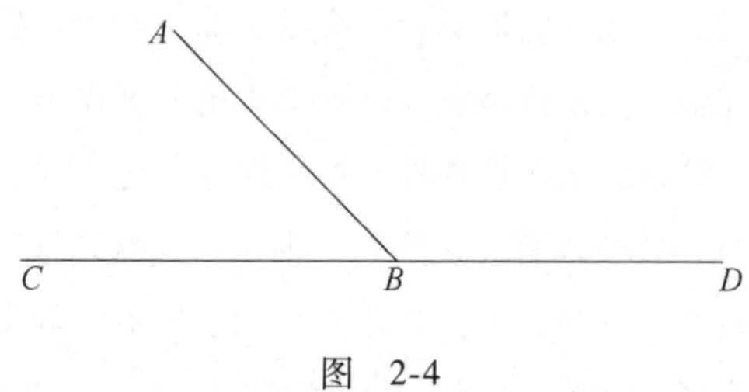

图 2-4

【命题 I. 15】如果两条直线相交，则所形成的对顶角相等（图 2-5）。

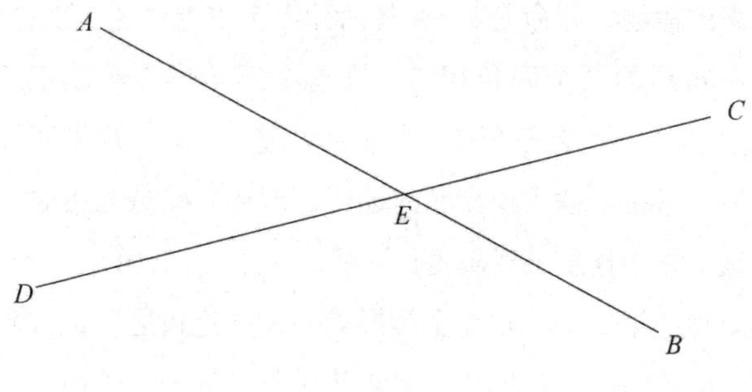

图 2-5

【证明】因为 *AEB* 是一条直线，所以，根据命题 I. 13，∠*AEC* 与∠*CEB* 之和等于两个直角之和。同样，我们可以说，∠*CEB* 与∠*BED* 之和也等于两个直角之和。公设 4 称，所有直角都相等，并且根据公理 1 和公理 2，得出 $\angle AEC + \angle CEB = \angle CEB + \angle BED$。然后，根据公理 3，从等式两边各减去∠*CEB*，欧几里得即得出结论，对顶角∠*AEC* 和∠*BED* 相等，与命题一致。 **证毕**

这一定理又为我们引出了命题 I. 16，即所谓的外角定理，这是《几何原本》第一卷中最重要的定理之一。

【命题 I. 16】在任何三角形中，若延长一条边，则外角大于任何内对角。

【证明】已知△*ABC*，延长 *BC* 到 *D*，如图 2-6 所示，我们必须证明

$\angle DCA$ 大于 $\angle CBA$ 和 $\angle CAB$。欧几里得先根据命题 I.10，平分 AC 于 E，然后，根据公设 1，作线段 BE。根据公设 2 可以延长 BE，并根据命题 I.3，作 $\overline{EF}=\overline{EB}$。最后，连接 FC。

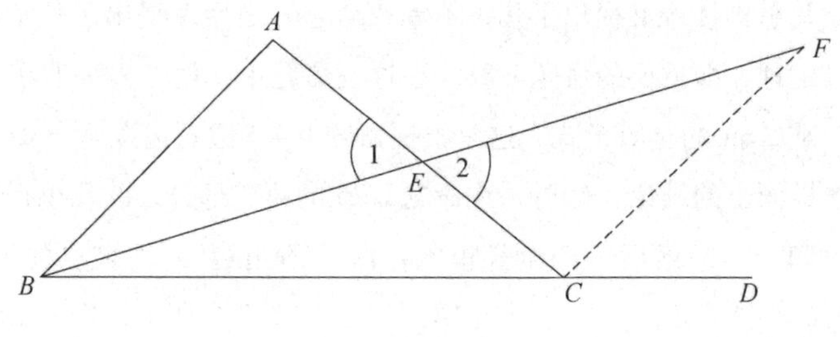

图　2-6

我们来看 $\triangle AEB$ 和 $\triangle CEF$，欧几里得注意到，根据平分作图，$\overline{AE}=\overline{CE}$；根据命题 I.15，对顶角 $\angle 1$ 和 $\angle 2$ 相等；根据作图，$\overline{EB}=\overline{EF}$。因此，根据命题 I.4（即“边角边”或 SAS），这两个三角形全等，所以，$\angle BAE=\angle FCE$。$\angle DCA$ 显然大于 $\angle FCE$，因为根据公理 5，整体大于部分。因此，外角 $\angle DCA$ 大于内对角 $\angle BAC$。用同样的方法也可以证明 $\angle DCA$ 大于 $\angle ABC$。　**证毕**

外角定理是一个几何不等式。《几何原本》中随后的几个命题也都是几何不等式。例如，命题 I.20 声明，三角形的任何两边之和必大于第三边。但据我们所知，古希腊伊壁鸠鲁派对这一定理很不以为然，因为他们认为这条定理太微不足道，犹如不证自明的公理，甚至连驴子也会明白。也就是说，如果有一头驴站在点 A（图2-7），而它的食物放在点 B。这头驴肯定本能地知道，从 A 直接走到 B，路程比沿两条边走，即从 A 到 C，再从 C 到 B 要短。人们曾认为，命题 I.20 的确是一条不证自明的

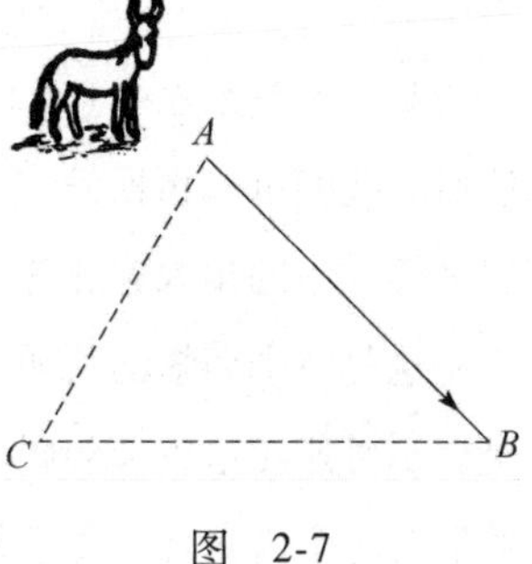

图　2-7

真理，因此应属于公设。然而，如果能够作为一条命题来证明这个结论，犹如前文中圆规的例子一样，欧几里得当然不愿再去假定一条公设，而他对这一定理所做的证明又是非常富有逻辑性的。

欧几里得接着又提出了几条不等式命题，之后才提出了他最后一条全等定理，即重要的命题 I. 26。在这一命题中，他首先证明了“角边角”或 ASA 的全等模式，这是根据命题 I. 4“边角边”或 SAS 全等定理推导而出的结论。然后，在命题 I. 26 的第二部分，欧几里得又提出了第四个，即最后一个全等模式，即“角角边”。对此，他证明，如果$\angle 2 = \angle 5$，$\angle 3 = \angle 6$，并且$\overline{AB} = \overline{DE}$，如图 2-8 所示，则$\triangle ABC$ 和$\triangle DEF$ 全等。

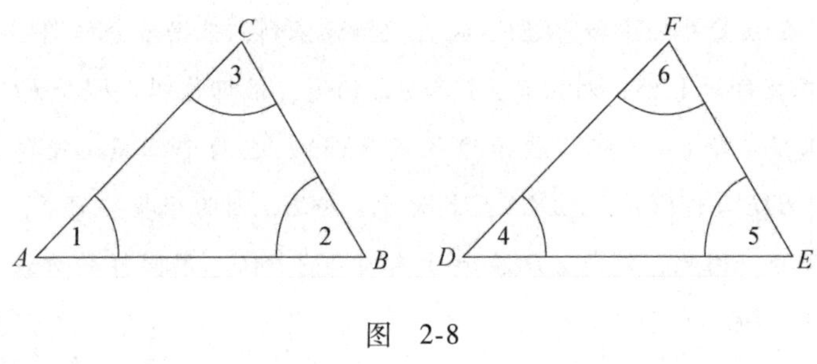

图 2-8

乍一看，人们会认为这只是“角边角”模式的直接推论而不予考虑。我们可以很清楚地看到，$\angle 2 + \angle 3 = \angle 5 + \angle 6$，据此，我们可以得出

$$\angle 1 = 2\text{ 个直角} - (\angle 2 + \angle 3) = 2\text{ 个直角} - (\angle 5 + \angle 6) = \angle 4$$

然后，我们可以再回到“角边角”（ASA）的全等模式，因为我们可以把等式中的角放在相等的边 AB 与 DE 的任何一端。

这是一个简短的证明，但遗憾的是，这个证明同样有问题。欧几里得不可能在这个节骨眼上引用这种证明，因为他还必须证明一个三角形的三个内角之和等于两个直角之和。的确，如果没有这一关键性的定理，似乎完全不可能证明“角角边”（AAS）的全等模式。但是，欧几里得却做到了这一点，他用反证法作了如下精彩的证明。

【命题Ⅰ.26】（AAS） 已知两个三角形，如果其中一个三角形的两个角分别与另一个三角形的两个角相等，一条边，即相等角中的一个对边，等于另一个三角形相应的一条边，则其余的边和其余的角也相等。

【证明】 如图2-9所示，假设$\angle 2 = \angle 5$，$\angle 3 = \angle 6$，$\overline{AB} = \overline{DE}$。欧几里得宣称，边长$BC$与$EF$也必定相等。但为证明这一点，相反，他假设其中一条边比另一条边长，例如，假设$\overline{BC} > \overline{EF}$。因此，我们就可以作线段$BH$，使之等于$EF$。然后，作线段$AH$。

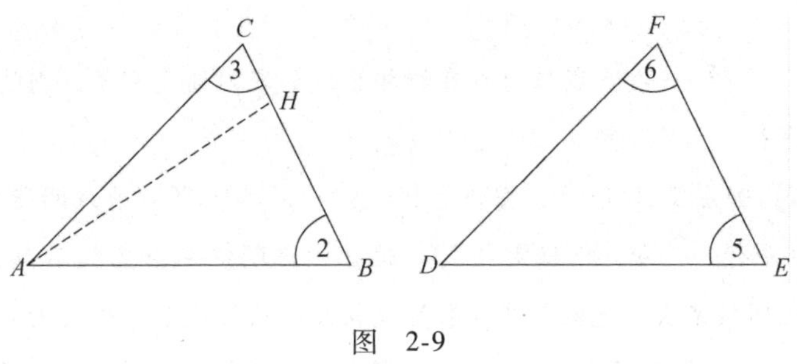

图 2-9

根据假设，有$\overline{AB} = \overline{DE}$，$\angle 2 = \angle 5$，又根据作图，有$\overline{BH} = \overline{EF}$，因此，根据“边角边”定理，$\triangle ABH$与$\triangle DEF$全等。从而，$\angle AHB = \angle 6$，因为它们是两个全等三角形的对应角。

然后，欧几里得将注意力集中于小$\triangle AHC$，并注意到，其外角AHB和内对角$\angle 3$都等于$\angle 6$，因此，$\angle AHB$与$\angle 3$也应该相等。但是，欧几里得在重要的命题Ⅰ.16中已经证明，外角必定大于内对角。这一矛盾表明，最初的假设$\overline{BC} \neq \overline{EF}$是不正确的。因此，他断定，这两条边实际上相等，从而，根据“边角边”定理，原三角形ABC与DEF全等。 **证毕**

再次请注意这一巧妙论证的重要意义：这四种全等模式（边角边、边边边、角边角和角角边）都成立，但**无须**涉及三角形三个角之和等于两个直角之和的问题。

命题 I. 26 结束了第一卷的第一部分。回顾这一部分的内容，我们看到，欧几里得在几何上已很有造诣。尽管他还不得不应用他的平行线公设，但他已经确立了四种全等模式，研究了等腰三角形、对顶角和外角，并进行了各种作图。但是，他并未就此止步，仍在努力走得更远。《几何原本》随即提出了平行线的概念。

第一卷： 平行线及有关命题

【命题 I. 27】一条直线与两条直线相交，如果内错角相等，则这两条直线平行。

【证明】如图 2-10 所示，假设 $\angle 1 = \angle 2$，欧几里得必须证明直线 AB 与 CD 平行——即，根据定义 23，他必须证明这两条直线不会相交。他采用间接证法，先假设这两条直线相交，然后找到矛盾之处。假设直线 AB 与 CD 延长后，相交于 G。那么，图形 EFG 就是一个延伸很长的三角形。但是，$\triangle EFG$ 的外角 $\angle 2$ 等于这同一个三角形的内对角

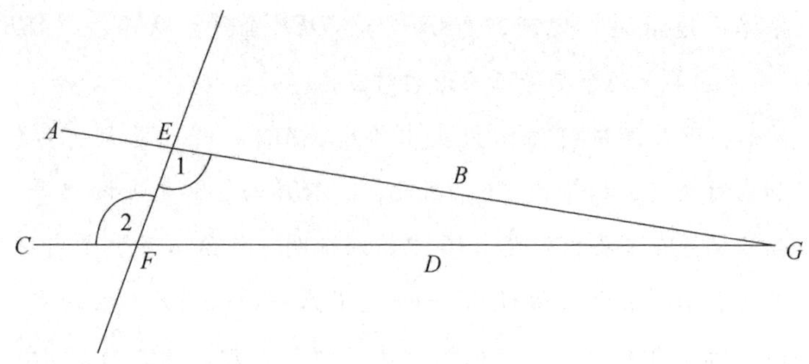

图 2-10

$\angle 1$。根据命题I. 16外角定理，这种情况是不可能的。因此，我们断定，*AB*与*CD*，不论延长多长，也不会相交，而这恰恰就是欧几里得的平行线定义。 **证毕**

命题I. 27打破了有关平行性的坚冰，但是，欧几里得依然避免应用平行线公设。这一争议很大的公设在欧几里得证明I. 27的逆命题，即命题I. 29时，终于出现了。

【命题I. 29】一条直线与两条平行线相交，则内错角相等。

【证明】这次，欧几里得假设*AB*与*CD*平行（见图2-11），必须证明$\angle 1 = \angle 2$。他再次使用间接法，即，假设$\angle 1 \neq \angle 2$，然后引出逻辑上的矛盾。因为，如果这两个角不相等，那么，其中一个角必定大于另一个角，我们不妨假设$\angle 1 > \angle 2$。根据命题I. 13

$$2\text{个直角} = \angle 1 + \angle BGH > \angle 2 + \angle BGH$$

在此，欧几里得终于引用了公设5，这一公设恰恰适用于这种情况。由于$\angle 2 + \angle BGH < 2$个直角，根据公设5，他可以断定，*AB*与*CD* **必定**相交于右侧，这显然是不可能的，因为已知这两条直线是平行的。因此，根据反证法，欧几里得证明了$\angle 1$不能大于$\angle 2$；同样的推理表明，$\angle 2$也不能大于$\angle 1$。总之，平行线的内错角相等。 **证毕**

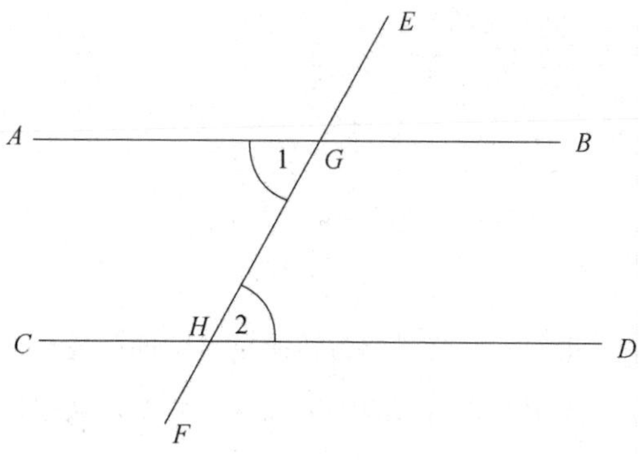

图　2-11

根据这一证明，欧几里得很容易便推断出同位角也相等，即在图 2-11中，$\angle EGB = \angle 2$，因为$\angle EGB$与$\angle 1$是对顶角。

在最终引用了平行线公设之后，欧几里得发现，他真的不可能再打破以往的习惯。在第一卷余下的 20 个命题中，几乎没有一处再直接应用平行线公设或基于这一公设的命题，唯一的例外是命题 I. 31，在这一命题中，欧几里得演示了如何通过直线外一点作已知直线的平行线。但是，有一个定理一定是少不了平行线公设的身影，那就是人人都翘首以盼的：

【命题 I. 32】在任何三角形中……三个内角之和……都等于两个直角之和。

【证明】已知$\triangle ABC$，如图 2-12 所示，他根据命题 I. 31，作 CE 平行于三角形的边 AB，并延长 BC 到 D。根据命题 I. 29（平行线公设的推论），他知道，$\angle 1 = \angle 4$，因为它们是两条平行线的内错角，并且，还知道，$\angle 2 = \angle 5$，因为它们是同位角。因此，$\triangle ABC$ 三个内角的和就是$\angle 1 + \angle 2 + \angle 3 = \angle 4 + \angle 5 + \angle 3 = 2$ 个直角，因为这些角构成了直线 BCD。这样，这一著名的定理即证明完毕。 **证毕**

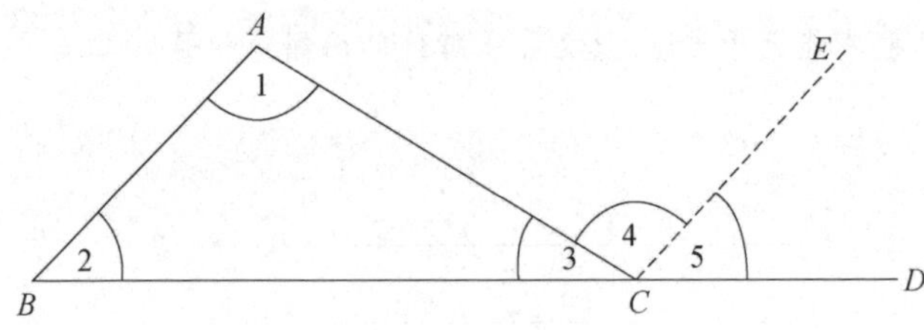

图 2-12

自此，欧几里得开始将注意力转向更复杂的问题。他接下来的几个命题是关于三角形和平行四边形的面积问题的，其中最精彩的是命题 I. 41。

【命题 I. 41】如果一个平行四边形与三角形同底，且它们都位于同两条平行线之间，则这个平行四边形的面积是三角形面积的 2 倍。

将希腊人的这种说法换个表达方式，也就是，如果一个三角形与任意平行四边形同底同高，则这个三角形的面积等于平行四边形面积的一半。由于这种平行四边形的面积与同底同高的矩形面积是相等的，而矩形的面积是（底）×（高），我们由此可以看到，在命题 I. 41 中包含着一个现代公式，即，面积（三角形）$=\frac{1}{2}bh$。

但是，欧几里得并未用这种代数语言来思考问题。相反，他从字面上设想$\triangle ABC$与平行四边形 $ABDE$ 具有同一条边，且都位于同两条平行线 AB 与 DE 之间，如图 2-13 所示。然后，欧几里得证明，面积（平行四边形 $ABDE$）$=2$ 面积（$\triangle ABC$）。

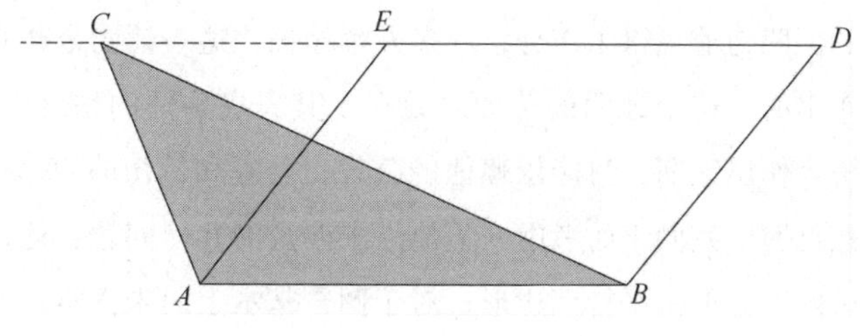

图　2-13

几个命题之后，欧几里得在命题 I. 46 中演示了如何在已知线段上构造正方形图形。当然，正方形是一种规则四边形，因为它的所有边全等，所有角也全等。最初，人们可能会以为这一命题只是一个普通的命题，特别是一想到第一卷一开始就介绍了等边三角形这种规则三边形的作图，就越发觉得这个命题不足为奇。不过，我们只要看一看他对正方形作图的证明就会明白，正方形作图何以拖到现在才讲。因为对正方形作图的论证，很多要根据平行线的性质，而这当然只能等到关键的命题 I. 29 之后。因此，虽然欧几里得在第一卷的一开始就介绍了规则三角形的作图，但他不得不等到接近第一卷的尾声时才作规则四边形的图形。

在证明这 46 个命题之后，第一卷就只剩最后两个命题需要证明。看来，欧几里得是将最好的留在了最后。在作好所有这些准备之后，他开始冲击毕达哥拉斯定理，这一定理显然是所有数学定理中最重要的一个。

伟大的定理：毕达哥拉斯定理

如上文所述，在欧几里得之前，毕达哥拉斯定理就已经闻名遐迩，因此，欧几里得绝不是这一数学里程碑的发现人。然而，我们下面看到的证明为他赢得了声誉，许多人都相信，这一证明最初是由欧几里得作出的。这个证明的美妙之处在于其先决条件的精练，毕竟，欧几里得为作出证明，只能依赖他的公设、公理和最初的 46 个命题，可谓捉襟见肘。我们不妨考虑一下他尚未涉及的几何问题：他以前唯一探讨过的四边形是平行四边形；对于圆，基本上尚未探索；而对于特别重要的相似性，则直到第六卷才开始阐述。不可否认，虽然借助相似三角形，可以对毕达哥拉斯定理作出非常简短的证明，但是，欧几里得不愿把这一重要命题的证明推迟到第六卷以后进行。显然，他希望尽可能早地直接涉及毕达哥拉斯定理，因此，他想出了一个可以位居《几何原本》第 47 位的命题。由此看来，在此之前的许多命题都指向了伟大的毕达哥拉斯定理，因此，我们可以说命题 47 堪称第一卷的高潮。

在我们详细介绍欧几里得的证明之前，不妨先来看一看欧几里得自己阐述的这个结论，从中可以窥见其论证方法之巧妙。

【命题Ⅰ.47】在直角三角形中，斜边上的正方形面积等于两个直角边上的正方形面积之和。

请注意，欧几里得的命题不是关于**代数**方程 $a^2+b^2=c^2$ 的，而是述及了一种**几何**现象，涉及以直角三角形的三条边为边所作的实实在在的正方形。欧几里得必须证明，以 *AB* 和 *AC* 为边的两个小正方形面积之和等于以斜边 *BC* 为边的大正方形面积（见图2-14）。为证明这一点，他采用了一个非常奇妙的方法，从直角顶点开始作线段 *AL*，使之与大正方形的边平行，并将大正方形分割为两个矩形。现在，欧几里得只要证明一个显著的事实即可：左边矩形（即以 *B* 和 *L* 为对角的矩形）的面积等于以 *AB* 为边的正方形面积；同样，右边矩形的面积等于以 *AC* 为边的正方形面积。由此可直接导出，作为两个矩形面积之和的大正方形面积，同样也就等于两个小正方形面积之和。

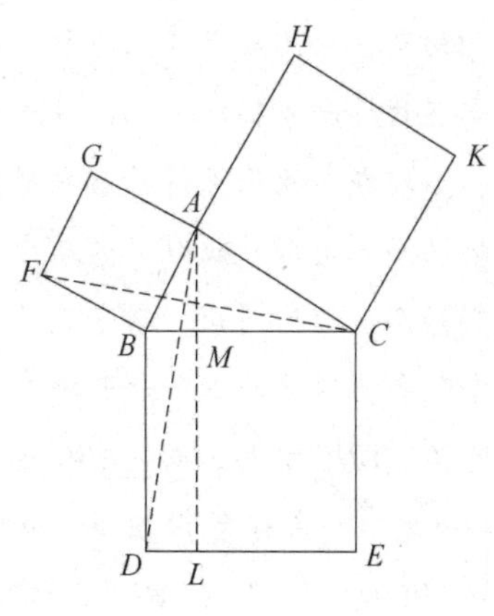

图　2-14

这一方法从整体来看可谓巧妙至极，但还需要补充一些细节。幸好，欧几里得在之前的命题中已完成了全部准备工作，因此，现在的问题是如何将它们谨慎地组合起来。

【证明】根据假设，欧几里得已知∠*BAC* 是直角。他应用命题Ⅰ.46，在三条边上作正方形，并应用命题Ⅰ.31，过 *A* 点作 *AL* 平行于 *BD*，然后，连接 *AD* 与 *FC*。初看起来，这些辅助线似乎显得很神秘，但这么做的原因很快就会变得明了。

对于欧几里得来说，关键的问题是要证明 *CA* 与 *AG* 在同一条直线上。欧几里得指明，根据正方形作图，∠*GAB* 为直角，而根据假设，

$\angle BAC$ 也是直角。由于这两个角的和等于两个直角之和，因此，根据命题 I. 14，GAC 是一条直线。这个问题看似没有多少技术含量，但有趣的是，欧几里得只在这个问题的证明过程中唯一一次应用了 $\angle BAC$ 是直角这一事实。

现在，欧几里得开始将注意力转向两个细长的 $\triangle ABD$ 和 $\triangle FBC$。这两个三角形的短边（分别为 AB 和 FB）相等，因为它们是一个正方形的两条边；同理，两个三角形的长边（BD 和 BC）也相等。那么，它们各自对应的夹角是否相等呢？注意到，$\angle ABD$ 是 $\angle ABC$ 与正方形直角 $\angle CBD$ 之和，而 $\angle FBC$ 是 $\angle ABC$ 与正方形直角 $\angle FBA$ 之和。公设 4 规定，所有直角都相等，公理 2 则保证了等量之和也相等，因此，$\angle ABD = \angle FBC$。根据“边角边”定理（即命题 I. 4），欧几里得确定狭长的 $\triangle ABD$ 与 $\triangle FBC$ 全等，因此，这两个三角形的面积相等。

到目前为止，一切顺利。接着，欧几里得指明，$\triangle ABD$ 与矩形 $BDLM$ 具有同一条边 BD，并且，位于同两条平行线（BD 与 AL）之间。因此，根据命题 I. 41，矩形 $BDLM$ 的面积等于 $\triangle ABD$ 面积的 2 倍。同样，$\triangle FBC$ 与正方形 $ABFG$ 也具有同一条边 BF。并且，欧几里得已证明 GAC 是一条直线，因此，$\triangle FBC$ 与正方形 $ABFG$ 也都位于同两条平行线 BF 与 GC 之间。由此，根据命题 I. 41，正方形 $ABFG$ 的面积也等于 $\triangle FBC$ 面积的 2 倍。

欧几里得把这些结果和先前证明的三角形全等结合起来，得出结论：

$$\begin{aligned}\text{面积(矩形 } BDLM) &= 2\text{ 面积}(\triangle ABD)\\ &= 2\text{ 面积}(\triangle FBC)\\ &= \text{面积(正方形 } ABFG)\end{aligned}$$

至此，欧几里得完成了一半使命。下一步，他需证明矩形 $CELM$ 的面积等于正方形 $ACKH$ 的面积。对此，他可以用同样的方法证明。

首先，连接 AE 与 BK，然后，证明 BAH 是一条直线，并根据“边角边”定理，证明 $\triangle ACE$ 与 $\triangle BCK$ 全等。最后，根据命题 I. 41，欧几里得推论：

$$\text{面积(矩形 } CELM) = 2\text{ 面积(}\triangle ACE)$$
$$= 2\text{ 面积(}\triangle BCK) = \text{面积(正方形 } ACKH)$$

至此，毕达哥拉斯定理呼之欲出，因为：

$$\text{面积(正方形 } BCED)$$
$$= \text{面积(矩形 } BDLM) + \text{面积(矩形 } CELM)$$
$$= \text{面积(正方形 } ABFG) + \text{面积(正方形 } ACKH)\text{。}$$

证毕

从而，欧几里得完成了数学中最重要的证明之一，而他所应用的图形（图 2-14）也因此变得闻名遐迩。人们常常将其称作“风车”，因为它的外形看起来就很像。从附图中我们可以看到 1566 年版的《几何原本》就已经刊载了“风车”图形，图中的文字为拉丁文。显然，400 多年前的学生都在努力理解这一图形，犹如我们刚才所做的那样。

PROPOSIT. XLVII.

Theorema.

Ἐν τοῖς ὀρθογωνίοις τριγώνοις τὸ ἀπὸ τῆς τὴν ὀρθὴν γωνίαν ὑποτεινούσης πλευρᾶς τετράγωνον ἴσον ἐστὶ τοῖς ἀπὸ τῶν τὴν ὀρθὴν γωνίαν περιεχουσῶν πλευρῶν τετραγώνοις.

In triangulis rectangulis: quadratum lateris angulum rectum subtendentis, est æquale quadratis laterum, rectum angulum continentium.

ἡ ἔκθεσις.

Sit triangulus rectangulus αβγ, habens angulum βαγ rectum.

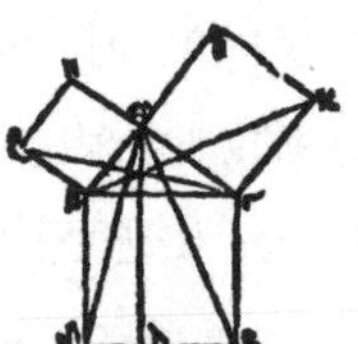

ὁ διορισμός. Dico quod quadratum lateris βγ, est æquale quadratis laterum βα, αγ. ἡ κατασκευή. Describatur à linea βγ, quadratum βδεγ. Item à linea βα quadratum βη. Præterea à linea αγ quadratum γθ. Ducatur per punctum α, alterutri linearum βδ, γε, æquedistans recta linea αλ. Ducantur duę lineæ rectæ αδ, ζγ.

1566 年版《几何原本》中的命题 I. 47

（图片由俄亥俄州立大学图书馆提供）

当然，欧几里得的证明并不是证明毕达哥拉斯定理的唯一方法。实际上，证明方法有数百种之多，有的非常巧妙，有的极其平庸。（就连俄亥俄州众议员詹姆斯·加菲尔德也曾给出过一个证明，他后来还成为了美国总统。）读者如果对其他证明方法感兴趣，可以参考E. S. 卢米斯所著《毕达哥拉斯命题》一书，其中收录了对这一著名定理的千百种证明方法，令人眼花缭乱。

虽然命题I. 47堪称第一卷的高潮，但欧几里得还有最后一个命题要证明，这就是毕达哥拉斯定理的逆定理。欧几里得对这一逆定理的证明，其巧妙和精练之处，依然是显而易见的。但遗憾的是，这一证明却始终湮没不彰，并没有得到应有的关注。实际上，大多数学生在其一生中，总会在某一时刻见到过对毕达哥拉斯定理的证明，但是见过对其逆定理证明的人就少得多，即使见到，也不敢肯定其正确性。

欧几里得对这一逆定理的证明有两个特点值得我们特别注意。其一是它非常短，将其与我们刚看到的论证相比，则尤其如此。其二是欧几里得竟然应用了毕达哥拉斯定理来证明其逆定理。这种逻辑方法虽然并非没有前例，但至少值得注意。记得欧几里得在证明有关平行线的两个重要命题（命题I. 27及其逆命题I. 29）时，并没有用其中一个命题去证明另一个命题。但是，他对毕达哥拉斯定理逆定理的证明，却将命题I. 48牢固地建立在命题I. 47的基础之上，使这两个命题成为一个明确的序列单位。

【命题I. 48】在一个三角形中，如果一边上的正方形面积等于其他两边上的正方形面积之和，则这两边的夹角是直角。

【证明】欧几里得首先作$\triangle ABC$，并假设$\overline{BC}^2=\overline{AB}^2+\overline{AC}^2$，如图2-15所示。他必须证明$\angle BAC$是直角。

为此，欧几里得首先根据命题I. 11，作AE垂直于AC，并交AC于A。然后，作$\overline{AD}=\overline{AB}$，并连接$CD$。现在，欧几里得求证的中心问题是要证明$\triangle BAC$与$\triangle DAC$全等。

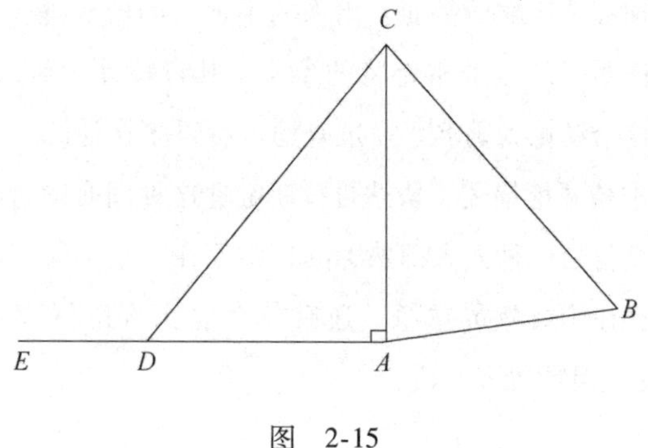

图　2-15

显然，这两个三角形有一条共同边 AC，并且，根据作图得知 $\overline{AD}=\overline{AB}$。我们当然不能就此断言 $\angle BAC$ 是直角（实际上，这正是该定理所要确定的），但根据上述构造的垂线，我们知道 $\angle DAC$ 是直角。因此，欧几里得完全有理由应用毕达哥拉斯定理于直角三角形 DAC，并根据假设，推导出

$$\overline{CD}^2=\overline{AD}^2+\overline{AC}^2=\overline{AB}^2+\overline{AC}^2=\overline{BC}^2$$

在此，$\overline{CD}^2$ 与 $\overline{BC}^2$ 相等也意味 $\overline{CD}=\overline{BC}$，因此，根据“边边边”定理，$\triangle DAC$ 与 $\triangle BAC$ 全等。因而，$\angle BAC$ 与 $\angle DAC$ 也必然全等。而根据作图，后者为直角，因此 $\angle BAC$ 也是直角。　**证毕**

命题 I. 47 和 I. 48 相得益彰，揭示了直角三角形的全部特征。欧几里得证明了，一个三角形是直角三角形，当且仅当其斜边的平方等于两条直角边的平方和。不论过去还是现在，这些证明都是最佳几何例证。

这两个毕达哥拉斯命题在另一种意义上也是卓越非凡的。一方面，欧几里得证明这两个命题的方式十分巧妙，而另一方面，这两个命题的真实性给人的第一感觉也非比寻常。我们不能依据直观的理由就肯定直角三角形与平方和之间的密切关系。例如，它不像命题 I. 20

那样，是一种甚至连驴子都能看出来的不证自明的真理。相反，毕达哥拉斯定理证明了一个非常奇特的事实，其奇特性之所以不被认识，仅仅是因为这个结论太著名了。理查德·特鲁多在他的《非欧几里得革命》一书中精彩地描述了毕达哥拉斯定理这种固有的奇特性。特鲁多注意到，直角是一种人人都熟悉的日常存在，它不仅存在于人为世界，而且也存在于自然界本身。还有什么能比直角更“普通”或更“自然”的呢？但特鲁多又说：

> 毕达哥拉斯定理使我感到非常惊奇……“$a^2+b^2=c^2$”……无论如何都不能引起我内心记忆的共鸣……因为这个方程抽象而精确，这实在异乎寻常。我想象不出这样一种东西与日常生活中所见的直角有什么关系。因此，当偶然揭开“熟悉”的帘幕，重新审视毕达哥拉斯定理时，我不禁感到目瞪口呆。

后记

纵观历史，《几何原本》第一卷中最令人困惑的是引起争议的平行线公设。困惑的产生并非因为有人怀疑平行线公设的真确性，相反，让人困惑的恰恰是，人们普遍认为这个公设是逻辑的必然。几何毕竟是一种抽象描述世界的方式，是一种“物理的抽象”，而物理现实又确实决定了平行线公设的真理性。

因此，受到质疑的不是欧几里得该不该做出这番陈述，而是他为何将其列为公设而不是作为命题来加以证明。古代作家普罗克洛斯一言以蔽之，“它（公设5）完全应该从公设中剔除，因为它是一条定理……”

对平行线公设的这种认识不足为奇。首先，可能真正使古代几何学家感到迷惑的是，这一公设**听起来**的确十分像一条命题，因为它的陈述性语句就占了大半段。此外，欧几里得似乎不仅尽可能避免应用这一条公设，而且在证明一些相当深奥微妙的结论时，也尽可能设法绕过它。“如果说他的其他公设和公理的内容都非常丰富，足以产生诸如命题 I. 16、命题 I. 27 以及四种全等模式这样的定理，那么，它们当然也应该能推导出那条平行线公设。”

出于似乎非常充分的理由，数学家们开始寻求公设 5 的推导根据。他们在寻求这一证明的过程中，可以自由地应用除公设 5 以外的任何其他公设或公理，以及欧几里得从 I. 1 到 I. 28 这些与公设 5 毫无关系的全部命题。无数数学家都曾为此做出过不懈的努力，但是非常遗憾，他们几年、几十年甚至几百年的努力都失败了。这一证明至今依然是一个难解的谜。

几何学家在这一过程中，只发现了许多在逻辑上等同于平行线公设的新的命题。为证明公设 5，常常需要数学家们去假设一种看来很明显，但迄今为止尚未得到证明的命题。然而，遗憾的是，为引出这样一个命题，平行线公设本身又是必不可少的，而问题就在这里。对于逻辑学家来说，这表明，两者实际上都在表达同一个概念，而对公设 5 的这种“证明”，由于需要假设它的逻辑等价命题，自然也就谈不上是什么证明。

比较著名的四个平行线公设的等价命题记叙如下。应该指出的是，假如可以根据公设 1 至公设 4 证明下述任何一项，则公设 5 的证明便是顺理成章的了。

- **普罗克鲁斯公理** 如果一条直线与两条平行线中的一条相交，那么它也必定与另一条平行线也相交。
- **等距公设** 两条平行线之间的距离处处相等。

- **普莱费尔公设** 经过已知直线外一点，可以作一条，而且只能作一条与已知直线平行的直线。
- **三角形公设** 三角形三个内角和等于两个直角之和。

尽管文艺复兴时期产生了这四个逻辑等价的命题，但却依然未能解决平行线公设的性质问题。无论谁推导出平行线公设，都会在数学史上享有不朽的声望。有时，这一证明似乎已近在咫尺，唾手可得，但世界上那些最优秀数学家的努力却一次又一次落空。

19 世纪初叶，有三个数学家几乎同时爆发灵感，发现了解决这一难题的真正曙光。第一位数学家就是举世无双的卡尔·弗里德里希·高斯（1777—1855），有关他的生平，我们将在第 10 章中介绍。高斯采用三角形的角度制，重新表达了这个问题。为了证明三角形的内角和必定等于 180°，他先假设三角形内角和不等于 180°。这样，他就面临两种选择：三角形内角和要么大于 180°，要么小于 180°。他进而研究了这两种情况。

依据直线是无限长的事实（欧几里得也同样含蓄地提出过这样的假设，对此，没有人提出异议），高斯发现，如果三角形的内角和大于 180°，则会导致逻辑矛盾。因此，这种情况显然应予排除。如果能够同样排除另一种情况，他就可以间接地证明平行线公设的必然性。

高斯首先假设三角形的三个内角和小于 180°，然后便开始进行推理。但推理的结果非常奇怪，似乎有点儿不可理解和违背直觉（稍后就会向读者展示）。但是，高斯却怎么也找不到他所寻求的逻辑矛盾。1824 年，他如是总结说：

> ……一个三角形的内角和不能小于 180°……这是……一块暗礁，所有的船只都会在它面前撞得粉碎。

随着越来越深入地探讨这一特殊几何问题，高斯逐渐相信这其中不存在逻辑矛盾。相反，他开始感觉到，他所发现的不是一种**前后矛盾的**几何学，而是一种**选择性的**几何学，用他的话说，是一种“非欧几里得”几何学。高斯在他 1824 年的一封私人信件中详细阐述了他的观点：

> 三角形三个内角和小于 180° 的假设导向了一种非常古怪的几何学，与我们现在的几何学不同，但又完全讲得通，我已经将其发展到令自己感到非常满意的地步。

这是一段激动人心的话。高斯虽然被公认为是当时最优秀的数学家，但却没有公布他的发现。也许是为声名所累，因为他深信，对他见解的争议会引起轩然大波，而这可能会损害他的崇高名望。1829 年，高斯在写给他一位知己的信中说，他没有打算：

> ……把我的深入研究公诸于众，也许终生都不会公布，因为我担心在我大声讲出我的观点之后，维奥蒂亚人只会发出怒号。

今天的读者可能不明白维奥蒂亚人是何方神圣，对此，只需稍加解释你们就能明白了：所谓的“维奥蒂亚人”是指那些缺乏想象力而又不开化的愚钝之人。显然，高斯低估了数学界对他新观点的接受能力。

接下来是匈牙利数学家约翰 · 鲍耶（1802—1860）。约翰的父亲沃尔夫冈曾是高斯的密友，而且，他自己也曾为证明欧几里得的平行线公设徒然付出大半生的心血。在当时那个年代，儿子常常继承父亲的事业，成为牧师、皮匠或厨师，而小鲍耶则继承了他父亲推导欧几里得平行线公设的深奥事业。但沃尔夫冈深知这项事业的困难，对他的儿子提出了严重的警告：

> 你一定不要再去论证平行线公设。我深知这条路会带来什么结果。我曾力图穿越这无尽的黑夜，并因此葬送了我生活的全部光明与欢乐……我恳求你，不要再去管平行线公设。

但是，年轻的约翰·鲍耶并未理会父亲的忠告。像高斯一样，约翰也逐渐认识到了有关三角形内角和的关键性的三分法，并试图排除与平行线公设不符的所有情况。当然，同高斯一样，他也没有成功。随着对这一问题越来越深入的研究，鲍耶同样得出结论，认为欧几里得几何在逻辑上遇到了强有力的对手，他带着惊讶之情评论他那些独特而显然并不矛盾的命题："从空无中，我创造了一个奇怪的新世界。"

约翰·鲍耶与高斯不一样，他毫不犹豫地公布了自己的发现，并将自己的论文作为附录载于他父亲 1832 年的著作之中。老鲍耶满腔热情地将自己的著作给他的朋友高斯寄去一本，但高斯的回信却使鲍耶父子十分意外：

> 如果我坦言我不敢夸奖（令郎的）大作，你必然会感到吃惊：但是我别无选择。夸奖令郎就等于夸奖我自己，因为论文的全部内容，他的思路以及他所推导的结果，都与我自己的发现几乎同出一辙，这些发现在我脑子里已经存在了 30 至 35 年之久。

显然，高斯给他热情年轻的崇拜者泼了一瓢冷水。值得称道的是，高斯非常谦和地描述他自己"……非常高兴，恰恰是老友的儿子以这种非凡的方式超过自己"。但是，约翰得知他最伟大的发现已经躺在高斯的抽屉里几十年了，这对他的自尊心，当然是一个沉重的打击。

然而，约翰的自尊心还要再经受一次打击，因为人们不久便得知，俄国数学家尼古拉·罗巴切夫斯基（1793—1856）不仅与高斯和鲍耶作了同样的工作，而且，于 1829 年就发表了他关于非欧几何的论文——比约翰早了整整三年。但罗巴切夫斯基的论文是用俄文写的，虽然传到了西欧，但显然没有引起人们的关注。这种一个发现有时会有许多人同时独立作出的现象在科学界并不罕见。沃尔夫冈·鲍耶讲得好：

> ……的确，许多事物似乎都自有其时令，会在多处同时被发现，犹如紫罗兰在春季到处开放。

但是，这些发现还没有切中要害，另一位创新家乔治·弗里德里希·伯恩哈德·黎曼（1826—1866）对几何直线的无限长度别有一种见解。正是这种几何直线的无限性才使高斯、鲍耶和罗巴切夫斯基得以排除三角形内角和大于180°的情况。但是，是否确有必要假设这种无限性呢？欧几里得的公设2称，有限直线可沿直线无限延长，但这难道不是在说，人们永远也达不到直线的尽头吗？黎曼可以很容易地想象，这些直线有几分像圆，长度是有限的，但却没有“尽头”。他是这样说的：

> ……我们必须区别**无界**与**无限延伸**的概念……空间的无界具有一种比任何外部经验都更强的经验确实性。但空间的无限延伸绝没有遵循这种感觉。

黎曼根据直线无界但长度有限的假设，重新检查几何学，然后三角形内角和大于180°时所产生的逻辑矛盾就消失了。结果，他提出了另一种非欧几何，在这种几何中，三角形的内角和大于两个直角之和。黎曼的几何学虽然与欧几里得和鲍耶的几何不同，但却显然同样严谨。

今天，我们承认所有这四位数学家都是非欧几里得几何的创始人。他们理应享受先驱者的同等荣耀。但是，即使是他们的发现也没有完全解决平行线公设的根本问题。因为，虽然他们把几何发展到了新的高度，但是，支持他们的新几何学与欧几里得几何并驾齐驱的理由，仅仅是一种知其然而不知其所以然的直觉感受，并非白纸黑字的逻辑推理。尽管高斯、鲍耶、罗巴切夫斯基和黎曼的发现都有很强的说服力，但在将来的某一刻，仍有可能会出现一位天才数学家，从他们关于三角形内角和小于或大于180°的假设中找出矛盾。

因而，这则古老故事的最后一章由意大利的欧金尼奥·贝尔特拉米（1835—1900）于1868年写完。他清晰地证明了非欧几何与欧几里得几何同样具有逻辑上的一致性。奥尔特拉米表明，如果说在高斯、鲍耶、罗巴切夫斯基或者黎曼的几何中，可能存有某种逻辑矛盾的话，那么，在欧几里得几何中也同样存在这种矛盾。既然人人都认为欧几里得几何逻辑严谨一致，于是就可以断言，非欧几里得几何也同样无懈可击。换言之，非欧几何在**逻辑上**并不逊色于其前辈——欧几里得几何。

为了理解高斯/鲍耶/罗巴切夫斯基派非欧几何（即三角形内角和小于180°的那种几何）的某些奇怪内容，我们不妨看一看非欧几何对某些命题的证明。首先，我们从另一个角度来看一看三角形全等问题。当然，欧几里得在给出全等定理之前，还一次都没有用过公设5，而这套全等定理在非欧几何中依然有效，因为这些全等定理的证明只需应用欧几里得的其他公设和公理，而不必参考其他任何东西。在鲍耶的几何中，令人感到惊奇的发展是，还有另外一种表示全等的途径，即“角角角”。

在欧几里得几何中，我们知道，如果两个三角形的三个角分别相等，那么这两个三角形相似。也就是说，它们形状相同，但无须全等。例如，一个小等边三角形和一个大等边三角形，尽管三个角都完全相等，但却是不全等图形。然而，我们下面将要讲到的非欧定理却表明，在非欧几何这个奇怪的世界里，这种情况却是不可能的。如果鲍耶的两个三角形形状相同，其大小也必定相同！

【定理】（角角角）如果一个三角形的三个角分别与另一个三角形的三个角相等，则这两个三角形全等。

【证明】如图2-16所示，在$\triangle ABC$和$\triangle DEF$中，假设$\angle 1=\angle 4$，$\angle 2=\angle 5$，$\angle 3=\angle 6$。我们断言，边长AB与DE**必定**相等。为证明这一点，我们先假设这两条边的长度不相等，从而推出最后的逻辑矛盾，在不失却一般性的前提下，也不妨假设$\overline{AB}<\overline{DE}$。

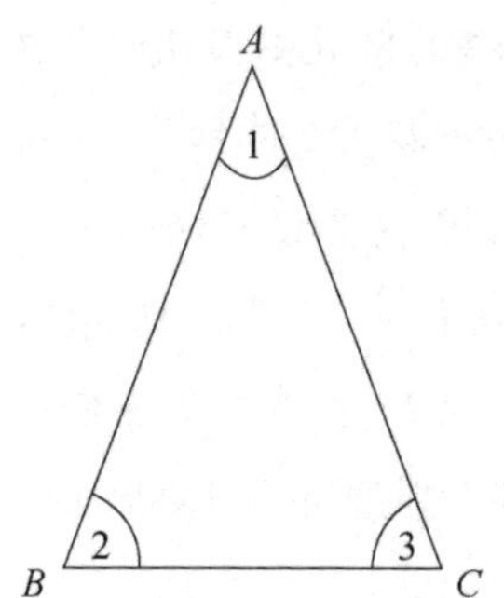

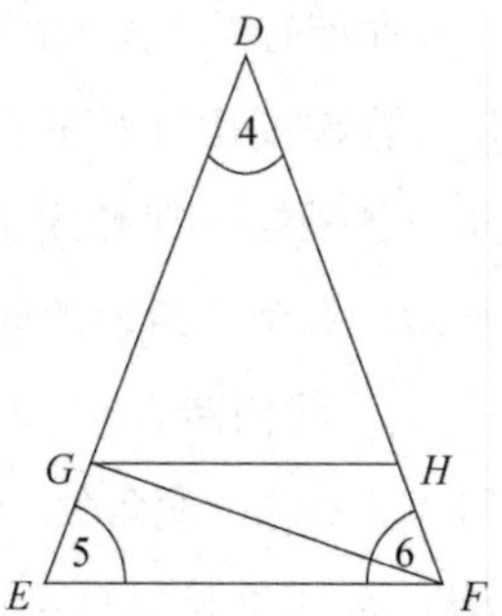

图 2-16

作$\overline{DG}=\overline{AB}$，然后根据命题I.23，作$\angle DGH=\angle 2$。显然，根据“角边角”定理，$\triangle ABC$与$\triangle DGH$全等，因此$\angle DGH=\angle 2=\angle 5$，同理，$\angle DHG=\angle 3=\angle 6$。

现在来看四边形$EFHG$。由于DGE和DHF是直线，根据命题I.13，我们得知，$\angle EGH=(180^\circ-\angle DGH)=(180^\circ-\angle 5)$，$\angle FHG=(180^\circ-\angle DHG)=(180^\circ-\angle 6)$。因此，四边形$EFHG$的四个角之和等于

$$(180^\circ-\angle 5)+(180^\circ-\angle 6)+\angle 6+\angle 5=360^\circ$$

现在作四边形$EFHG$的对角线GF。这就将四边形分为两个三角形，根据非欧几何的基本性质，这两个三角形的各自内角和都小于180°，因此，这两个三角形中所有角之和必定**小于**360°。而这两个三

角形所有角之和恰恰就是四边形 EFHG 的四个角之和。我们刚才已推导出，四边形 EFHG 的四个角之和**等于** 360°。

于是我们就导出矛盾。这就意味着，第一步，即我们假设的 $\overline{AB} \neq \overline{DE}$，是不正确的。总之，这两条边长度相等。然后，我们根据“角边角”定理，即根据命题 1.26，可以直接推导出原来的两个三角形 ABC 与 DEF 全等——而这正是我们所要证明的定理。 **证毕**

从这一命题中，可以很容易地得出一个令人吃惊的推论：在非欧几何中，并非所有三角形的内角和都相等！欧几里得几何中这一最基本的性质（在许多几何推理过程中都占据着重要的地位），在我们步入非欧几何领域时，却必须予以抛弃。因为假设有两个三角形，如图 2-17所示，每个三角形的底角都是 α 和 β，但是，AB 边显然小于 DE 边。因此，我们断言，∠1 不能等于∠2。因为如果它们相等，根据我们刚才证明的“角角角”全等定理，则这两个三角形全等，但由于 $\overline{AB} \neq \overline{DE}$，因而这显然是不可能的。所以，我们看到，一个三角形的内角和（$\angle 1+\alpha+\beta$）不等于另一个三角形的内角和（$\angle 2+\alpha+\beta$）。总之，在非欧几何中，已知三角形的两个角，还不足以确定第三个角。从这一命题和许多其他类似命题中可以看出，为什么鲍耶说他创造了一个“奇怪的新世界”，以及为什么有那么多人在非欧几何刚刚露出地平线的时候就认为，非欧几何必然要出现逻辑矛盾。但是，事实证明，他们全都错了。

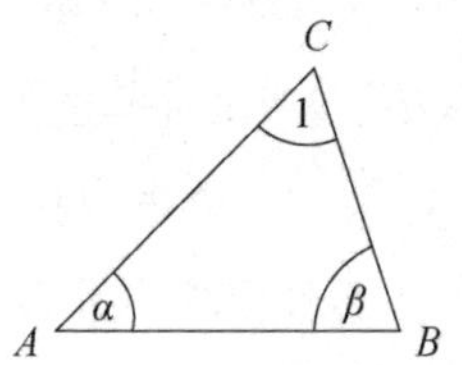

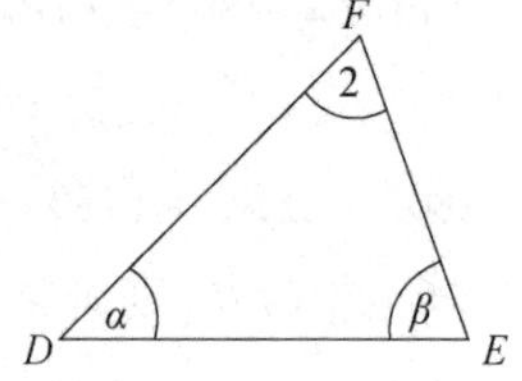

图 2-17

那么，这些19世纪的发现者究竟要将欧几里得置于何地呢？一方面，欧几里得几何不再是对空间的唯一逻辑严谨的描述。几乎所有人都会感到非常吃惊的是，非欧几何证明了平行线公设是不受逻辑管辖的。欧几里得假设了这一条公设，但在数学上却没有这种必然性。可见，对立的几何是存在的，而且它们同样正确。

但另一方面，这一事件的最终结果却是，欧几里得的声誉不但没有受损，反而还得到了加强。因为他没有像许多追随者那样落入陷阱，用其他不证自明的真理去证明平行线公设，我们现在知道，这种努力是注定要失败的。相反，他把他的假设理所应当地列为公设。欧几里得当然不可能知道两千年后会发现其他的几何学。但是，他凭着数学家的直觉，一定知道平行线的这一特性是一种不相关的、独立的概念，它需要自己的公设，不论多么啰嗦和复杂。两千二百年后，数学家们证明了欧几里得始终是正确的。

第3章

欧几里得与素数的无穷性

（约公元前300年）

《几何原本》 第二至六卷

《几何原本》第一卷中的48个命题为欧几里得的数学与组织才能树立了一座丰碑。因为是第一卷，它当然是《几何原本》中最著名的部分，也是人们研究最多的部分，但是，第一卷毕竟还只是《几何原本》13卷中的一卷。本章将浏览一下这部经典巨著的其他部分。

《几何原本》第二卷探讨了我们今天所谓的“几何代数学”，即用几何概念表述一定的关系，今天，我们可以很容易地将这些关系转变为代数方程式。当然，代数概念对于古希腊人是陌生的，因为代数形成体系是几百年以后的事。通过引用一条有代表性的命题，我们就能够对第二卷有一个大致的了解。这条命题的行文初看起来似乎非常复杂，但是仔细研究以后会发现，这一命题乃是一个十分简单且著名的代数公式。

【命题Ⅱ.4】如果把一条线段在任意一点处截开成两段，则以整条线段为一边的正方形面积，等于分别以所截得的两段为边的正方形面积之和，再加上两个以这两段为两边的矩形之面积。

【证明】欧几里得首先从线段AB开始，并设在任意点C截开AB，如

图 3-1 所示。如果我们设$\overline{AC}=a$，$\overline{BC}=b$，从几何图形上就能一眼看出，“以整条线段为边的正方形”面积（即 $(a+b)^2$），等于分别以所截得的两段为边的正方形面积之和（即 a^2+b^2），再加上两个以这两段为两边的矩形之面积（即 $2ab$）。也就是，

$(a+b)^2=a^2+b^2+2ab=a^2+2ab+b^2$。

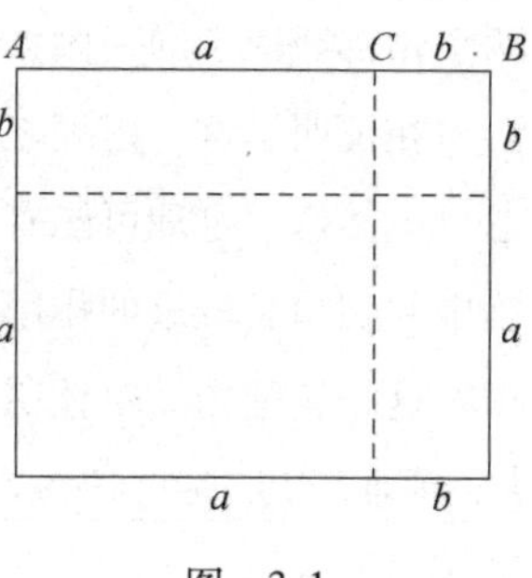

图 3-1

证毕

当然，这就是我们在第一年的代数课上所学的著名恒等式。欧几里得并未采用某种代数式来表达，而是采用了一种严格的几何表述，将以 AB 为边的正方形分解为两个小正方形和两个全等的矩形。然而，这一几何表述与其代数式显然是等价的。第二卷中绝大部分内容都具有这种性质。第二卷最后以命题Ⅱ. 14 结束，这条命题是关于一般多边形的求积问题的，其证明已在第 1 章中介绍过。

第三卷包括有关圆的 37 个命题。我们在第一卷的作图中已经使用过圆，但尚未集中讨论过。欧几里得在第三卷中证明了有关圆的弦、切线和角的标准结果。命题Ⅲ. 1 介绍了如何确定已知圆的圆心。当然，根据定义 15，每个圆都**有**一个圆心，但对于一个画在纸上的圆，却并非一眼就能看出圆心所在的位置。因此，欧几里得给出了一个非常必要的作图方法。

欧几里得在命题Ⅲ. 18 中巧妙地证明了圆的切线与经过切点的半径成直角。在其后的一个命题中，我们发现了一个重要的结论，“在一个圆中，同一弓形上的角相等。”如图 3-2 所示，$\angle BAD$ 与 $\angle BED$

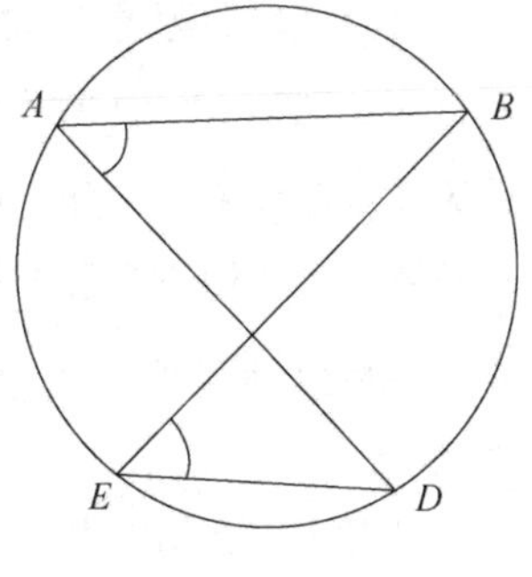

图 3-2

相等，因为它们都是圆中同一弓形 *BAED* 上的角。用现代术语说，这两个角都截取了同一段弧，即弧 *BD*。

在证明了这一定理之后，欧几里得又开始探讨圆内接四边形的问题。虽然这一定理可能有专门的针对性，但因其将在第 5 章的伟大定理中起到举足轻重的作用，因此，我们有必要在这里介绍一下欧几里得对这个定理的简单证明。

【命题Ⅲ. 22】圆内接四边形的对角和等于两个直角。

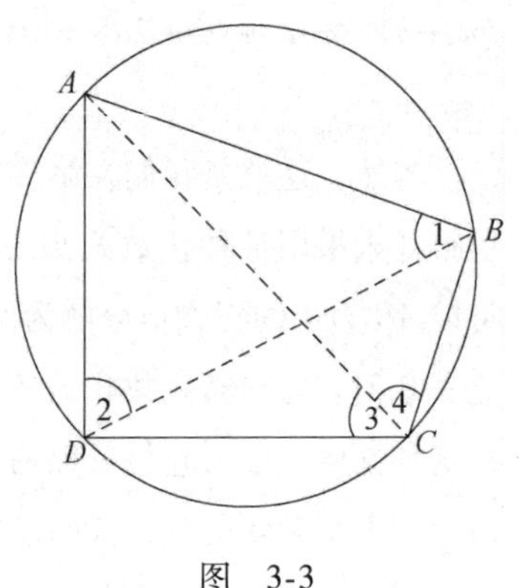

图 3-3

【证明】我们首先作圆内接四边形 *ABCD*，并作对角线 *AC* 与 *BD*，如图 3-3 所示。请注意，$\angle 1 + \angle 2 + \angle DAB =$ 2 个直角，因为它们都是 $\triangle ABD$ 的内角。并且，$\angle 1 = \angle 3$，因为它们截取同一段弧 *AD*；同理，$\angle 2 = \angle 4$，因为它们截取同一段弧 *AB*。因此

$$2\text{个直角} = (\angle 1 + \angle 2) + \angle DAB = (\angle 3 + \angle 4) + \angle DAB$$
$$= \angle DCB + \angle DAB$$

换言之，圆内接四边形的对角和等于两个直角。 **证毕**

后来，在命题Ⅲ. 31 中，欧几里得确定了半圆上的圆周角是直角，其证明已在第 1 章中介绍过。在这一方面，我们注意到，欧几里得在其关于圆的篇章中没有一处讲到月牙形的问题，《几何原本》第三卷也没有讲到我们所熟悉的圆的周长（$C = \pi D$）或面积（$A = \pi r^2$）定理。对这些问题的全面探讨必须等待阿基米德的出现，如第 4 章所述。

欧几里得在第四卷中讨论了某些内接和外切几何图形的问题。像《几何原本》一书的所有作图一样，他在第四卷的作图中也只限于使

用圆规和无刻度直尺。尽管这带来了种种限制，但他的确推导出了一些非常复杂的结果。

例如，命题Ⅳ.4 介绍了如何作已知三角形的**内切**圆，其关键是将三角形的角平分线的交点作为内切圆的圆心。紧接下一个命题中，他又介绍了如何作已知三角形的**外接**圆，这一次，他将圆心的位置确定在三角形三边的垂直平分线的交点上。

由此，欧几里得着手考虑正多边形的作图，这种多边形的所有边长都相等，而且所有角也都相等。这些图形是“完美的”多边形，其对称美无疑吸引了古希腊人的想象力。

回想一下，欧几里得在《几何原本》的开篇便提出了正三角形，或“等边”三角形的作图，在命题Ⅰ.46 中，他在已知线段上作正方形。在命题Ⅳ.11 中，欧几里得扩大了他的作图范围，作了一个圆内接正五边形，而在命题Ⅳ.15 中，他又作了一个圆内接正六边形。第四卷的最后一个作图是关于正十五边形的，其推理过程很值得审阅。

在一个已知圆中，欧几里得以 AC 为边长作内接等边三角形，同时以 AB 为边，作内接正五边形，这两个图形有公共顶点 A（图 3-4）。欧几里得注意到，弧 AC 等于圆周长的三分之一，而弧 AB 则等于圆周长的五分之一。因此，这两段弧的差，也就是弧 BC，就等于圆周长的 $1/3 - 1/5 = 5/15 - 3/15 = 2/15$。如果平分弦 BC，并从 BC 弦的中点作垂线，交圆于 E，那么，我们就平分了弧 BC。因此，弧 BE 等于圆周长的十五分之一，而弦 BE 就是正十五边形的边长。沿着圆周

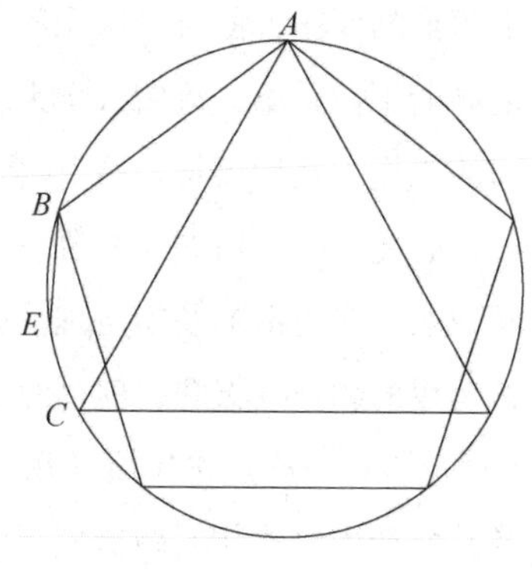

图 3-4

复制 15 条 *BE* 弦，我们就完成了正十五边形的作图。

欧几里得在《几何原本》中没有再阐述正多边形的作图问题，但是他显然知道，如果一个人作出这样一个多边形，那么利用上述平分方法，他就一定能够作出边数多一倍的正多边形。例如，作出一个等边三角形后，古希腊几何学家就能够据此作出正 6、12、24、48……边形；据正方形，他们就能够作出正 8、16、32、64……边形；据正五边形，可以作出正 10、20、40……边形；据欧几里得的最后一个作图（即正十五边形），可以产生正 30、60、120……边形。

如此说来，这类正多边形可是数目颇多，但显然不是所有的正多边形都可以列入其中。例如，欧几里得在《几何原本》中没有一处讲到有关正七边形、正九边形或正十七边形的作图，因为这些正多边形不适合上述规整的“翻番”模式。人们相信，古希腊人一定付出了许多时间和努力，试图解决其他正多边形的作图问题，但是，他们的努力显然没有成功。实际上，虽然欧几里得没有明确说明，但其后的大多数数学家都认为，他所提到的是**仅有的**可以作出的正多边形，而其他任何正多边形都在圆规和直尺的作图能力之外。

因此，当十几岁的卡尔·弗里德里希·高斯于 1796 年发现正十七边形的作图方法时，这无疑引起了巨大震撼。这一发现标志着年轻的高斯不愧是第一流的数学天才。前一章曾介绍过高斯在非欧几何方面的工作，我们还将在第 10 章详细介绍这位天才的数学家。

总之，《几何原本》第一至第四卷阐述了有关三角形、多边形、圆以及正多边形的基本定理。截止到目前，欧几里得虽然不曾借助非常有用的相似性概念，但已经尽其可能地探讨了几何领域。我们在第 1 章曾讲过，毕达哥拉斯学派发现了不可公度量，这对相似性的论证及其所产生的比例问题造成了致命的打击，最后，是欧多克索斯以其完美的比例论堵住了这一逻辑漏洞。欧几里得的《几何原本》第五卷则致力于发展欧多克索斯的思想，其意义非常深远，甚至影响到19世纪对无理数的思考。但是，第五卷中的许多定理现在都归为实数体系的特征，这一体系，不管怎么说，都是我们习以为常的。如此说来，我们再去讨论第五卷中艰涩的论证，就显得有点儿多余，因而，我们会转向第六卷。

欧几里得在第六卷中研究了平面几何的相似形问题。他的相似形定义是非常重要的。

□ 定义Ⅵ.1　**相似**直线图形的对应角相等且夹等角的对应边成比例。

这一定义具有双重限定，既要求对应角相等，又要求对应边成比例，这样才能保证图形相似。通俗一点说，当我们说两个图形形状相同的时候，等于就是说它们已经满足了上述这两个条件。总之，这两个条件显然都是必要的。例如，在图3-5中，长方形与正方形的角都相等，但它们的边不成比例，所以，形状不相同。另一方面，正方形与菱形的边成同一比例，即1∶1，但它们的角不相等，所以，形状也完全不同。

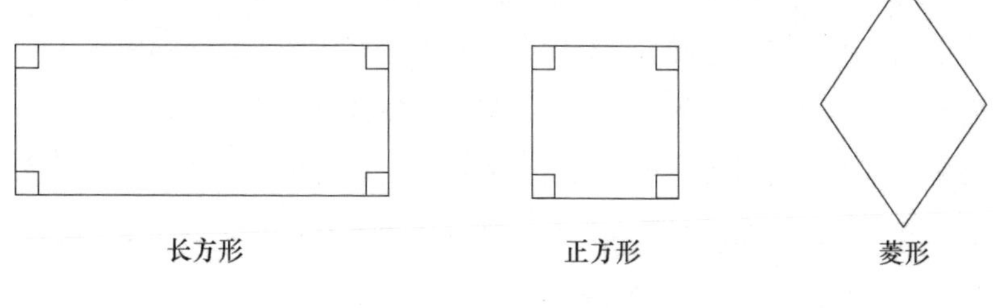

图　3-5

有趣的是，如果我们的目光只局限于**三角形**，相似性的双重要求就突然消失了。欧几里得利用第五卷中的欧多克索斯理论，在命题Ⅵ.4中证明，如果两个三角形的对应角相等，则其对应边必定成比例；反之，他在命题Ⅵ.5中证明，如果两个三角形的对应边成比例，则它们的对应角也必定相等。总之，对于三边图形来说，整个问题都极大地简化了，因为两个相似条件中只要有一个得到了满足，就一定会保证另一个条件也满足。因此，三角形占了欧几里得相似性论证的大部分篇幅也就不足为怪了。

命题Ⅵ.8就是这样一个重要的论证。

【命题Ⅵ.8】如果在直角三角形中，由直角顶点向底边作垂线，则与垂线相邻的两个三角形都与原三角形相似，并且它们两个彼此相似。

【证明】同第六卷中之前的几个命题相比，这个命题的证明显得相当容易。在图3-6中，$\triangle BAC$与$\triangle BDA$分别含有直角$\angle BAC$与$\angle BDA$，并共同拥有$\angle 1$。根据命题Ⅰ.32，它们的第三个角也相等。因此，根据命题Ⅵ.4，其边成比例，而且$\triangle BAC$与$\triangle BDA$相似。同理，三角形BAC与ADC也相似，并由此证明两个小三角形BDA与ADC相似。 **证毕**

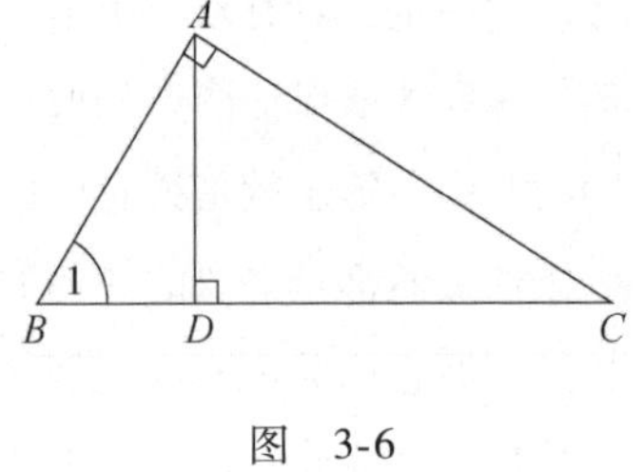

图 3-6

到了第六卷的第33个命题，也就是该卷中的最后一个命题，可以说欧几里得基本完成了他对平面几何的论述。然而，令那些将《几何原本》仅仅看作几何教科书的人们常常感到奇怪的是，他竟洋洋洒洒地又写出了后面的七卷。他接下来精心论述的主题堪称后代数学家的一座金矿，犹如任何数学分支一样，具有丰富而辉煌的历史。这就是数论，我们将在这里发现他的下一个伟大定理。

《几何原本》 中的数论

乍看之下，人们可能会以为整数完全无足轻重，不必加以研究。毕竟，像1+1=2或2+1=3这类问题的确不是什么难事，与错综复杂的平面几何相比，更显得平淡无奇。但是，任何觉得数论肤浅的认识必定很快都被摈弃，因为这一数学领域产生了许多富于挑衅的难题，向一代又一代的数学家提出了挑战。我们在欧几里得《几何原本》的第七至第九卷中发现了对数论最古老的重要阐述。

第七卷首先提出了有关整数性质的22个新定义。例如，欧几里得定义**偶**数为可以平均分为两部分的数，而**奇**数则不能平均分为两部分。第七卷中一个重要的定义是**素**数定义，即一个大于1，且只能被1和其自身除尽（用欧几里得的话说，则是“量尽”）的数。例如，2、3、5、7和11都是素数。大于1的非素数叫做**合**数，每一个合数都有除1和其自身以外的整数因子。位列前面的几个合数有4、6、8、9、10和12。顺便说一句，数字1，既不是素数，也不是合数。

此外，欧几里得还定义完全数为等于其各“部分”（即所有真因数）之和的数。所以，数字6是完全数，因为它的真因数是1、2和3（我们并不将6视为其自身的因数，因为我们只要求真因数），显然，$1+2+3=6$。另一个完全数是28，因为其真因数的和为$1+2+4+7+14=28$。另一方面，像数字15就不符合要求，因为其真因数的和为$1+3+5=9\neq15$，因此，数字15显然是不完全数。完全数问题很久以来就一直对数字学家和其他伪科学家有一种特别的吸引力，他们总是能发现6和28一类的数字会在最重要、最具暗示性的地方出现。幸好，欧几里得将他对完全数的研究只限于它们的**数学**性质。

欧几里得在定义了术语之后，随即确立了后人所称的“欧几里得算法”，并据此提出了第七卷的前两个命题。这种方法确保我们能够万无一失地找到两个整数的最大公约数。为简要说明欧几里得算法在实际中的运用，让我们来找找数字1387和3796的最大公约数。

首先，用大数除以小数，并记下余数。本例即

$$3796=(1387\times2)+1022$$

然后，用第一个余数1022去除第一个因数1387，得

$$1387 = (1022 \times 1) + 365$$

以此类推，再用第二个余数365除1022：

$$1022 = (365 \times 2) + 292 \quad 然后$$

$$365 = (292 \times 1) + 73 \quad 最后$$

$$292 = (73 \times 4)$$

此时，余数等于0。

在余数等于0以后，欧几里得即断言，前一个余数（本例即73）就是我们最初所见的两个数字1387和3796的最大公约数，他对此作出了圆满的证明。请注意，按照他这种演算方法，我们最后必然会到达一个终点，因为余数（1022、365、292和73）越来越小。由于我们所研究的是整数，所以，这种演算过程当然不可能永远进行下去。实际上，当第一个余数等于1022时，我们就可以绝对肯定地说，最多用1023步，余数就可以为0（当然，实际上只用了5步）。

显然，欧几里得算法非常实用，而且，使用起来完全是不假思索的。它不需要特别的知识和灵感，就能够确定两个数的最大公约数，当然，不难编一套程序，用计算机来进行这一运算。或许不太为人所知的是，欧几里得算法在数论方面也有其极大的理论重要性，至今仍被尊为数论的奠基石。

欧几里得对数论的探讨贯穿第七卷始终。在此过程中，他提出了极其重要的命题Ⅶ.30。这一命题阐述了，如果一个素数p能够整除两整数a与b的乘积，则素数p至少必能整除原来两数之一。例如，素数17可以整除$2720 = 34 \times 80$，显然，17也可以整除第一个因子34。相反，合数12可以整除$48 = 8 \times 6$，但12却不能整除8或6这两个因子中的任何一个。当然，问题就在于12不是素数。

命题Ⅶ.31占据着重要的地位，堪称又一个伟大的定理。欧几里

得的证明与现代数论教科书中的证明完全一致。其证明如下。

【命题Ⅶ. 31】任一合数均能为某一素数量尽（即可被某一素数整除）。

【证明】设 A 为合数。根据“合数”的定义，一定有一个小于 A 且能整除 A 的数字 B，即 $1<B<A$。这里，B 可能是素数，也可能不是。如果 B 是素数，那么，就正如命题所论断，原数字 A 确实有一个素数因子。另一方面，如果 B 不是素数，那么，B 就一定有一个因子，比如 C，而 $1<C<B$。如果 C 是素数，那么，所要证的已经完成了，因为 C 能够整除 B，B 又能够整除 A，因此，素数 C 自己也能整除 A。但是，如果 C 是合数又会如何呢？那么，它就一定会有一个真因数 D，然后，依此继续。

在最坏的情况下，我们会得到一系列降值排列的非素数因子：

$$A > B > C > D > \cdots > 1$$

但是，所有这些数字都是正整数。欧几里得所说的没错，我们一定会在某一刻发现一个素数的因子，因为“……如果找不到（一个素数因子），那么，就会得出一个无穷数列，其中的数都量尽 A，而且其中每一个都小于其前面的数，而这在数里是不可能的。”当然，这种不可能的原因很简单，因为一条降值排列的正整数数字链中的数字是有限的。因此，我们可以非常肯定地说，这种推算过程一定会到达一个终点，数字链上的最后一个数字一定是一个素数，同时也是它之前所有数字的因子，特别也是原数字 A 的一个因子。 **证毕**

无论是在这个命题中，还是在他的算法中，欧几里得都提到了一个重要的概念，即对于任意整数 n 来说，一个降值排列且小于 n 的正整数序列一定是有限的。但是，如果我们把范围扩大到分数，这种概念当然就不正确了，因为降值排列的正分数序列，即

$$1/2 > 1/3 > 1/4 > 1/5 > \cdots$$

是无限的。另一方面，如果我们允许负整数出现，那么，一个降值排

列的数列也是无限的，即

$$32>22>12>2>-8>-18>-28>\cdots$$

但是，如果我们将目光只限于**正整数**，如同欧几里得那样，那么，这种降值排列的数列就必定会在经历有限的步骤之后结束，而这也正是欧几里得的许多精彩数论演绎的奥秘所在。

欧几里得在完成第七卷的最后一个证明后，便毫不犹豫地转向第八卷。实际上，对于欧几里得何以不将他的三卷数论著作合成《几何原本》中的一卷（虽然会很长），人们说不出什么好的理由。终于，欧几里得提出了重要的命题 IX. 14。

【命题 IX. 14】*如果一个数是被一些素数能量尽的最小者，那么，除原来能量尽它的这些素数外，任何另外的素数都量不尽这个数。*

用现代术语来解释，这条命题的意思就是，一个数只能以唯一的方式分解成素数的乘积。也就是说，我们只要将一个数分解（“量尽”）为素数因子，那么，再去寻找不同素数组成的因式已毫无意义，因为其他任何素数都不能量尽原来的数。今天，我们称这一命题为“唯一析因定理”或“算术基本定理”。这后一个名称表明了它在数论中的中心地位，因为数论有时也称“高等算术”。

例如，可应用唯一析因定理解决下述小问题。我们首先设数字 8，然后作升幂排列：$8^2=64$，$8^3=512$，$8^4=4096$，$8^5=32786$，等等。我们将继续排列，直到找到一个尾数为“0”的数字为止。问题是，需要经过多少步骤才能得出这一数字，100 步，1000 步，还是 100 万步？

应用唯一析因定理，我们就会知道，要想解决这个问题是完全没有希望的。因为假设这一过程最后能够得出一个尾数为 0 的数字 N。一方面，由于 N 是从一系列 8 的连乘中得出的，所以，我们就能够把它分解成一长串 2 的乘积，因为 $8=2\times2\times2$。但是，如果 N 的尾数是 0，它就一定能够被 10 整除，因而也一定能够被素数 5 整除。但这样就出现了矛盾，因为欧几里得在命题IX. 14中证明，如果N分解为一系列因数2，那么，其他任何素数（也包括素数5）都不能整除N。总之，即使我们连续乘以8，乘上一亿年，也永远得不出一个尾数为0的数字。

我们从前面的许多命题中可以清楚地看出，素数在数论中起着一种中心作用。尤其是，因为任何大于1的数，要么本身就是素数，要么可以以唯一的方式写成素数的乘积，所以，我们完全有理由将素数看做是建筑整数大厦的砖石。在这个意义上，数学之素数犹如基础化学之原子，都是同样值得认真研究的。

在欧几里得之前，曾有许多数学家列出过排在最前的一些素数，以寻找素数的分布模式或其他分布线索。下面列出了36个最小的素数，仅供大家参考：

$$2,3,5,7,11,13,17,19,23,29,31,37,41,43,$$
$$47,53,59,61,67,71,73,79,83,89,97,101,$$
$$103,107,109,113,127,131,137,139,149,151$$

从表面上我们看不出什么特定的分布模式，但有一个明显的特点，即除2以外，所有素数都是奇数（因为所有大于2的偶数都有因子2）。然而，仔细观察一下便会发现，随着数值的增大，素数之间的“跨度”似乎越来越大，或者说素数越来越稀少。例如，在2与20之间有8个素数，但在102与120之间却只有4个素数。另外，请注意，在113与127之间连续有13个合数，而在100之内却没有这样大的素数间隔。

素数的分布显然是“逐渐稀释”的，而对于这种现象我们也很容易就能找到解释的理由。显而易见，较小的数字（也就是那些不超过30的数字）具有的**可能**因子也更少，因为比它们小的数字本来就没有多少。我们再回过头来看看那些较大的数字，比如那些成百上千，甚至数以百万计的数字，比它们小的数字数不胜数，而这些数字都有可能成为它们的因子。素数就是不可能具有比其小的因子的数字，因此，数字越大，在它之下且可能成为其因子的数就越多，它也就越不太可能是素数。

实际上，我们如果一直追踪下去，就会发现在素数之间的巨大间隔。例如，在从 2101 到 2200 这 100 个数字中，只有 10 个数是素数，而在从 10 000 001 到 10 000 100 这 100 个数字中，只有两个数是素数。也许，古希腊人也像今天的学生一样，想到过素数最终可能会有尽头。也就是说，最后，素数会变得稀少至极，以致完全消失不见，而后边的所有数字都成了合数。

即使存在某种迹象来暗示这种猜测，也不足以动摇欧几里得的论断。相反，他在命题 IX. 20 中证明，尽管素数数量越来越稀少，但任何有限的素数集合都不可能将所有的素数囊括无遗。他的论断常常被称为对“素数无穷性”的证明，因为他的确证明了全部素数的集合是无限的。如果说世界上确实有真正的经典、有伟大的定理，那一定是欧几里得的这条论证。实际上，他的这条论证常常被人们作为数学定理的最佳典范，因为这一定理简洁、优美，又极为深刻。20 世纪英国数学家 G. H. 哈代（1877—1947）在其精彩的专著《一个数学家的辩白》（A Mathematician's Apology）中称欧几里得的证明“……自发现之日至今，永葆其生机与效力，两千年岁月没有使它产生一丝陈旧感。”

伟大的定理：素数的无穷性

现在，我们已讨论了欧几里得作出他巧妙证明所需要的几乎全部要素，唯有一点还未讨论。这尚缺的一点是一个非常简单的观测结果，即如果一个整数 G 可以整除 N 和 M，且 $N>M$，那么，G 就一定能够整除

这两个数的差 $N-M$。显然，因为 G 能够整除 N，即 $N=G\times A$，A 为整数；又因为 G 能够整除 M，即 $M=G\times B$，B 为整数。所以，$N-M=G\times A-G\times B=G\times(A-B)$。由于 $A-B$ 为整数，因此，G 显然能够整除$N-M$。也就是说，5 的两个倍数相减，其差也为 5 的倍数；8 的两个倍数相减，其差也为 8 的倍数；等等。

根据这一明显的原理，我们就可以进而研究欧几里得的经典命题。

【命题 IX. 20】预先给定任意多个素数，则有比它们更多的素数。

欧几里得独特的用词方式又一次使命题的含义变得晦涩难懂。他所说的是，对于预先给定的任何有限的素数集合（即“预先给定任意多个素数”），我们总能找到一个不包括在这一素数集合之中的素数。简言之，任何有限的素数集合都不可能包括全部素数。

【证明】欧几里得首先设一个有限的素数集合，不妨设其元素为 A，B，C，…，D。他的目的是要找到一个不同于所有这些素数的素数。为此，第一步，他先设数字 $N=(A\times B\times C\times\cdots\times D)+1$。$N$ 大于原素数集合中所有素数的乘积，显然也大于其中的任何素数。如同任何大于 1 的数字，N 要么是素数，要么是合数，对于这两种情况，需要分别加以讨论。

情况 1 设 N 为素数。

因为 N 大于 A，B，C，…，D，所以，N 是原素数集合所不包括的新素数，至此，证明完毕。

情况 2 如果 N 是合数，情况又会如何呢？

根据命题 VII. 31，N 肯定有一个素数因子，我们设其为 G。欧几里得随即断定（这是他推理的核心），G 为原“预先给定任意多个素数”数列之外的素数。为了进行论证，首先假设 $G=A$，那么，G 当然能够整除 $A\times B\times C\times\cdots\times D$ 的积，并且（如我们在情况 2 中所设）G 同时也能

够整除 N。因此，G 肯定还能整除这两个数的差，即应该能整除

$$N-(A\times B\times C\times\cdots\times D)$$
$$=(A\times B\times C\times\cdots\times D)+1-(A\times B\times C\times\cdots\times D)=1$$

但是，这是不可能的，因为素数 G 最小也必须等于 2，而满足这种条件的数字没有一个能够整除 1。我们同样可以假设 $G=B$，或 $G=C$，等等，结果同理也都一样。因此，欧几里得宣称，素数 G 不包括在 A，B，C，…，D 之中。

所以，不论 N 是否为素数，我们都能够找到一个新的素数。因此，任何有限的素数集合永远会被又一个素数所补充。 **证毕**

欧几里得证明的要点可以用两个具体的数字来说明。例如，假设我们原来“预先给定任意多个素数”是 {2，3，5}。那么，数字 $N=(2\times3\times5)+1=31$，N 为素数。31 显然大于我们开始时所设的三个素数 2、3 和 5，因此，31 是不包括在原素数集合中的新素数。这就是我们上面所证明的第一种情况。

另一方面，我们还可以设原素数集合为 {3，5，7}，因而，$N=(3\times5\times7)+1=106$。106 显然大于 3、5 和 7，但它不是素数。然而，犹如第二种情况所证明的那样，106 肯定有一个素数因子，在本例中，$106=2\times53$，而 2 和 53 都是不包括在集合 {3，5，7} 之中的新的素数。所以，即使 N 是合数，我们也能够证明有限的素数集合之外尚有其他素数存在。

这一证明将永远是数学的经典之作。但欧几里得却未能很好地安排接下来的数论研究。在证明了几个平淡的命题之后，如两个奇数之差是偶数等，便以关于完全数的命题结束了第九卷。其实，他在第七卷的开始就曾定义过完全数，但后来似乎完全忘记了。最终，在第九卷的结尾处，完全数又重现了。

【命题 IX. 36】设从单位起有一些连续二倍起来的连比例数，若所有数之和是素数，则这个和乘最后一个数的乘积将是一个完全数。

借助现代的数学符号，我们可以更准确地说明欧几里得的意思：如果从1开始，连续加上2的幂，若所有这些数字之和 $1+2+4+8+\cdots+2^n$ 是素数，则数字 $N=2^n(1+2+4+8+\cdots+2^n)$，即“最后”一个被加数 2^n 与这些数的和 $1+2+4+8+\cdots+2^n$ 的乘积，一定是一个完全数。

我们不再阐述欧几里得对这一命题的证明，只是看一两个具体数例。例如，$1+2+4=7$ 是素数，根据欧几里得的定理，数字 $N=4\times7=28$ 是完全数。当然，我们已经证实了这一点。又例如，$1+2+4+8+16=31$ 是一个素数，那么，$N=16\times31=496$ 也应该是完全数。为证明这一点，我们先列出496的真因数，即1、2、4、8、16、31、62、124和248，它们相加的和等于496，完全符合定义。

顺便提醒读者注意，形如 $1+2+4+8+\cdots+2^n$ 的数字不一定都是素数。例如，$1+2+4+8=15$ 和 $1+2+4+8+16+32=63$ 就都是合数。欧几里得的完全数定理只能应用于那些其和恰好是素数的特殊情况。这样的素数，如7和31，我们今天称之为“梅森素数”，以纪念法国教士马兰·梅森（1588—1648），他曾在1644年的一篇论文中讨论过这些素数。梅森素数因其与完全数的关联，时至今日，仍对数论学家有着特别的吸引力。

无论如何，欧几里得都以其对命题IX.36的证明，为我们提供了一个构造完全数的绝好方法。我们将在后记中回到这一问题上来，并讨论其发展现状。

《几何原本》的最后几卷

在第七至第九卷，欧几里得共证明了102个有关整数的命题。然后，他在第十卷中突然改变方向，使第十卷成为《几何原本》13卷中篇幅最长，并且，许多人认为，在数学上也是最复杂的一卷。欧几里得在第十卷的115个命题中，彻底阐述了不可公度量的问题，这个问题，我们今天可以用实数的平方根来表示。这些十分微妙的问题，有许多在技术上都是非常复杂的，涉及一些需要慎重定义和验证的概念。试举一例，如下。

【命题X.96】如果一个面是由一个有理线段和一个第六余线段所夹的，则该面的边是一个两中项面差的边。

显然，为了弄清欧几里得诸如“余线段”和“中项”这些术语的含义，进而理解他所说的这番话，已经需要花费一些功夫，更不要说去弄清其后的证明了。对于现代读者来说，他的许多命题都已过时，因为这些问题现在用有理数与无理数系统就都可以很容易地解决。

《几何原本》的第十一至第十三卷探讨了关于立体几何或三维几何的基本原理。例如，第十一卷有39个命题研究了有关相交平面与相交平面角一类的立体几何问题。其中一个重要的命题是命题XI.21，在这一命题中，欧几里得提出了“立体角”（即三维角）的概念，例如，棱锥的顶角就是由三个或三个以上平面角会聚于一点形成的。欧几里得证明，会聚于棱锥顶点的所有平面角的和小于四个直角。虽然我们不必验证欧几里得巧妙的证明，但我们可以完全相信其命题的正确性，因为我们知道，一个由四个直角的平面角（用现代术语说，即360°）组成的立体角，一定会被“压扁”成一个平面，因而也就完全没有角了。命题XI.21将在《几何原本》最后一卷的最后一个命题中起到重要作用。

如果说第十一卷只涉及立体几何的基本命题，那么第十二卷涉及的则是更深入的探讨。在第十二卷中，欧几里得应用了欧多克索斯的穷竭法来阐述锥体体积等问题。

【命题XII.10】任何圆锥体的体积都等于与其同底等高柱体体积的三

分之一（图 3-7）。

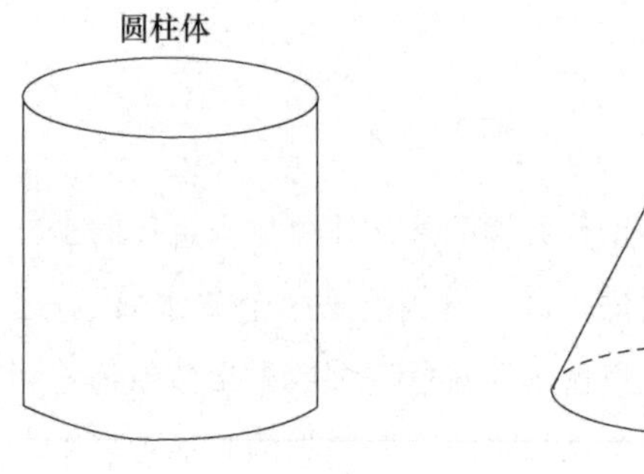

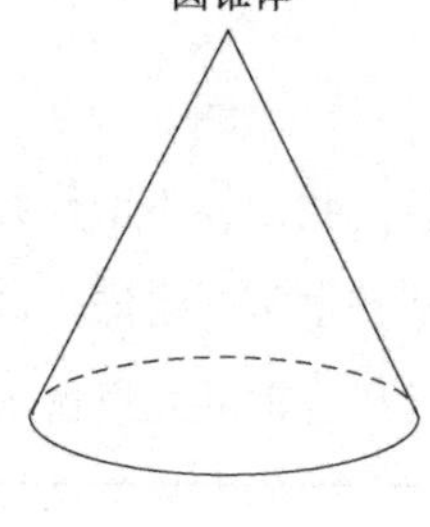

图　3-7

今天，我们可以用公式来表示这一结果。我们知道，一个半径为 r，高为 h 的圆柱体，其体积等于 πr^2h，因此，按照欧几里得所说，圆锥体的体积就是 $\frac{1}{3}\pi r^2h$。他的精彩论证不仅展示了他自己的论证技巧，而且，也证实了最初的发现者欧多克索斯的伟大。许多年以后，阿基米德将这一命题归于欧多克索斯的名下，并评述说：

> ……虽然这些性质一直是这些图形自然固有的，但在欧多克索斯之前，众多有才华的几何学家实际上并不知晓，而且也没有任何人注意到这些性质。

在第十二卷中，还有另外两个非常重要的定理值得一提。其一是命题 XII. 2，令人惊讶的是，这是一个关于**平面**图形圆的定理。

【命题 XII. 2】 圆与圆之比如同直径上正方形之比。

我们在前面讨论希波克拉底月牙面积时曾见过这个命题。如前所述，这一命题提供了一个比较两个圆面积的方法，而不是已知直径或半径求一个圆的面积。

现在，我们从稍有不同的另一角度来考虑命题 XII. 2。设两个圆，一

个圆的面积为 A_1，直径为 D_1；另一个圆的面积为 A_2，直径为 D_2，我们得出

$$\frac{A_1}{A_2}=\frac{D_1^2}{D_2^2} \quad \text{或等价地} \quad \frac{A_1}{D_1^2}=\frac{A_2}{D_2^2}$$

这一等式告诉我们，不论什么样的圆，其面积与直径的平方比总是一定的，按照数学家的说法，这一比例就是一个“常数”。这是一个非常重要的性质。但欧几里得未能对这一常数做出数值估计，也未能确立这一常数与我们在研究圆的过程中所遇到的其他重要常数之间的关系。总之，命题 XII. 2 尽管具有很大的威力，但仍有许多改进的余地。我们后面将介绍经阿基米德改进的这一命题，也即第 4 章将要论述的伟大定理。

与此类似的是第十二卷的最后一个命题，这一命题通过穷竭法，证明了“球与球的比如同它们直径的三次比。”用现代术语说，这一有关球体体积的相对关系可以简单地表示为

$$\frac{V_1}{D_1^3}=\frac{V_2}{D_2^3}$$

（注意，所谓“三次比”是古希腊人的说法，我们今天称之为立方。）欧几里得在这一命题中又提出了另一个重要常数——这一次是球体的体积与其直径的立方比，但欧几里得依然未给出这一常数的数值估计。阿基米德于公元前 225 年在其无可争议的杰作《论球和圆柱》（On the Sphere and the Cylinder）一书中再次解决了这一问题，对此，读者或许不应感到惊讶。

最后，我们来讨论第十三卷，即欧几里得《几何原本》的最后一卷。他在这一卷的 18 个命题中探讨了所谓三维几何的“正立体”及其相互之间绝妙的联系。一个正立体的所有构成平面应当都是全等的正多边形。我们最熟悉的正立体是立方体，即六面立体，其中每一个平面都

是一个正四边形，即正方形。对于古希腊人来说，正立体体现了一种三维的美与对称，因此，认识正立体显然是他们优先考虑的问题。

到欧几里得时代，人们已经认识了五种正立体——四面体（四面都是等边三角形的角锥体）、立方体、八面体（八面都是等边三角形）、十二面体（十二面都是正五边形）和五种中最复杂的二十面体（由等边三角形构成的二十面立体）。

如图3-8所示，这些立体图形都给人一种赏心悦目的感觉，而在公元前350年左右，柏拉图就在其著作《蒂迈欧篇》（Timaeus）中特别提到了这些图形。在这本著作中，除了探讨其他的问题，柏拉图还仔细考虑了四大元素（他认为构成世界的基本元素，即火、气、水和土）的性质。柏拉图说，很显然，这四大元素都是实体，而所有的实体又都是立体的。既然宇宙只可能是创自完美的实体，那么，似乎显而易见的是（不管怎样，对柏拉图来说是显而易见的），火、气、水和土的形状一定是正立体。唯一有待确定的就是每种元素到底是哪种形状。

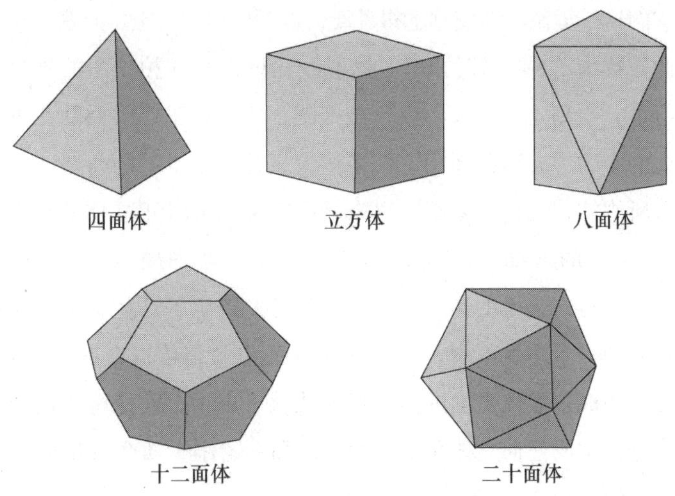

图 3-8

柏拉图有条有理地整理着他的证据。在这个过程中，他提出了一个引人发笑的伪数学论断："……气与水之比等于水与土之比。"对此，他的最后说明如下。

火是四面体形的，因为火是四大元素中最小、最轻、最活跃和最锐利的物体，而四面体正适合火的这些特性。柏拉图说，土一定是立方体，因为立方体是五种立体中最稳定的形体；而水是四大元素中最活动的流体，其形状，或"种子"，一定是二十面体，因为这种形状最接近于球体，完全可以轻松滚动。气在大小、重量和流动性方面都居中，所以，是由八面体构成的。柏拉图说："我们必须想到，对于所有这四种物体，它们每一个个体单位都非常小，肉眼看不见，只有大量聚集在一起时，我们才能分辨。"

然而，使柏拉图感到为难的是，这四大元素一一讲完后，却还剩下一个正立体——十二面体没有去处。他强辩说，十二面体是"……上帝用来安排满天星座的"。换言之，十二面体代表了宇宙的形状。《蒂迈欧篇》中的这一理论，即使算不得荒诞，也不免纯属空想，而这些正立体也从此被称为"柏拉图立体"。据说欧几里得曾在柏拉图的雅典学院中学习过，想到这一点我们就不难推测，这五种正立体对欧几里得有多么大的吸引力，以致要用它们来作为《几何原本》的高潮。

众所周知，几何学家很久以来就已知晓这五种正立体的存在。在《几何原本》的第465个命题，也就是最后一个命题中，欧几里得证明了不可能再有其他的正立体，几何学已经限定了这些优美的立体形状只有五种，不多也不少。对此的简单证明乃是依据命题XI. 21。他只要考虑构成正立体平面的多边形形状就可以了，而他所依据的限定条件就是，构成任何立体角的平面角之和一定小于四个直角或（用现代术语来说）小于360°。

假设正立体的每一个平面都是等边三角形，因此，每一个平面角都是60°。当然，立体角一定是由三个或三个以上的平面相交形成的，因此，最小的立体角就是由三个等边三角形构成的立体的每一个顶角，因为三个角的和为$3\times60°=180°$。这就是四面体。

我们还可以考虑立体的每一个顶角由四个等边三角形组成，因为四个角的和是$4\times60°=240°$（八面体）。或者，每一个顶角由五个等边三角形组成，因为五个角的和为$5\times60°=300°$（二十面体）。但是，如果我们让每一个顶角由六个或六个以上的等边三角形组成，则平面角之和至少等于$6\times60°=360°$，而这样就违反了命题 XI. 21 的限定。所以，以等边三角形为平面，不可能构成其他类型的正立体。

那么，正方形平面的正立体又如何呢？当然，正方形的每一个角等于90°，所以，三个正方形相交组成一个立体角，其平面角之和为$3\times90°=270°$，而这就是立方体。但是，如果由四个或四个以上正方形组成一个立体角，则平面角的和又至少等于$4\times90°=360°$，而这又是不可能的。因此，没有其他正立体能够具有正方形平面。

同样，正立体的平面还可能是正五边形。因为正五边形的每一个内角等于108°，所以，可以有 3 个正五边形组成一个立体角（$3\times108°=324°<360°$），但不能更多。这种正立体就是十二面体。

如果我们试图用正六边形、正七边形、正八边形等正多边形平面组成正立体，则每一个平面角至少120°，即使由 3 个角组成一个最小的立体角，每一个立体角也会等于或大于360°。用欧几里得的话说，“由于同样不合理，因此不可能由其他多边形（超过正五边形的正多边形）构成立体角。”

总之，欧几里得证明了，除了这 5 种正立体之外，不可能再有其他正立体存在——这 5 种正立体中，有 3 种具有等边三角形平面，一种具有正方形平面，一种具有正五边形平面。任何努力和聪明才智都不可能产生任何另外的正立体。

至此，《几何原本》全部结束。2300 年来，《几何原本》始终是一部卓越的数学文献。像所有经典著作一样，即使一读再读，作者的天才依然令人玩味。时至今日，读者仍能从其精妙的数学推理技巧中获得无穷的乐趣。我们最好还是引述托马斯·希思爵士的话来加以概括，他简洁明了并且准确无误地指出：《几何原本》“……现在是，并且无疑将永远是一部最伟大的数学教科书。”

后记

本章的伟大定理涉及数论问题，因此，现在，我们不妨看一看在这一迷人的数学分支中占据统治地位的一些十分重要而又常常引起争议的问题。数论的一个真正诱惑是它的猜想简单得甚至连小学生都能看懂，然而当一代又一代世界一流的数学家为之付出了艰苦的努力后，它却依然纹丝不动。这似乎就是这一数学分支看似特别反常的特点。

例如，“孪生素数”现象曾引起过数学家的极大兴趣。孪生素数就是两个相差 2 的相邻素数，如 3 和 5，或 11 和 13，或 101 和 103 等。像素数本身一样，随着数值的不断增大，孪生素数也变得越来越稀少。这就提出一个显而易见的问题，“孪生素数的数量是有限的吗？”

这是一个非常简单的问题，并且，它与欧几里得 2300 年前在命题 IX. 20 中解决的问题很相似，似乎很容易回答。但是，直到今天，还没有一位数学家知道这个孪生素数问题的答案。也许，正如大多数数学家所猜想的那样，孪生素数的数量是无限的，但是，迄今为止，还没人能够证明这一点。或者，在某一点之后，我们也许可以找到最大的一对孪生素数，但是同样没人能够证明这一点。总之，情况极其复杂，即使对欧几里得本人来说，也是如此。一想到这个问题，就不免令人警醒而又心生惭愧。

数论中还有其他一些诱人的但却未能解决的难题。我们曾介绍过欧几里得的一个证明：如果括号中的项数是素数，那么，任何可以写成

$$2^n(1+2+4+8+\cdots+2^n)$$

形式的数字都是完全数。然而，他并没有说这是唯一的完全数形式（但是他也没有说不是）。因此，许多数学家都曾试图发现不同于欧几里得公式的完全数。

迄今为止，人们仍然劳而无功。18 世纪的数学家莱昂哈德·欧拉在其遗作中证明，任何偶完全数都一定适合欧几里得的公式。换言之，如果 N 是一个偶完全数，那么就一定存在一个正整数 n，使得

$$N=2^n(1+2+4+8+\cdots+2^n)$$

其中，括号中的项必定是（梅森）素数。

欧几里得与欧拉合力，已完全解开了偶完全数之谜。剩下的问题就只是确定奇完全数的形式。遗憾的是，至今还没有哪一个人发现了任何一个奇完全数。时至今日，究竟是否存在奇完全数，还完全是一个不解之谜。当然，这并不等于说，人们没有去寻找。几百年来紧张艰辛的理论研究，特别是最近利用高速计算机进行的理论研究，都未能发现一个既是奇数又是完全数的整数，但是这肯定并不意味着，这种大得难以想象的奇完全数根本不存在。

数学家们一筹莫展。他们既没能发现奇完全数，又无法证明奇完全数不存在。然而，这种困境却也能使人看到一种可能，激起大家无限的兴趣。要是有一天，有人证明奇完全数根本不存在，那样的话，所有完全数就都是偶完全数，而且，犹如欧几里得所示，所有完全数都适合欧几里得的公式。如果是这种结果，那么伟大的欧几里得在公元前 300 年时便已确立了囊括世界上全部完全数的公式。果真如此，那将带来巨大的转机。

本章以所有数论问题中一个最棘手的问题作为结尾，即所谓的“哥德巴赫猜想”。这一猜想最初出现于克里斯蒂安·哥德巴赫（1690—1764）1742 年写的一封信中，哥德巴赫这个数学迷名声大振的主要原因就是他寄给欧拉的这封信。他在信中猜想，任何大于或等于 4 的偶数都可以表示成两个素数之和。欧拉倾向于赞同哥德巴赫的猜想，但是至于如何去证明，他却一无所知。

像研究其他许多数论难题那样，我们不难用小数字来验证哥德巴赫的猜想。例如，4 = 2 + 2，28 = 23 + 5，以及 96 = 89 + 7。哥德巴赫猜想特别引人垂涎，原因是它只涉及一些极为简单的概念，其仅有的几个技术性术语只是“偶数”、“素数”以及“和”，而这几个术语的意思几分钟之内都可以给小孩子们讲明白。但是，自从哥德巴赫 250 年前寄出这封信以后，他的猜想却至今未能得到证明。

苏联数学家 L. 什尼尔里曼曾对哥德巴赫猜想作出了特殊贡献。据数学史家霍华德·伊夫斯记载，什尼尔里曼于 1931 年证明，任何偶数都可以写成不多于 300 000 个素数和的形式。鉴于哥德巴赫猜想要求仅用两个素数相加即得到任何偶数，什尼尔里曼的证明距离这个目标显然是相去甚远，整整多了 299 998 个素数。

从某种意义上说，什尼尔里曼的 300 000 个素数似乎是数学家的败绩，但这同时也表明，虽然历史上曾经有过如欧几里得与欧拉那样的天才数学家，但是至今仍然有大量伟大的定理以其永恒的耐心在等待着证明。

第4章

Journey Through Genius

阿基米德的求圆面积定理

（约公元前225年）

阿基米德的生平

从欧几里得到我们将要介绍的下一位伟大的数学家——叙拉古城盖世无双的阿基米德（公元前287—前212），期间经历了两三代人之久。阿基米德在其辉煌的职业生涯中，将数学的疆界从欧几里得时代向前推进了一大步。实际上，此后将近两千年，数学界再没有出现过像阿基米德这样伟大的数学家。

我们有幸可以查阅一些有关阿基米德生平的信息资料，但因为历经沧桑，其细节的真伪往往值得怀疑。他的大量数学著作有幸流传下来，而且有他自己的注解。所有这些资料，让我们看到了一位曾经统治古代数学界，受人尊敬，但又有点儿古怪的数学天才。

阿基米德出生于西西里岛的叙拉古城。人们一般认为他的父亲是一位天文学家，因此阿基米德从小就萌发了研究宇宙的兴趣，终生乐此不疲。阿基米德青年时代也曾到过埃及求学，并在亚历山大图书馆学习。这里曾是欧几里得治学之处，阿基米德自然也会受到欧几里得传统的影响，这一点可以从阿基米德的数学著作中明显看出来。

据说，阿基米德在尼罗河谷期间，曾经发明了所谓的“阿基米德螺旋水车”，这种装置可以把水从低处送到高处。有趣的是，这一发明，直到今天仍在使用。这一发明证明了阿基米德的双重天才：他既可以脚踏实地地研究实际问题，又能够在最抽象、最微妙的领域中探索。亚历山大对这位天才显然具有吸引力，但阿基米德还是返回了他的故乡叙拉古城，据考证，他就在那里度过了他的后半生。叙拉古城虽然十分闭塞，但阿基米德一直保持着与全希腊，特别是与亚历山大学者们的通信联系。正是通过这种书信往来，阿基米德的许多著作才得以保存。

阿基米德不仅具有令人敬仰的数学才能，更加令人佩服的是，他能够在一段时间里以高度集中的精神一心一意地研究手边的任何问题。在这些时刻，他完全会忽略日常生活中的那些世俗问题。我们从普卢塔克的著作中得知，阿基米德会

> ……忘记了吃饭，还会忽略了他自己的存在，甚至有时，人们会强制他洗浴或敷油，他都浑然不知，他会在火烧过的灰烬中，甚至在身上涂的油膏中寻找几何图形，完全进入了一种忘我的境界，更确切些说，他已如痴如醉地沉浸在对科学的热爱之中。

这一段文字描绘了这位数学家心不在焉的固定形象，对于阿基米德来说，整洁似乎已与他无关。当然，有关阿基米德“心不在焉”的故事，最著名的还是叙拉古城国王希伦的王冠。国王怀疑金匠用一些较次的合金偷换了他王冠上的黄金，就请阿基米德来测定王冠的真正含金量。正如故事所述，阿基米德一直不能攻克这道难题，直到有一天（在他少有的一次洗浴时），他忽然找到了答案。他兴奋得从浴盆里跳出来，跑到叙拉古城的大街上，边跑边欢呼：“我找到啦！我找到啦！”但遗憾的是，他完全沉浸在他的伟大发现之中，竟然忘记了

自己还没穿衣服。很难想象街上的人们看见他一丝不挂地招摇过市，会说些什么。

这个故事也许是杜撰的，但阿基米德发现流体静力学的基本原理却是千真万确的。他留给我们一部题为《论浮体》的专著，阐述了他在这一方面的思想。除此以外，他还发展了光学，而且创立了机械学，这一点毋庸置疑，因为他不仅发明了水泵，而且还深谙杠杆、滑轮和复式滑轮的工作原理。普卢塔克记述过这样一个故事：多疑的希伦国王怀疑这些简单机械装置的能力，就请阿基米德实际演示一下。阿基米德以一种戏剧化的方式满足了国王的要求，他选择了国王的一艘最大的船，

> ……如果不花费巨大人力，是无法把这艘大船拖离码头的，况且，船上还满载着乘客和货物。阿基米德坐得远远的，不费吹灰之力，手里只握住滑轮的一端，不慌不忙地慢慢拉动绳索，船就平平稳稳地向前滑动，就像在大海里航行一样。

不用说，国王大为震撼。或许，他在这位天才科学家的身上察觉到了某种宝贵才能，料想遇有危急关头，这样的工程才能定可以派上用场。这些才能的确有了用武之地。公元前212年，罗马人在马塞卢斯的率领下，进攻叙拉古城。面对罗马的威胁，阿基米德奋起保卫自己的家园，他设计了许多杀伤力很强的武器。他的这项事业，或许只能称为个体军工企业。

接下来，我们继续引用普卢塔克的《马塞卢斯生平》（Life of Marcellus）一书，这本书是这位伟大的罗马传记作家在事件发生后几乎300年才写的。普卢塔克虽然是在为马塞卢斯作传，但他对阿基米德的钦敬之情却显而易见。这些描述使我们看到了一个非常迷人且栩栩如生的阿基米德形象。

“马塞卢斯率领大军向叙拉古城进发，”普卢塔克写道，“并在离城不远处安营扎寨，又派使者进城劝降。”但叙拉古城人拒绝投降，马塞卢斯水陆夹击，凭借陆地上的部队和海面上60艘装备精良的战船猛攻叙拉古城。马塞卢斯“……有备而来，历年征战，声威赫赫”，但事实却证明他敌不过阿基米德和他那强大的守城器械。

据普卢塔克记载，罗马军队进逼城墙，自信战无不胜。

> 但是，阿基米德开始摆弄他的器械，他对陆上部队启动各种弹射武器，无数大小石块带着惊人的呼啸，猛烈地倾泻下来。乱石之中，无人能够站立，士兵乱了阵脚，纷纷被击中，成堆倒下。

而罗马水军的情况也好不到哪里去，

> ……从城墙上伸出了长长的杆子，在船上方投下重物，将一些船只击沉。而其他船只则被一只只铁臂或铁钩钩住船头，提升起来……然后又船尾朝下，投入海底。同时，另一些船只在其引擎的拖动下，团团乱转，最后撞碎在城下突起的尖峭岩石上，船上的士兵死伤惨重。

这种巨大的伤亡，用普卢塔克的话说，是“惨不忍睹”，人们都会同意他的说法。在这种情况下，马塞卢斯认为最好还是先撤退。他撤回了他的陆上部队和海上部队，重新部署。罗马人经过认真研究，决定进行夜袭，他们认为，只要在夜幕掩盖下，贴近城墙，阿基米德那些可怕的武器就没有用武之地了。然而，罗马人再次遭到了意外的打击。原来，不知疲倦的阿基米德已经为应付这种偷袭做好了充分的准备。罗马士兵一靠近防御工事，“石头就劈头盖脸地砸下来，同时，城内又射出飞箭”。结果，罗马人大为恐惧，不得不再次撤退，但又受到阿基米德远程武器的攻击，“损兵折将”。这个时候，自负的罗马军队“看到无形的武器给他们造成的重大伤亡，开始以为他们是在与诸神作战。”

或许，说马塞卢斯的军队士气严重低落都算是低调的说法。他要求他这支受到重创的军队重振士气，继续进攻，但是，以前自认为无敌于天下的罗马人却不想再打仗了。相反，士兵们“只要看到城墙上伸出一小段绳索或一片木头，就立刻大喊大叫，以为阿基米德又对他们使用什么武器了，并转身落荒而逃。”马塞卢斯明白，小心即大勇，于是，他放弃了直接进攻。

马塞卢斯想以断粮逼迫叙拉古城人投降，因此罗马军队开始长期围困叙拉古城。时间一天天过去，军事态势没有什么变化。后来，在狄安娜节日期间，叙拉古城居民“完全放松了警惕，他们纵酒狂欢”，松懈下来，一直在窥探时机的罗马人乘其不备，一举攻破了防守懈怠的一段城墙，怀着满腔恨意涌入叙拉古城。据说，马塞卢斯环视着这座美丽的城市，为他的士兵不可避免地要对叙拉古城泄怒施暴而落下了眼泪。的确，据历史记载，罗马人对叙拉古城人的做法完全不亚于他们在66年后对迦太基人的暴行。

但是，使马塞卢斯感到最为痛心的则是阿基米德的死，因为他对这位天才的对手至为尊敬。据普卢塔克记载：

> ……也许是命该如此，（阿基米德）正在专心求解一个几何图形的问题，他全神贯注地思考，完全没有注意到罗马人的入侵，也没有注意到城市的陷落。正当他聚精会神地研究和思考的时候，一个士兵突然走到他面前，命令他立刻去见马塞卢斯，但是阿基米德在没有解出他的几何证明题之前，拒绝走开。士兵大怒，拔出佩剑，一剑刺死

了阿基米德。

就这样，阿基米德走完了他的一生。他死了，像他活着时一样，沉浸在他所喜爱的数学中。我们可以认为他是一位科学研究的殉难者，也可以认为他是自己无暇他顾的牺牲者。无论如何，古往今来，数学家不知有多少，但像阿基米德这种结局者，却是绝无仅有的。

尽管阿基米德发明了许多强大的武器和实用的工具，但是他真正喜爱的还是纯数学。与他发现的美妙定理相比，他的杠杆、滑轮和石弩都不过是雕虫小技。我们还是引用普卢塔克的话来说明：

> 阿基米德具有高尚的情操、深刻的灵魂和丰富的科学知识，虽然这些发明使他赢得了超乎常人的名望，但他并未屈尊留下任何有关这些发明的著述。相反，他鄙薄工程学这一行当，以及任何仅仅出于实用和赢利目的的技艺，他将他的全部感情与抱负寄托在与尘世无涉的思索之中。

阿基米德的数学发现是他留给后人的最大遗产。在这一领域，阿基米德无可争议地被公认为古代最伟大的数学家。他的那些幸存下来的十几部著作及一些零散的文稿是最高质量的研究成果，其逻辑上的严谨与复杂，令后人惊叹不已。毫不奇怪，他一定非常精通欧几里得的理论并不愧为欧多克索斯穷竭法的大师，借用牛顿的名言，阿基米德一定是站在巨人的肩上。但是，前人的影响虽然很大，却不能完全成为阿基米德带给数学学科巨大发展的理由。

伟大的定理：求圆面积

大约公元前 225 年，阿基米德写了一部题为《圆的测量》（Measurement of a Circle）的专著，这本书很薄，第一个命题就对圆面积作了十分透彻的分析。但是，在讲述这一不朽著作之前，我们有必要先介绍一下在阿基米德探讨这一问题时，有关圆面积问题的发展状况。

当时的几何学家已知，不论圆的大小如何，圆的周长与直径之比总是一定的。用现代术语，我们可以说

$$\frac{C_1}{D_1}=\frac{C_2}{D_2}$$

如图 4-1 所示，公式中的 C 代表周长，D 代表直径。换句话说，圆的周长与直径之比是一个常数，现代数学家**定义**这一比率为 π。（注意，古希腊人在这里不使用符号。）因此，公式

$$\frac{C}{D}=\pi \text{ 或等价地 } C=\pi D$$

正是表明了常数 π 的定义，即两个长度（圆的周长与直径）的比。

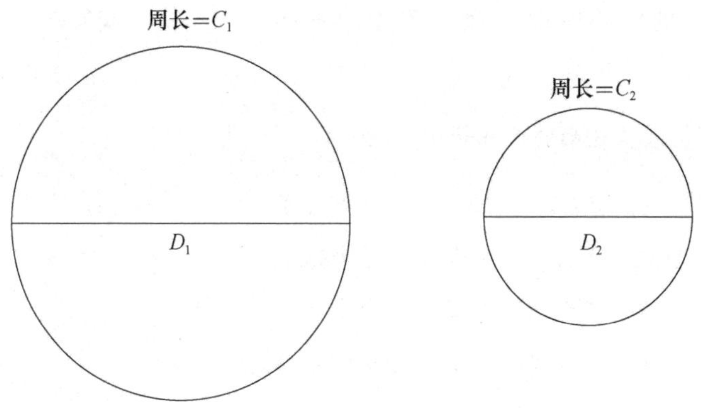

图 4-1

那么，圆的面积又如何呢？我们已经知道，《几何原本》的命题Ⅻ.2 证明了两个圆的面积之比等于两圆直径的平方比，因此，圆面积与其直径的平方之比是一个常数。用现代术语来说，欧几里得证明了某个常数 k 的存在，因而

$$\frac{A}{D^2} = k \text{ 或等价地 } A = kD^2$$

至此，一切顺利。但是，这两个常数之间有什么关系呢？也就是说，人们是否能够发现在这“一维”常数 π（表示圆周长与直径的关系）与“二维”常数 k（表示面积与直径的关系）之间存在着一种简单的联系？显然，欧几里得没有发现这种联系。

然而，阿基米德在其短小精炼的《圆的测量》一书中证明了这个问题，其证明结果相当于现代涉及 π 的求圆面积公式。而他的证明结果就是在圆周长（以及与其相关的 π）与圆面积之间建立了重要联系。他的证明需要两个非常直接的初步定理，以及一种非常复杂的逻辑方法，称为双重归谬法（反证法）。

我们先来看这两个初步定理。一个是关于正多边形面积的定理，正多边形的中心为 O，周长为 Q，边心距为 h，其中，边心距是指从多边形的中心引向任何一条边的垂线长度。

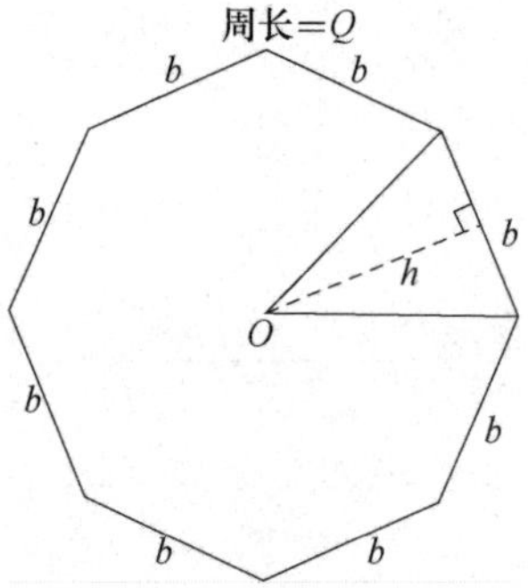

【定理】正多边形的面积等于$\frac{1}{2}hQ$。

【证明】设如图 4-2 所示的正多边形有 n 条边，每条边的长为 b。作从 O 到每个顶点的连线，于是把多边形划分为 n 个全等三角形，每个三角形的高为 h（边心距），底为 b。因此，每个三角形的面积为$\frac{1}{2}bh$，

周长$=Q$ b b b b b b b b O h

图 4-2

$$\text{面积(正多边形)} = \frac{1}{2}bh + \frac{1}{2}bh + \cdots + \frac{1}{2}bh \quad \text{共有 } n \text{ 项}$$

$$= \frac{1}{2}h(b + b + \cdots + b) = \frac{1}{2}hQ$$

因为 $(b+b+\cdots+b)$ 是周长。 **证毕**

简洁明快。阿基米德的第二个定理当时也非常著名，而且显然是不证自明的。这一定理称，如果已知一个圆，我们就可以作圆内接正方形，欧几里得在命题 IV.6 中已证明过这种作图。当然，正方形的面积肯定小于其外接圆的面积。我们通过平分正方形的每条边，就可以确定圆内接正八边形的顶点位置。当然，正八边形比正方形更接近于圆的面积。如果我们再平分八边形的每条边，就可以得到圆内接正十六边形，它当然比正八边形又更接近于圆的面积。

这一过程可以无限继续。实际上，这种方法的实质就是前面曾提到过的著名的欧多克索斯穷竭法。显然，内接正多边形的面积永远不会等于圆的面积，不论内接正多边形有多少条边，其面积都永远小于圆的面积。但是（这是穷竭法的关键），如果**预先给定**任一面积，不论其多小，我们都能作出一个内接正多边形，使得圆面积与其内接正多边形的面积之差小于这一预先给定的面积。例如，如果预先给定的面积为 1/500 平方英寸，那么我们可以作一个内接正多边形，使得

$$\text{面积(圆)} - \text{面积(正多边形)} < 1/500 \text{ 平方英寸}$$

这个正多边形也许有几百条边或几千条边，但这并不重要，重要的是它存在。

外切正多边形也具有类似的规律。我们可以用一句话来概括这两种正多边形的规律，即对于任何已知圆，我们都可以找到一列正多边形（内接正多边形或外切正多边形），使其面积可任意接近圆的面积。正是“可任意接近”成为了阿基米德成功的关键。

以上就是阿基米德的两个初步命题。下面，我们有必要介绍一下他论证两个面积相等时所采用的逻辑方法。在某种意义上，这种逻辑方法比我们以往所见到的任何方法都更复杂，或者说，至少更曲折。例如，我们可以回想一下，欧几里得是如何证明直角三角形斜边上正方形的面积等于两条直角边上正方形面积之和的：他直接推理，证明

了该问题中涉及的面积相等。他的证明方法虽然非常巧妙，但也是正面出击。

然而，阿基米德在论证更为复杂的圆面积问题时，采用了间接证明的方法。他认为，任何两个量 A 与 B，必定属于且只属于下列三种情况之一：$A<B$，或 $A>B$，或 $A=B$。为了证明 $A=B$，阿基米德首先假设 $A<B$，并由此推导出逻辑矛盾，因而排除这种情况的可能性。然后，他再假设 $A>B$，并再次推导出逻辑矛盾。排除了这两种可能性后，就只剩下了一种可能性，即 A 等于 B。

这就是阿基米德极为精彩的间接证明方法——“双重归谬法”，将三种可能性中的两种引至逻辑矛盾。这种方法初看起来似乎有点迂回曲折，但细想一下就会觉得非常合理。排除了三种可能性中的两种，就迫使人们得出结论，只有第三种可能性才是正确的。当然，没有人能比阿基米德更熟练地应用双重归谬法了。

有了这两个初步命题，现在我们就可以来看一看这位几何大师是如何证明《圆的测量》一书中的第一个命题的。

【命题1】任何圆的面积都等于这样一个直角三角形的面积，该直角三角形的一条直角边等于圆的半径，另一条直角边等于圆的周长。

【证明】阿基米德首先作两个图形（见图4-3）：圆的圆心为 O，半径为 r，周长为 C；直角三角形的底边等于 C，高等于 r。我们用 A 代表

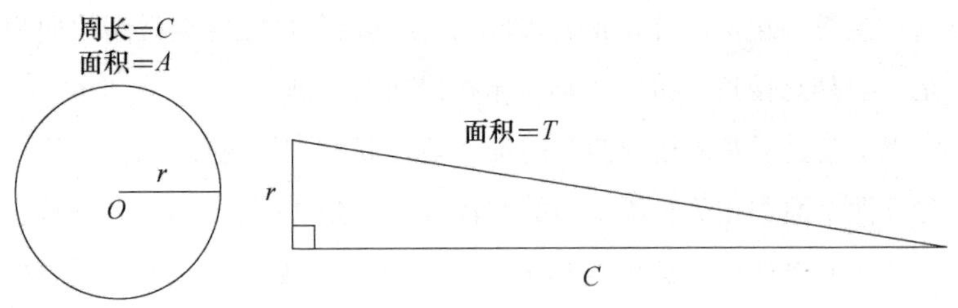

图 4-3

圆的面积，用 T 代表三角形的面积，而前者就是阿基米德求证的对象。显然，三角形的面积就是 $T=\frac{1}{2}rC$。

命题宣称 $A=T$。为证明这一点，阿基米德采用了双重归谬法，他需要考虑并排除其他两种可能性。

情况 1 假设 $A>T$。

这一假设表明，圆的面积比三角形的面积大一定量。换言之，其超出量 $A-T$ 是一个正量。阿基米德知道，通过作圆内接正方形，并反复将正多边形的边数加倍，他就可以得到一个圆内接正多边形，其面积与圆面积的差小于正量 $A-T$。即

$$A - \text{面积(内接正多边形)} < A - T$$

在不等式的两边各加上“面积（内接正多边形）$+T-A$”，得

$$T < \text{面积(内接正多边形)}$$

但是，这是一个圆内接正多边形（图 4-4）。因此，多边形的周长 Q 小于圆周长 C，其边心距 h 当然也小于圆的半径 r。我们据此得出

$$\text{面积(内接多边形)} = \frac{1}{2}hQ < \frac{1}{2}rC = T$$

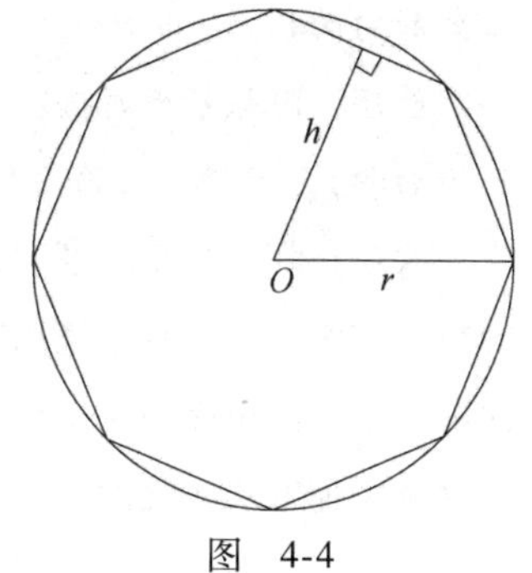

图 4-4

至此，阿基米德推导出了预期的矛盾，因为他得出了 $T<$ 面积（内接多边形）和面积（内接多边形）$<T$ 两种结论。这在逻辑上是不成立的，因此，我们得出结论，情况 1 是不可能的，即圆的面积不能大于三角形的面积。

现在，他要考虑第二种可能性。

情况 2 假设 $A<T$。

这次，阿基米德假设圆的面积小于三角形的面积，因而，$T-A$ 代

表三角形面积对圆面积的超出量。我们知道，我们可以作一个圆外切正多边形，使其面积大于圆面积，且它们的面积之差小于 $T-A$。也就是

$$\text{面积(外切正多边形)} - A < T - A$$

如果我们在这一不等式两边各加上 A，则

$$\text{面积(外切正多边形)} < T$$

但是，外切正多边形（图 4-5）的边心距 h 等于圆的半径 r，而正多边形的周长 Q 显然大于圆的周长 C。因此

$$\text{面积(外切正多边形)} = \frac{1}{2}hQ > \frac{1}{2}rC = T$$

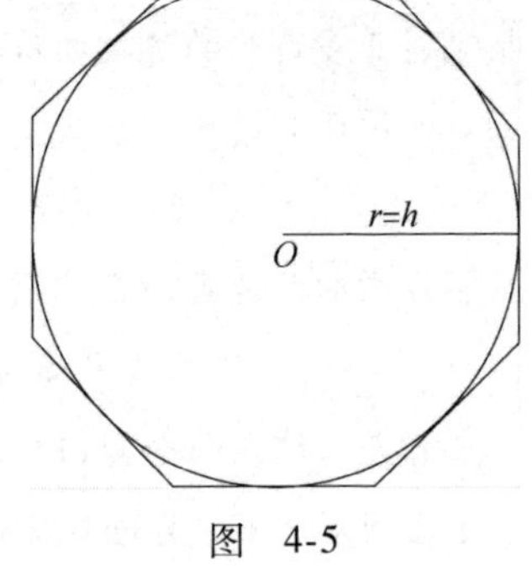

图 4-5

这样，就再次出现了矛盾，因为外切多边形的面积不可能既小于又大于三角形的面积。因此，阿基米德推断，情况 2 也是不可能的，即圆的面积不能小于三角形的面积。

最后，阿基米德写道："由于圆的面积既不大于也不小于（三角形的面积），因此，圆的面积就等于三角形的面积。" **证毕**

这就是阿基米德的证明，这颗小小的珍珠出自一位无可争议的伟大数学家之手。阿基米德用圆面积既不大于也不小于三角形面积的方法证明了这两个面积一定相等，这让一些人感到甚为奇特。一些人认为这种论证方法太绕圈子、不对胃口，对他们我们不妨引述《哈姆雷特》中大臣波洛涅斯一句话的大意："这虽然疯狂，却有深意在内。"人们可能会觉得纳闷，这么简短的证明方法，希波克拉底或欧多克索斯或欧几里得怎么会忽略了呢？事后聪明总是不难。这里，我们再次引述普卢塔克关于阿基米德数学的描述：

在全部几何学中很难找到比这更困难更复杂的问题，以

及更简洁、更清楚的证明。有些人将此归功于他的天赋，而另一些人则认为是他惊人的努力和勤奋产生了这些显然十分容易而又未被他人证明的定理。你百般努力，仍然一无所获，可一旦看到他的证明，立刻就会相信，自己本来也能够推导出这些结论的。他引导你，沿着一条平坦的捷径，得出预定的结果。

既然阿基米德已证明圆的面积与三角形的面积相等，那么，他是否可以解决我们曾在第1章中讨论过的人们长期探索的圆的求积问题呢？答案当然是否定的，因为要成功地解决圆的求积问题，就必须要作出与圆面积相等的直线图形。但是，阿基米德的证明没有，也没有声称，能够提供任何有关如何作这种等面积三角形的线索。当然，作出三角形的一条直角边等于圆的半径并不难，难的是作出三角形的另一条直角边，使之等于圆的周长。因为 $C = \pi D$，所以要作出圆的周长，就必须作出 π。我们已经知道，这种作图是根本不可能的。阿基米德的证明绝不能被解释成他试图据此作出圆的等面积正方形，这是没有的事。

尽管有了这样的证明，但是读者从阿基米德的定理中，也许仍然看不出我们所熟悉的求圆面积公式，因为他所证明的毕竟只是圆面积等于一定三角形的面积。但是，我们将看到，这正是典型的阿基米德方法——使一个未知图形的面积与一个更简单的已知图形的面积相联系。然而，问题没有这么简单。我们所说的三角形，其底边等于圆的周长，这里有两层重要含义。其一，阿基米德不同于欧几里得，他不是将一个圆的面积与另一个圆的面积相联系（这基本上是一种“相对性”的方法），而是将圆的面积与它自己的周长和半径相联系，并反映在它的等面积三角形之中。其二，通过证明 $A = T = \frac{1}{2}rC$，阿基米德就在一维概

念的周长与二维概念的面积之间建立了联系。因为 $C=\pi D=2\pi r$，我们可把阿基米德的定理重新写成

$$A=\frac{1}{2}rC=\frac{1}{2}r(2\pi r)=\pi r^2$$

这就出现了几何学中我们最熟悉也是最重要的公式之一。

还应指出，阿基米德这个大胆的命题显然包含了欧几里得关于两个圆面积之比等于其直径的平方比这一相对平淡的命题。也就是，如果我们设一个圆的面积为 A_1，直径为 D_1，设第二个圆的面积为 A_2，直径为 D_2，则阿基米德证明

$$A_1=\pi r_1^2=\pi(D_1/2)^2=\pi D_1^2/4 \text{ 和 } A_2=\pi r_2^2=\pi(D_2/2)^2=\pi D_2^2/4$$

因此

$$\frac{A_1}{A_2}=\frac{\pi D_1^2/4}{\pi D_2^2/4}=\frac{D_1^2}{D_2^2}$$

这就概括了欧几里得的定理。所以，阿基米德的命题足以表明欧几里得的命题是一个不甚重要的系定理。于是，阿基米德的命题标志着数学上的一个真正进步。

如果现在回头再看以前的讨论，那么我们就能够确定“欧几里得”表达式 $A=kD^2$ 中常数 k 的数值了。因为根据阿基米德的发现，我们知道，

$$\pi r^2=A=kD^2=k(2r)^2=4kr^2$$

因此，$4k=\pi$，$k=\pi/4$。换言之，欧几里得的“二维”面积常数恰好等于“一维”圆周长常数 π 的四分之一。所以，阿基米德的命题带给我们一个好消息，我们无需计算这两个不同的常数。如果我们能够从圆周长问题中确定 π 的值，那么我们就能够将其应用于圆面积公式。

后面这个问题也没有难倒阿基米德。实际上，在《圆的测量》一书的第 3 个命题中，他就推导出了常数 π 的值。

【命题3】任何圆的周长与其直径之比都小于 $3\frac{1}{7}$，但大于 $3\frac{10}{71}$。

用现代符号表示，即 $3\frac{10}{71}<\pi<3\frac{1}{7}$。将这些分数化为等值小数，阿基米德的命题就成为 $3.140\,845\cdots<\pi<3.142\,857\cdots$。这样，就确定了常数 π 的值，精确到两位小数就是3.14。

阿基米德对 π 的估计值，又一次显示了他的才能。这一次，他准备再次应用那屡试不爽的圆内接和外切正多边形，不同的是，这次他不再求面积，而将注意力集中在多边形的周长上。他首先作圆内接正六边形（见图4-6）。已知正六边形的边长等于圆的半径，其长度我们称之为 r。因此，

$$\pi=\frac{\text{圆的周长}}{\text{圆的直径}}>\frac{\text{六边形的周长}}{\text{圆的直径}}=\frac{6r}{2r}=3$$

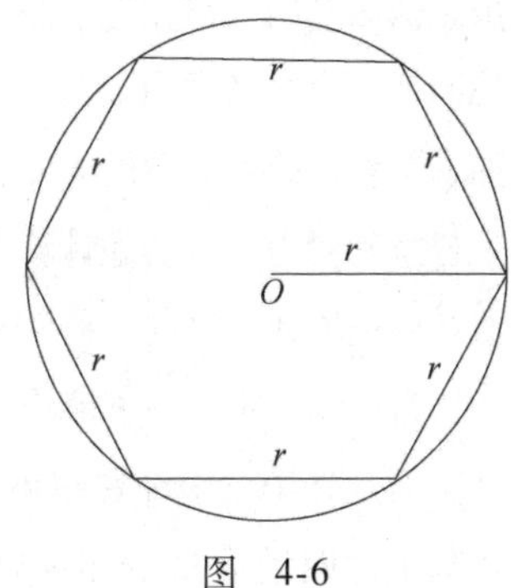

图　4-6

当然，这是对 π 值的非常粗略的估计，但阿基米德刚刚迈出第一步。接下来，他将这一内接多边形的边数加倍，得到一个正十二边形。他必须计算出这个十二边形的周长。正是在这个问题上，他使现代数学家惊叹不已，因为要确定十二边形的周长，就要算出3的平方根。当然，对于今天使用计算器或计算机的我们而言，这已不是什么难事，但在阿基米德时代，不仅这些先进设备无法想象，而且，连帮助进行这种计算的适当数系都没有出现。阿基米德对3的平方根作了如下估计：

$$\frac{265}{153}<\sqrt{3}<\frac{1351}{780}$$

这个估计已经非常接近。

随后，阿基米德继续将内接多边形的边数加倍，得到正24边形，然后是正48边形，最后得到正96边形。在这一过程中，每一步他都要

估算复杂的平方根，但他从不动摇。当他得到96边形时，他的估算值为

$$\pi = \frac{\text{圆的周长}}{\text{圆的直径}} > \frac{\text{正 96 边形的周长}}{\text{圆的直径}} = \frac{6336}{2017\frac{1}{4}} > 3\frac{10}{71}$$

阿基米德似乎意犹未尽，又转向**外切**正12边形、正24边形、正48边形和正96边形，作类似的估算，并由此得到π值的上限为$3\frac{1}{7}$。虽然他面对的是糟糕透顶的数系，而且没有估算平方根的简单方法，但他的估算言之凿凿地证实了他令人敬畏的才华。他进行的这些计算，犹如一个参加跨栏赛跑的人戴着沉重的镣铐。然而，阿基米德凭借他的无限智慧和毅力，成功地计算出了重要常数π的第一个科学近似值。犹如本章后记所述，自此，科学家再不曾停止寻求高精确度的π近似值。

《圆的测量》一书流传到我们手中，只有三个命题，不过薄薄几页。而且，第二个命题也不得其所，难以令人满意。毫无疑问，这是阿基米德谢世后多少年来低劣的抄写、编辑和翻译造成的。表面看来，这样短的著作似乎不太可能产生这样大的影响。但想想看，在第一个命题中，阿基米德就证明了关于圆面积的著名公式，在最后一个命题中，他又出色地给出了π的近似值，由此可见，这本小书能够得到历代数学家的高度评价，也是毋庸置疑的。著作的优劣不在于篇幅长短，而在于其数学价值。根据这一标准，《圆的测量》一书不愧是一部经典之作。

阿基米德名作：《论球和圆柱》

上述三个命题仅仅是阿基米德数学遗产的一部分。除此以外，他还论述过螺线几何以及圆锥体和球体等问题，并发现了通过求一无穷几何级数之和来确定由抛物线构成的图形面积的方法。这后一个问题

(求曲线形面积)，现在属于微积分领域，由此可见，阿基米德超越他所处的时代有多么远。

然而，相对于所有这些成就，他无可争议的代表作则是一部内容广泛的两卷本著作，题为《论球和圆柱》(On the Sphere and the Cylinder)。在这部著作中，阿基米德以其近乎超人的智慧，确定了球体及有关几何体的体积和表面积，从而像在《圆的测量》中对二维图形的研究一样，解决了三维立体的问题。这是一项伟大的成就，阿基米德自己似乎也认为，这标志着他数学事业的顶峰。

我们应该先来回顾一下古希腊人对三维立体表面积和体积的认识。如前一章所述，欧几里得证明了两个球体的体积之比等于其直径的立方比。换言之，存在一个“体积常数”m，使得，

$$\text{体积(球体)} = mD^3$$

这是欧几里得对球体体积的认识，但对于球体的表面积，他却只字未提。对这个问题的成功解决，再次依赖于阿基米德《论球和圆柱》的出现。

这一部两卷本著作运用了一种大家熟悉的论述方式，首先是一系列定义和假设，然后从中推导出复杂的定理。总之，还是欧几里得的模式。书中的第一个命题平平淡淡：“已知一个圆外切正多边形，则其周长大于圆的周长。”但是，阿基米德很快就转向了更复杂的问题。通观全书，(至少用现代人的眼光来看)由于缺乏简明的代数符号，他的论述受到阻碍。他无法用简单的公式表示体积和表面积，而只能依靠陈述，好比下面这个命题。

【命题13】任一直圆柱体除上下底面之外的表面积等于一圆的面积，该圆的半径是圆柱的高与底面直径的比例中项。

乍一看，这一命题似乎非常深奥而陌生。但实际上，我们所感到陌生的，只是其语言，而不是其内容。由于没有代数，阿基米德只好

用这种方式来表示他所求证的面积（本例为直圆柱体的侧面积）等于一个已知图形的面积（本例为一个圆）（图 4-7）。但是，是一个什么样的圆呢？显然，阿基米德必须要明确这个等面积的圆，于是，为了说明这个问题，他就提到了比例中项这种说法。

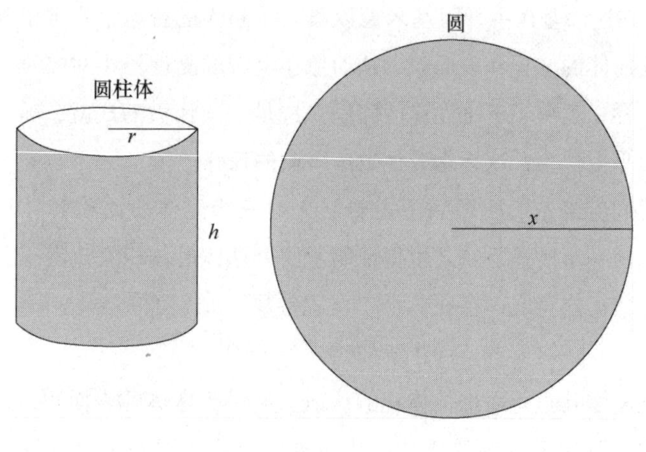

图 4-7

用现代术语来表达，阿基米德的命题就是

侧面积（半径为 r，高为 h 的圆柱）＝面积（半径为 x 的圆）

其中，$h/x = x/(2r)$。我们可以很快从中推导出 $x^2 = 2rh$，这样，我们就得到了著名的公式：

$$\text{侧面积(圆柱)} = \text{面积(圆)} = \pi x^2 = 2\pi rh$$

阿基米德通过一系列相近的命题，一步步接近他的第一个主要目标——球体的表面积。由于篇幅所限，我们不能详细介绍他对这个问题的推理过程，但我们必须在此承认他推理的巧妙。前面我们已介绍过阿基米德数学的特点，因而，读者对他再次应用穷竭法就一定不会感到奇怪了。换言之，他利用以前曾求出了其表面积的圆锥体和圆台，从内外双向逼近，“穷竭”了球体。待尘埃落定后，他已证明了下面这一非凡的命题。

【命题 33】任一球体的表面积等于其最大圆之面积的 4 倍。

阿基米德运用他最喜欢的逻辑方法——双重归谬法——完成了对这个命题的证明，即他先证明球体表面积不可能大于其最大圆之面积的 4 倍，然后又证明了也不可能小于其最大圆之面积的 4 倍。如果我们注意到球体“最大圆”的面积（即通过球体“赤道”的圆之面积）恰好等于 πr^2，那么，我们就可以把阿基米德对本命题的陈述（“球体的表面积等于其最大圆之面积的 4 倍”）转化成现代公式

$$表面积(球体) = 4\pi r^2$$

这是一个非常复杂的数学问题。阿基米德凭借对其概念的熟练驾驭和他所表现出的深刻洞察力，似乎已经展望到现代积分学的思想。显然这就是阿基米德被公认为古代最伟大数学家的原因所在。

关于这一命题，还有另外一点值得一提，那就是它给人的那种十足的陌生感。因为没有任何直觉能让我们感到球体的表面积恰好等于其最大横截面面积的 4 倍。为什么就不能等于 4.01 倍呢？这个数字“4”究竟有什么魔力让我们相信球体的曲面表面积恰好等于穿过球心的大圆面积的 4 倍呢？

阿基米德在《论球和圆柱》一书的引言中讲到了球体这一古怪而固有的特性。引言是写给一个名叫“多西修斯”的人，此人可能是亚历山大的一位数学家，而阿基米德曾将论文寄给他。他写道：“……我想到了某些迄今为止尚未被证实的定理，我已经作出了这些定理的证明。”其中，他首先提到“……任何球体的表面积都等于其最大圆之面积的 4 倍”，然后，他又继续写道，这一性质

> ……始终是所述图形固有的，那些在我之前从事几何研究的人们只是尚未得知而已。但是，现在我发现了这些性质

为真……，我便毫不犹豫地将它们与我以前的研究和欧多克索斯关于立体的定理并列在一起，对于它们的证明也是最无可辩驳的……

这一段话很有趣，让我们有幸看到，阿基米德是如何评价自己的工作及其在数学发展中的地位。他毫不犹豫地将自己与伟大的欧多克索斯并列，因为他完全懂得他那非凡发现的性质和分量。但是，他还特别强调，他没有发明或创造 $S=4\pi r^2$。他只是幸运地发现了球体固有的性质，这一性质始终存在，只是以前没有被几何学家所发现。阿基米德认为，数学关系是客观存在的，与人类那微不足道的奋力解释它们的努力无关。他自己只是能够瞥见这些永恒真理的幸运者。

即使《论球和圆柱》一书在论述了上述定理后就此止步，它也将永远是一部数学经典。然而，阿基米德随即将目光转向了球的体积问题。他再次应用双重归谬法，成功地证明了下面这个命题。

【命题34】任一球体的体积等于底面积为球体的最大圆面积且高为球体半径的圆锥体体积的4倍。

请注意，阿基米德依然没有将球体体积表述为简单的代数公式，而是借助了一个稍简单的立体（本例为圆锥体）体积（图4-8）。我们只要一点点努力，就可以把他的文字陈述转变为现代的等价公式。

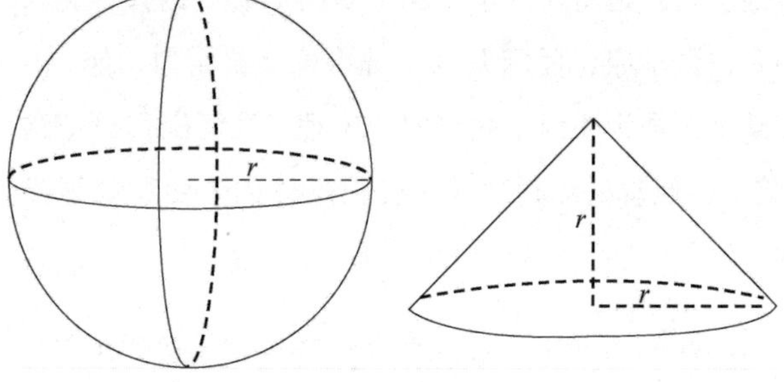

图 4-8

于是设 r 为球体半径。那么，“底面积为球体的最大圆面积且高为球体半径的圆锥体”就满足

$$\text{体积(圆锥体)} = \frac{1}{3}\pi r^2 h = \frac{1}{3}\pi r^2 r = \frac{1}{3}\pi r^3$$

但是，阿基米德的命题 34 证明，球体的体积等于这种圆锥体体积的 4 倍，由此得出著名公式

$$\text{体积(球体)} = 4\ \text{体积(圆锥体)} = \frac{4}{3}\pi r^3$$

这个公式的优点之一是阐明了 π 与欧几里得命题Ⅻ.18 提出的“体积常数” m 之间的联系。参照以上的讨论，我们可以直接得出

$$\frac{4}{3}\pi r^3 = \text{体积(球体)} = mD^3 = m(2r)^3 = 8mr^3$$

只需一点点代数知识就能推出 $m = \pi/6$。这样一来，在阿基米德时代之前的关于圆周长、圆面积和球体积的谜就都得到了解决。不再需要三个不同的常数来强调这三个不同的问题，因为这三个常数都建立在 π 的基础之上。阿基米德已展示了它们之间惊人的统一。

阿基米德在完成了对命题 33 与命题 34 的证明之后，立即以一种引人注目的方式重述了这两个命题。他假设一个圆柱体外切一个球体，如图 4-9 所示。然后，他宣称，圆柱体的表面积和体积都等于球体的一倍半！在某种意义上，这是他全部成就的高潮。他用一种简单的方式重现了两个伟大定理，用相对简单的圆柱体的表面积和体积来表示复杂的球体表面积和体积。本节将以对阿基米德这一惊人判断的证明作为结束。

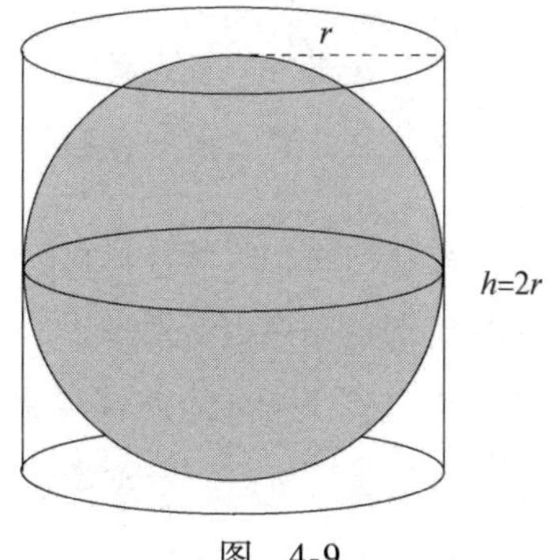

图　4-9

首先，我们看半径为 r 的球体的

外切圆柱体，其半径等于 r，高 $h=2r$。圆柱体的全部表面积等于侧面积（见命题13）与顶面积及底面积之和。因此，

$$\begin{aligned}\text{圆柱体全部表面积} &= 2\pi rh + \pi r^2 + \pi r^2 \\ &= 2\pi r(2r) + 2\pi r^2 = 6\pi r^2 = \frac{3}{2}(4\pi r^2) \\ &= \frac{3}{2}(\text{球体表面积})\end{aligned}$$

这一公式准确地表达了阿基米德所说的圆柱体的表面积等于球体表面积“一倍半”的意思。

那么，其相应的体积又如何呢？我们已经知道一般圆柱体的体积公式 $V=\pi r^2h$，在本例中则是 $V=\pi r^2(2r)=2\pi r^3$。因此，

$$\text{圆柱体体积} = 2\pi r^3 = \frac{3}{2}\left(\frac{4}{3}\pi r^3\right) = \frac{3}{2}(\text{球体体积})$$

所以，圆柱体的体积等于球体体积的一倍半。

这样，阿基米德用一段简练而非比寻常的话概括了球体与圆柱体之间的联系。正是这种联系使他将这部论著题为《论球和圆柱》。阿基米德对他的这一发现深感自豪，这一点可以从普卢塔克所提到的阿基米德对自己墓志铭的选择中看出：

> 他的发现数量众多，令人钦佩。但是，据说他曾请求他的亲友在他的墓上置放一个内盛球体的圆柱体，并且要使球体按照二者之间的比例（3∶2）内切于圆柱体。

有趣的是，西塞罗到叙拉古城时的确曾拜谒过阿基米德的墓，并在其《图斯库卢姆谈话录》一书中作了记载。不用说，阿基米德的墓地上长满了“杂乱的荆棘与灌木”，遮盖了一切。但西塞罗知道他要找的是什么，所以，不难理解，当他发现“灌木丛中露出来一截小柱子，柱子顶端立着一个内盛球体的圆柱体”时，心情该有多么激动。

西塞罗发现了阿基米德的墓地遗址后，曾想按照原貌尽力修复。如果这个故事是真实的，那么，西塞罗就发现了这位古希腊最伟大数学家的最后长眠之地。他想修复这一被人忘却了的墓地遗址，不仅是为了向阿基米德表示敬意，也许还为了补赎他的残暴的罗马祖先的罪孽。

人们常常听说有人走在时代的前面。这一般是说，一个人超于世上其他人十年，或者，整整一代。但是，阿基米德对于数学的卓越贡献，却是千百年无人能出其右！直到17世纪后期发展了微积分，人们对立体体积和表面积的理解才超出了阿基米德开创的基石。可以肯定地说，无论数学学科将来会有怎样的荣耀，都永远不会再有人先于时代两千年了。

最后，我们最好引用伏尔泰对这位伟大数学家的成就所作的恰如其分的高度评价："阿基米德比荷马更富有想象力。"

后记

阿基米德《圆的测量》一书有一个遗留问题，那就是找到我们称之为π的重要常数的更精确近似值。这一比率的重要性早在阿基米德之前很久便已为人所知，不过阿基米德是科学地研究这一常数的第一人。在阿基米德之前，人们对π值的估算可以从《圣经》关于圆"海"（即一个盛水的大容器）的一段有趣的引文中推断出来："……他又铸一个铜海……径十肘、围三十肘。"（《列王记》，上，7:23）

从这里，我们可以推导出π的近似值，即 $\pi = C/D = 30/10 = 3.00$。考虑到当时尚属远古时代，所以这一近似值还是非常合理的。（当然，对于那些认为《圣经》在一切方面都精确无误的人，我们还是可以说道说道，因为3.00大大低估了π值。）

古代对π值的更精确计算是古埃及人作出的。据赖因德古本记载，他们用 $(4/3)^4=256/81=3.1604938\cdots$ 作为 C 与 D 的比值。这些及其他“前科学”近似值代表了对π值估算的第一阶段。如前文所述，阿基米德开创了第二阶段。他所应用的圆内接或外切正多边形周长的几何方法一直为17世纪中叶前的数学家所采用（这是阿基米德走在时代前面的又一个证明）。

大约公元150年，亚历山大著名的天文学家和数学家克劳迪厄斯·托勒密在其《天文学大成》这部巨著中提出了π值的一个近似值。这部巨著集天文学信息之大全，从日月的表现、行星的运动，到恒星的性质，无所不包。显然，对天体的精确观测需要复杂的数学基础，为此，早在《天文学大成》中，托勒密就作出了弦值表。

他首先作一个圆，将其直径分成120等份。如果每一等份的长度为 p，则我们可以确定其直径为 $120p$，如图4-10所示。对于任何圆心角 α 来说，托勒密希望能知道与这个角所对的弦 AB 的长度。例如，一个60°角所对的弦恰好等于半径的长度，即 $60p$。

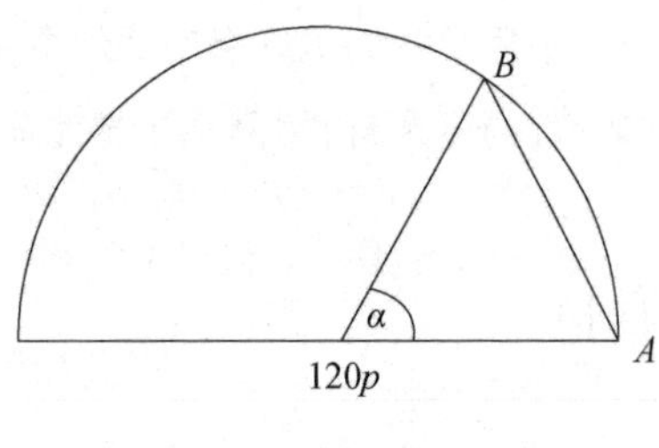

图 4-10

这是一个很简单的例子，但是，要发现 $42\frac{1}{2}°$ 角所对的弦的长度却远非易事。然而，托勒密运用巧妙的推理，精确地计算出了从1°到180°，以半度递增的所有角度的弦值表，整个计算过程还彰显出阿基米德式的手法。

但是，引起我们注意的是，他发现了1°弦的值（用现代十进制记数法）为 $1.0472p$。因此，内接于这个圆的正360边形的周长就等于1°弦长的360倍，即 $376.992p$。虽然正多边形的利用显然是借用了阿

基米德的思想，但托勒密的 360 边形却比其前辈的 96 边形推算出的 π 近似值精确得多。即，

$$\pi = \frac{C}{D} \approx \frac{360\text{ 边形的周长}}{\text{圆的直径}} = \frac{376.992p}{120p} = 3.1416$$

几百年后，π 值计算的发展多见于非西方文化的中国和印度，在这两个国家的文化中，都有其自己光辉的数学史。中国的科学家祖冲之（430—501）于大约公元 480 年计算出 π 的近似值为 355/113 = 3. 141 592 92…，而印度数学家婆什迦罗第二（1114—约 1185）则于大约公元 1150 年计算出 3927/1250 = 3. 1416。

当欧洲人终于从中世纪的数学停滞中再度崛起的时候，发现精确 π 值的速度大大加快了。16 世纪末，凭借西蒙 · 斯蒂文（1548—1620）等数学家的研究成果，现代十进制问世了，人们可以更方便、更准确地计算平方根。因而，当法国天才数学家弗朗索瓦 · 韦达（1540—1603）试图利用阿基米德的方法计算 π 近似值时，他可以用正 393 216 边形推算出精确到小数点后 9 位的 π 值。他先按照阿基米德的方法作出正 96 边形，然后将正多边形的边数翻倍十二次，就得到正 393 216 边形。即使是阿基米德，面对数系的限制他也只能举步不前，而十进制记数法则为韦达提供了用武之地。他所采用的基本方法仍然是阿基米德的，但他使用的工具却更先进。

17 世纪初叶，一位荷兰数学家超越了所有前人，发现了精确到小数点后 35 位的 π 值。他的名字叫卢道尔夫 · 冯瑟伦，他用了几年时间钻研这个问题。像韦达一样，卢道尔夫也将新的十进制与旧的阿基米德方法结合起来，但他不是从正六边形开始将边数翻倍的，而是从正方形开始的。到他完成的时候，他已推导出了有 2^{62} 条边的正多边形——约4 610 000 000 000 000 000边形！不用说，这个多边形的周长与其外接圆的周长相差无几。

计算 π 近似值的古典方法已引导数学家们取得了不小的成就。然而，17 世纪末叶发生了一次非比寻常的数学大爆炸，这为数学的发展带来了巨大的进步，其中一个进步就是最终取代了阿基米德的方法，并将对 π 值的探索推向了第三阶段。17 世纪 60 年代末，年轻的艾萨克·牛顿应用其广义二项式定理和新发明的流数法（即微积分），比较轻松地就计算出了非常精确的 π 近似值，这就是我们将在第 7 章中介绍的伟大定理。1674 年，牛顿的对手戈特弗里德·威廉·莱布尼茨发现级数

$$1-\frac{1}{3}+\frac{1}{5}-\frac{1}{7}+\frac{1}{9}-\frac{1}{11}+\frac{1}{13}-\frac{1}{15}+\cdots$$

随着计算项数的不断增加，会越来越接近数字 π/4 的精确值。至少从理论上说，我们可以无限扩展这一级数的项，以得到更加精确的 π/4，并且由此得到 π 本身的近似值。在此，不容忽视的一点是，我们必须求和的这个级数，从其形式来看，是完全可以预知的。也就是说，无论我们将这一级数扩展至哪里，都不难确定下一项。这样，求 π 近似值的问题就从以阿基米德正多边形为代表的**几何**问题突然变成了加减数字的简单**算术**问题。解决问题的角度发生了重大变化。

不过，这件事情至此又变得越来越不明朗，因为莱布尼茨的级数虽然确能接近 π/4，但计算起来也实在太慢了。例如，即使我们用这一级数的前 150 项来计算，所得到的 π 近似值也仅为 3.1349…，虽然耗费了大量计算，可这个数字还是不太准确，实在令人失望。据估计，如果我们要利用这一级数得到精确到小数点后 100 位的 π 近似值，我们就需要计算 100 000 000 000 000 000 000 000 000 000 000 000 000 000 000 000 000 多项！因此，虽然莱布尼茨的级数预示了一种计算 π 近似值的新的算术方法，但它显然没有实用价值。

但是，无穷级数的计算很快有了前途。数学家亚伯拉罕·夏普（1651—1742）和约翰·梅钦（1680—1751）等对无穷级数做了巧妙

的修改，并产生了计算速度快得多的收敛级数。作出这些调整后，夏普便于 1699 年发现了精确到小数点后 71 位的 π 近似值，而 7 年后，梅钦则计算出精确到小数点后 100 位的 π 值。并且，同卢道尔夫相比，他们的方法要简便得多，要知道，可怜的卢道尔夫用了大半生时间也不过才抠出精确到小数点后 35 位的 π 值。显然，级数方法宣告了古典方法的过时。

同时，数学家对这一特殊常数的理解还有了其他方面的进展。其中主要是约翰·海因里希·朗伯（1728—1777）于 1767 年证明 π 是无理数。我们知道，所谓无理数，就是那些不能写成两个整数商的实数，即，无理数是不能写成分数的数。我们可以很容易地指出，像 $\sqrt{2}$ 或 $\sqrt{3}$ 这些常数都是无理数，但是，直到 18 世纪，朗伯才证明出 π 是无理数。朗伯的发现特别重要，因为我们知道，有理数的小数展开式不是到某一位终止，就是循环。例如，有理数 1/8 的十进制小数是 0. 125，而有理数 1/7 的十进制小数却是无限的，但至少它是以六位小数循环：

$$1/7 = 0.142\,857\,142\,857\,142\,857\,142\,857\cdots\cdots$$

如果 π 是有理数，那么，它就应该是上述这两种形式中的一种，因而，对其小数展开式的探寻，经过一定时间的努力后，定将有结束的一刻。可朗伯证明 π 是无理数，这也就是说，对其小数的计算将是一件没完没了的事情。

似乎这种无理性还不够糟，1882 年，费迪南德·林德曼又证明出 π 实际上是超越数，如我们在第 1 章中所述。对超越数的发现不仅解决了化圆为方的问题，而且，也说明了 π 不能以任何一种初等表达式来表示，比如有理数的平方根、立方根，等等。朗伯和林德曼的研究表明，π 不是那种易于进行数学分析的“佳”数。然而，阿基米德于公元前 225 年所作的研究也无疑表明 π 是所有数中最重要的数之一。

论述 π 的历史就一定会提到一位杰出的数学家斯里尼瓦萨·拉马

努金（1887—1920）。拉马努金出生在印度，家境贫寒，未受过任何正规数学教育。他主要是根据几本教科书自学成才的。拉马努金对数学的迷恋，严重影响了他的其他学业，由于他未能通过其他课程的考试，不得不结束了他的正规教育。1912 年，他在马德拉斯做文书工作，靠 30 英镑年薪勉强维持他夫妻二人的生活。作为失败者，他是很容易被社会所忽略的。

尽管面临种种障碍，但这位孤立的天才却在从事着极富独创力、极有深度的数学研究。在别人的鼓励下，他把自己的发现写成了一封长信，分别寄给了英国三个最著名的数学家。其中两人把信退回了拉马努金。显然，他们认为有比给一个不知名的印度小职员回信更紧迫的事情要做。

第三位数学家是剑桥大学的 G. H. 哈代，当他于 1913 年 1 月 16 日早晨打开这封信时，本来或许也会这样做。拉马努金用蹩脚英文写的信中有 100 多个奇怪的公式，但没有任何形式的证明，仿佛一个来自另一半球的疯子在漫天说着胡话。哈代随手把信丢在一旁。

但是，据说，这些数学公式一整天都萦绕在他的脑海中。这些公式，有许多都是哈代这位世界上最优秀的数学家从来没见过的。逐渐地，他意识到这些公式"……一定是真实的，因为如果它们不真实，也没有人能有如此的想象力来杜撰它们。"哈代回到自己的房间，重新研读早上的那封信，他意识到，这是一个伟大的数学天才的杰作。

于是，他开始办理拉马努金到英国来的手续。对于一个从小受到严格宗教熏陶的人来说，这是一件很复杂的事情，因为他在旅行、饮食等方面都有许多限制。但这些困难最后都被克服了，1914 年，拉马努金终于来到了剑桥大学。

拉马努金与哈代从此开始了长达五年之久的非凡合作——后者是受过世界上最好数学教育的满腹经纶且温文尔雅的英国人；而前者却

是一位“未经雕琢的天才”，虽具有令人难以置信的能力，但数学知识却有很大局限性。有时，哈代只好像对待一个普通大学生一样指导这位年轻伙伴。而拉马努金也常常提出一些从未见过的数学定理令他惊奇。

在拉马努金的公式中，有许多都能够迅速而精确地计算出 π 的近似值。这些公式，有的编入了 1914 年他的一篇重要论文，也有一些则潦草地涂写在他的私人笔记本里（如饥似渴的数学界直到现在才能有幸目睹这些文献）。即使其中最简单的公式也使我们受益匪浅，其实，只要说一句话就够了，他的见解为更有效地计算 π 近似值指明了研究方向。

然而，不幸的是，拉马努金的事业，开始得如此奇特，结束得又如此仓促。第一次世界大战期间，拉马努金在远离家乡的剑桥大学累垮了身体。有些人认为原因在于疾病，而另一些人认为，原因在于严格的饮食限制造成了严重的维生素缺乏症。为了恢复健康，他于 1919 年返回了印度，然而，他家乡的温馨却无法阻止他病情的恶化。1920 年 4 月 26 日，拉马努金与世长辞了，年仅 32 岁。从此，世界失去了一位数学奇才。

现在，我们再快速浏览一下这个问题在近代的发展，看看英国人威廉・谢克斯（1812—1882）的惊人计算。谢克斯于 1873 年计算出有 707 位小数的 π 值。他利用梅钦的级数方法，达到了如此惊人的精确度，使之成为此后 74 年的标准。但是，1946 年，他的同胞 D. F. 弗格森却令人吃惊地发现，谢克斯的非凡计算在第 527 位小数之后出现了错误。弗格森善意地纠正了这些错误，并得到了精确到小数点后 710 位的 π 值。对于那些少有计算兴趣的人来说，简直难以想象能够对一个带有 707 位小数的数字进行验算，而且，更令人难以置信的是，在验证了小数点后 100 位、200 位，甚至 500 位都没有发现错误的情况下，竟然还能坚持验算下去！不过弗格森付出的惊人毅力确实取得了成功。

1947 年初，美国人 J. W. 伦奇为这段历史添上了自己的一笔，公布了有 808 位小数的 π 值。这似乎是一个辉煌的新胜利——但后来，不屈不挠的弗格森又开始检验这一数值。他果真发现伦奇计算的第 723 位小数有错误。然后，弗格森与伦奇两人通力合作，终于在一年后公布了精确到小数点后 808 位的 π 值。

自此，故事进入了第四阶段，即最后一个阶段。我们已看到，人们最初是如何凭借某种“经验直觉”来估算 π 值的。后来，阿基米德引入了圆内接和外切多边形的方法，这种方法一直独占鳌头，直到微积分的出现，被无穷级数的算术技术所取代。最后，1949 年，计算机的出现为计算领域带来了翻天覆地的变化。同一年，美国陆军的电子数字积分计算机计算出精确到小数点后 2037 位的 π 值。应当指出，用现代眼光来看，这台计算机是一个非常原始的机器，密密麻麻的电线和真空管占满了好几间房屋，其运算速度之慢，简直让人难以忍耐。但即使是这样一台古怪的老式计算机，也超越了前人的所有计算，轻轻一跃就将人类两千两百年计算的 π 近似值的小数位扩大了一倍半，而且，即便是 D. F. 弗格森也不打算在这里找错误。随着计算机技术的发展，π 值的小数位数以令人难以置信的速度飞快增加。1959 年，计算出 16 000 多位小数；1966 年，就发展到 25 万位小数；而到 20 世纪 80 年代末，巨型电子计算机已将 π 值的小数位数猛增到 5 亿位上下。

然而，我们人类脆弱的自我无须感到大受伤害。虽然计算机的计算速度超出任何人的想象，但毕竟还需要由数学家去编制程序，指导计算机正确运算。π 的故事展示了人类的胜利，而不是机器的胜利。即使在 20 世纪末叶，我们也绝不能忘记，这一数学历程的开端源自卓越无比的数学家、叙拉古城的阿基米德的一本题为《圆的测量》的小书。

第5章

Journey Through Genius

海伦的三角形面积公式

（约公元75年）

阿基米德之后的古典数学

阿基米德在数学大地上投下了长长的影子。其后的古代数学家虽然都有自己的建树，但同叙拉古城这位伟大的数学家相比，却是相去甚远。随着希腊文明的衰落和同期罗马的兴起，这种现象越发明显。阿基米德死于罗马人之手，这就可以看做是对未来的预兆，虽然这种看法也许有点儿简单化，但并非没有道理。希腊人专注于自己的理念世界，在罗马强大的军事力量面前，确实不堪一击，而罗马人则忙于建立政治秩序和征服世界，完全无视希腊人热衷的抽象思维。就像对待阿基米德一样，罗马新秩序也不能容许希腊传统的存在。

看看一些历史事件或许能加深我们的理解。如前文所述，叙拉古城于公元前 212 年陷落于罗马的马塞卢斯之手。三次残酷的布匿战争最终以公元前 146 年罗马消灭迦太基而告终，罗马人从此确立了对地中海中部两岸的控制。同年，希腊的最后一座重要城邦科林斯向罗马军投降。一个世纪之后，尤利乌斯·凯撒征服了高卢。公元前 30 年，在安东尼与克娄巴特拉的统治失败后，埃及落入屋大维之手。甚至连野蛮的不列颠也于公元 30 年臣服于罗马。自此，罗马正式成为帝国，对西方世界行使着史无前例的统治。

伴随罗马征程而来的，还有他们复杂的工程项目：桥梁、道路和沟渠遍布欧洲大陆。然而，曾强烈吸引希波克拉底、欧几里得和阿基米德的纯数学却未能像以前那样兴盛。

但是，依然保持辉煌的是亚历山大图书馆。这座环境优美的图书馆吸引了地中海地区最优秀的学者，是一个最令人兴奋的地方。阿基米德的一位同时代人，著名数学家厄拉多塞（约公元前 284—前 192）就曾大半生在这里担任馆长。厄拉多塞的确不愧为馆长这么一个学术要职，他涉猎广泛、著作等身，许多关于纯数学、哲学、地理学，特别是天文学的著作都出自他之手，这最后一项，不仅包括许多学术论文，而且还包括一部题为《赫耳墨斯》（Hermes）的长诗，将天文学的基本知识写成了诗歌！像众多的古代著作者一样，厄拉多塞的著作大部分散失了，我们只能依靠后来注释者的描述来了解他。但他身为当时学界名流的地位，应该是毋庸置疑的。阿基米德都至少有一篇著作是题献给厄拉多塞的，对其敬佩有加，并认为他具有相当的才华。

厄拉多塞的一大贡献是他著名的“筛法”，这是一种直截了当的寻找素数的算术方法。为了用厄拉多塞的筛法选出素数，我们首先写下从 2 开始的连续正整数。请注意，2 是第一个素数，然后我们依次划掉后面所有 2 的倍数，即 4、6、8、10 等。越过 2，下一个没有划掉的整数是 3，这一定是第二个素数。我们现在再划掉所有 3 的倍数——6（不过它已经被划掉了）、9、12、15 等。下面我们来看，4 已经被划掉了，于是，下一个素数是 5。我们再划掉表中所有 5 的倍数——10、15、20、25 等。如此循序渐进。显然，我们划掉的数字都是较小整数的倍数，它们都不是素数而是合数，因而，都被筛掉了。而另一方面，素数却永远不会被筛掉，它们将成为我们表中唯独剩下的数字：

2, **3**, ~~4~~, **5**, ~~6~~, **7**, ~~8~~, ~~9~~, ~~10~~, **11**, ~~12~~, **13**, ~~14~~, ~~15~~, ~~16~~, **17**, ~~18~~, **19**,
~~20~~, ~~21~~, ~~22~~, **23**, ~~24~~, ~~25~~, ~~26~~, ~~27~~, ~~28~~, **29**, ~~30~~, **31**, ~~32~~, ~~33~~, ~~34~~, ~~35~~,
~~36~~, **37**, ~~38~~, ~~39~~, ~~40~~, **41**, ~~42~~, **43**, ~~44~~, ~~45~~, ~~46~~, **47**, ~~48~~, ~~49~~, ~~50~~, ~~51~~,
~~52~~, **53**, ~~54~~, ~~55~~, ~~56~~, ~~57~~, ~~58~~, **59**, ~~60~~, **61**, ~~62~~, ~~63~~, ~~64~~, ~~65~~, ~~66~~, **67**,
~~68~~, ~~69~~, ~~70~~, **71**, ~~72~~, **73**, ~~74~~, ~~75~~, ~~76~~, ~~77~~, ~~78~~, **79**, ~~80~~, ~~81~~, ~~82~~, **83**,
~~84~~, ~~85~~, ~~86~~, ~~87~~, ~~88~~, **89**, ~~90~~, ~~91~~, ~~92~~, ~~93~~, ~~94~~, ~~95~~, ~~96~~, **97**, ~~98~~, ~~99~~,

用厄拉多塞的筛法，可以不假思索地找到100以内的所有素数。但要找出，比如说，100万亿以内的所有素数，用这种方法显然就非常困难了，但现代计算机借助这一古老方法，仍能取得极大收获。

厄拉多塞最著名的科学成就也许是他对地球周长的测定。虽然有许多文献资料提到了他的这一计算，但由于找不到他包含这一计算的原始著作《论地球的测量》（On the Measurement of the Earth），我们还不能肯定厄拉多塞究竟用的是什么方法。但是，据说，他运用了一些地理数据和一个非常简单的几何图形，具体如下。

在埃及的亚历山大以南，今天的阿斯旺附近，有一座城市叫赛伊尼。在立夏这一天的某一刻，赛伊尼处的太阳会直射地面。如果此刻有人往井里看，就会感到水面反射的太阳非常刺眼，从而证明了太阳的直射。但在同一天的同一时刻，亚历山大处的一根杆子却投下了一个短影。厄拉多塞注意到，从杆子顶端到阴影端点之间形成的夹角 α 恰好等于整个圆周角度的1/50（见图5-1）。假设亚历山大位于赛伊尼的正北（这大体正确），而且，因为太阳距离地球十分遥远，所以假设阳光射到地球是平行的（又一个合理的假设），厄拉多塞根据《几何原本》的命题Ⅰ.29，判定内错角 $\angle AOS$ 等于 α，而 O 则代表球状地球的球心，如图5-1所示。最后的已知条件是测得这两座城市之间的距离为5000斯塔德。因此，我们得到比例式

$$\frac{\text{从赛伊尼到亚历山大的距离}}{\text{地球周长}}=\frac{\text{角}\ \alpha}{\text{全圆角度}}$$

也就是说，5000斯塔德/地球周长 = 1/50，因此，地球的周长等于

$50\times5000=250\ 000$ 斯塔德。至此，读者肯定会问："一斯塔德是多长?"厄拉多塞所用的单位究竟是多长已无从考证，我们只能冒险地引用估计值，即一斯塔德约等于516.73英尺。利用这一数字，可以得出厄拉多塞计算的地球周长为129 182 500英尺，或约24 466英里。目前公认的地球周长为24 860英里，可见，厄拉多塞的计算结果非常接近这个值。实际上，由于这个数字太精确了，以致一些学者怀疑其真实性，或者至少同意托马斯·希思爵士的观点：厄拉多塞给了我们"一个令人惊奇的近似值，不管它在多大程度上归因于计算中的意外惊喜。"

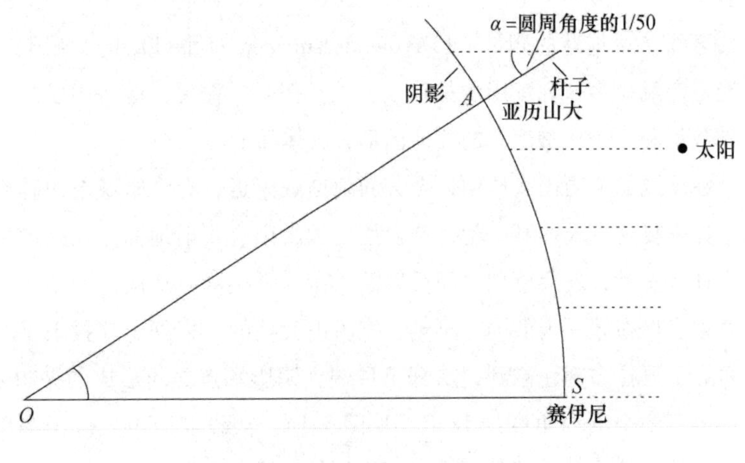

图 5-1

暂且抛开这些怀疑不谈，厄拉多塞的推理方法还是值得我们注意的，这不仅是因为其巧妙，而且还因为，无论如何，他坚信我们的地球是一个圆球体。与此形成鲜明对比的是，1500年后的欧洲水手却还惧怕从扁平大地的边沿掉下去。我们有时忘记了古希腊人早已完全意识到地球的球体形状，如果后来的水手还睁大双眼搜寻地平线的边缘是一种无知的表现，这与其说是学问太少，不如说是记性不佳。

另外，还有两位阿基米德之后的数学家值得介绍。其中一位是阿波罗尼奥斯（约公元前262—前190），他也是阿基米德同时代的人，也曾到过亚历山大，在那充满学术气氛的环境里学习、工作。他在那里完成了他的代表作《圆锥曲线》（Conics），这是一部广泛讨论所谓圆锥曲线的巨著，涉及椭圆、抛物线和双曲线（图5-2）。虽然古希腊数学家曾深入研究过这些曲线，但阿波罗尼奥斯重新整理了前人的工作，使之系统化、条理化。这种情形，很像欧几里得编著《几何原本》。《圆锥曲线》共有八卷，前四卷是通论，后四卷讨论了更具体的问题，不过第八卷现已失传。

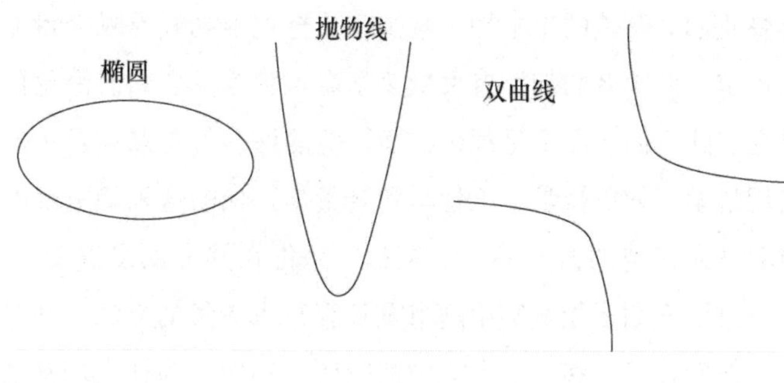

图　5-2

即使是在古希腊罗马时代，阿波罗尼奥斯的著作也被公认为是圆锥曲线问题的权威论述，而且，在文艺复兴期间被重新发现后，亦得到了很高的评价。当约翰·开普勒（1571—1630）提出他关于行星以**椭圆形**轨道围绕太阳运动的开创性理论时，圆锥曲线的重要性更是得到了肯定。椭圆绝不仅是古希腊数学家发明的珍品，它已成为地球，乃至地球上我们全体人类运行的轨道。大约一百年后，因发现彗星而声名大噪的英国科学家埃德蒙·哈雷用了几年时间来编定《圆锥曲线》的最后定本，并对这一古典数学著作推崇备至。今天，这部巨著与欧几里得的《几何原本》和阿基米德的著作并列，成为古希腊数学的里程碑。

我们将要提到的古希腊罗马时期的最后一位数学家，也就是发现本章伟大定理的人，就是亚历山大（还能是哪里呢?）的海伦（Heron）。在一些现代的教科书中把他的名字写成“希罗”（Hero），这主要是由翻译造成的，而不是他自命不凡。遗憾的是，我们对他的生平知之甚少，甚至对他的生活时代也有颇多争议。不过可以肯定的是，海伦是在阿波罗尼奥斯之后，但更确切的日期就有待于一位天才像侦探小说里经常描写的那样去推断了。我们采用了霍华德·伊夫斯的观点，认为海伦的活动时期为公元 75 年前后。

尽管我们对海伦的生平知之甚少，甚至连他到底是哪个世纪的人都不敢肯定，但学者们却拥有大量关于海伦数学的资料。海伦的兴趣主要是在实践方面，而不是理论方面，他的许多著作都涉及了非常有用的实用科学，如机械学、工程学和测量学。他的这种侧重反映了希腊人与罗马人兴趣的截然不同。例如，海伦在其《测量仪器》（Dioptra）一书中介绍了挖掘穿山隧道及计算泉水流量的方法。在另一部著作中，他回答了一些日常生活中的问题，例如“为什么用膝盖在一根木棍的中间用力顶，木棍会更容易折断?”或者“为什么人们用钳子而不用手拔牙?”

然而，我们感兴趣的是他关于三角形面积的命题。这一命题像海伦的其他许多论题一样，明显地带有实用性，但他对这一命题的证明却是一篇出色的几何抽象推理。这条命题是海伦《度量论》（Metrica）一书中的命题 I. 8，这一重要著作的发现还有一段有趣的历史。数学家们早就知道有这样一部论著存在，因为评注家欧托休斯早在公元 6 世纪时就曾提到过这部著作，但人们却找不到丝毫它存在的线索。它就像恐龙一般神秘地消失了。到了 1894 年，数学史家保罗·坦纳利在一个 13 世纪巴黎人的手稿中偶然发现了这部著作的片段。更幸运的是，两年后，R. 舍内在君士坦丁堡发现了这部著作的全部手稿。这样，现代人才有幸目睹《度量论》一书的全貌。

伟大的定理：海伦的三角形面积公式

如标题所述，海伦的公式涉及三角形的面积。这个问题似乎完全没必要去探讨，因为众所周知，三角形面积的标准公式十分简单——面积 $=\frac{1}{2}$(底)×(高)，它的用法都微不足道。但是，如果用这个公式去求图5-3中三角形的面积就无从下手了，因为我们还不知三角形的高。

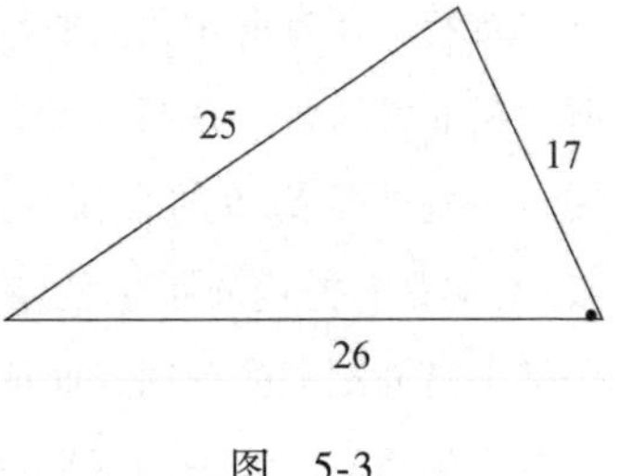

图　5-3

首先，应当指出，已知一个三角形的3条边，则其面积一定是确定的。这可以直接从“边边边”全等定理（欧几里得，命题1.8）中推导出来，因为我们知道，其他任何边长等于（例如）17、25和26的三角形，一定与图5-3中的三角形全等，因此，其面积也完全相等。所以，如果知道了三角形的3条边，我们也就知道一定有一个，并且只有一个面积值。

但是，如何确定这一面积值呢？不论是在今天还是在2000年前，最简便的方法都是应用海伦的公式，其公式用现代符号表示，就是：

如果 K 是边长等于 a、b、c 的三角形的面积，那么，

$$K=\sqrt{s(s-a)(s-b)(s-c)}$$

这里 $s=\frac{1}{2}(a+b+c)$ 是三角形的所谓“半周长”。

在图5-3中，$s=\frac{1}{2}(17+25+26)=34$，因此，

$$K=\sqrt{34(34-17)(34-25)(34-26)}=\sqrt{41\,616}=204$$

注意，在应用海伦的公式时，只要知道三角形的3条边就足够了，我们无须再求出三角形的高。

这是一个非常奇特的公式，乍看之下，人们会觉得是不是印刷有误。公式中出现的平方根和半周长似乎非常奇怪，而且这个公式完全没有直觉魅力。然而，作为一个伟大的定理，引起我们注意的不仅有它的奇特，还有海伦为此所作的证明。他的证明既非常曲折，令人惊叹，又非常巧妙。在某种意义上说，他的证明是很初等的，因为他只用了一些非常简单的平面几何要素——也就是说，只用了一些“元素”。但是，海伦展示了他精湛的几何技巧，将这些元素组合成一个非常丰富而漂亮的证明，而证明的结尾部分堪称数学领域中最令人叹为观止的结论。海伦的证明就像阿加莎·克里斯蒂的侦探小说一样，读者一直读到最后几行可能还弄不清问题如何解决。但我们不必着急，因为他最后的几步推理，会将这一系列线索推向美妙的高潮。

在介绍这一证明之前，我们有必要先介绍一些海伦的论证所依据的初步命题。前两个初步命题出自欧几里得的《几何原本》。

【命题1】 三角形的3条角平分线交于一点，这个交点是三角形内切圆的圆心。

这一命题出自欧几里得《几何原本》的命题Ⅳ.4。三角形3条角平分线的交点（即三角形内切圆的圆心）恰如其分地叫做内心。

【命题2】 一个直角三角形，如果从直角顶点向底作垂线，则垂线两边的三角形分别与原三角形相似，且它们两个彼此相似。

读者可能会发现，这一命题出自《几何原本》的命题Ⅵ.8，我们在第3章中曾讨论过。

下面这条定理虽然也非常著名，但没有编入欧几里得的《几何原本》。为了完整呈现，我们同时附加了定理的简单证明。

【命题3】在直角三角形中，斜边的中点与3个角的顶点之间的距离都相等。

【证明】首先设直角三角形 BAC（图5-4），平分 AB 边于 D，作 DM 垂直于 AB。连接 MA。我们说，$\triangle MAD$ 与 $\triangle MBD$ 全等，因为 $\overline{AD}=\overline{BD}$，$\angle ADM=\angle BDM$，而且当然，$\overline{DM}=\overline{DM}$。因此，根据“边角边”全等定理，$\overline{MA}=\overline{MB}$，且 $\angle MAD=\angle MBD$。由于我们最初作的是直角三角形，因此，

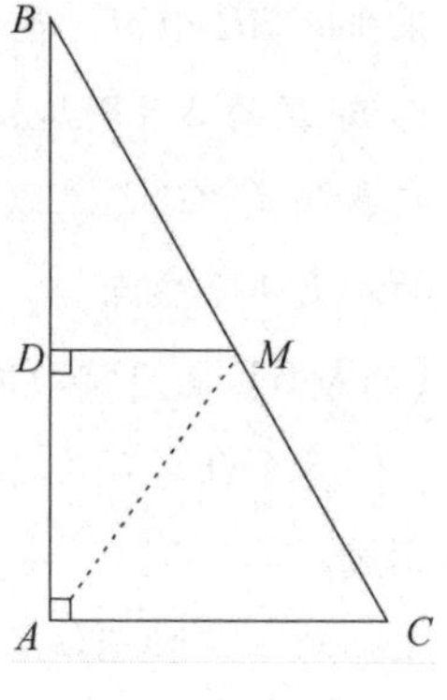

图　5-4

$$\begin{aligned}\angle ACM &= 1\text{个直角}-\angle MBD\\ &= 1\text{个直角}-\angle MAD=\angle MAC\end{aligned}$$

所以，$\triangle MAC$ 是等腰三角形，因而，$\overline{MC}=\overline{MA}$。因为线段 MA、MB 和 MC 都相等，所以，我们断定，斜边的中点 M 与直角三角形3个角的顶点距离相等。

证毕

我们最后将要介绍的两个初步命题涉及圆内接四边形。

【命题4】已知 $AHBO$ 是一个四边形，作对角线 AB 和 OH，如果 $\angle HAB$ 与 $\angle HOB$ 都是直角（如图5-5所示），则可以过四个顶点 A、O、B 和 H 作一个圆。

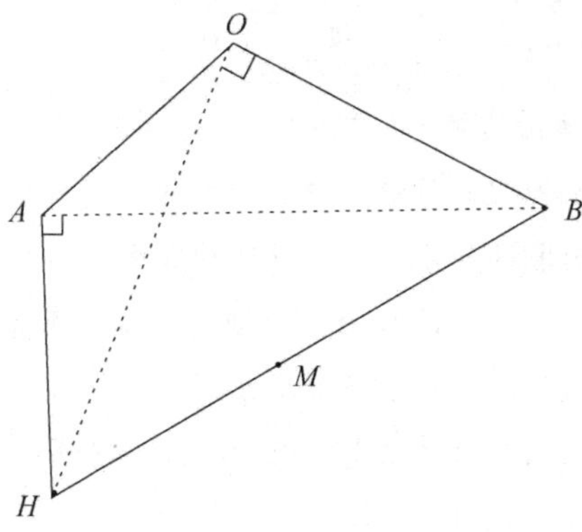

图　5-5

【证明】这是根据上一个命题直接推导出来的一个更具体的命题。如果平分 BH 于 M，我们就会注意到，M 是直角三角形 BAH 与直角三角形 BOH 的公共斜边上的中点。所以，M 与 A、O、B 和 H 各点之间的距离相等，因而，以 M 为圆心，以 $\overline{MH}$ 为半径的圆，一定会过四边形的所有 4 个顶点。 **证毕**

【命题5】圆内接四边形的对角和等于两个直角和。

这个命题出自《几何原本》的命题Ⅲ.22，其证明在第 3 章介绍过。

对于一般三角形面积的证明，这 5 个命题所组成的工具箱看上去可能有些奇特，甚至有点风马牛不相及的感觉。但是，它们的确就是海伦所需要的，当然，海伦在证明这个现在以他的名字命名的公式时施展了不少的才华。

【定理】已知一个三角形，其三边长分别为 a、b 和 c，面积为 K，则 $K=\sqrt{s(s-a)(s-b)(s-c)}$，其中 $s=\frac{1}{2}(a+b+c)$ 是三角形的半周长。

【证明】设有任意三角形 ABC，其 AB 边的长度至少不小于其他两条边的长度。为了使海伦的论证清晰易懂，我们将他的证明分成三大部分。

第 A 部分 海伦的第一步就令人非常震惊，因为他首先作了一个三角形的内切圆。他用三角形的内心作为确定其面积的关键因素，大大出人预料，因为圆的性质与三角形这种直线图形的面积没有直观联系。尽管如此，我们还是设 O 为内切圆的圆心，用 r 表示半径，我们看到，$\overline{OD}=\overline{OE}=\overline{OF}=r$，如图 5-6 所示。

现在，我们应用简单的三角形面积公式，得到：

$$\text{面积}(\triangle AOB)=\frac{1}{2}(\text{底})\times(\text{高})=\frac{1}{2}(\overline{AB})\times\overline{OD}=\frac{1}{2}cr$$

$$\text{面积}(\triangle BOC)=\frac{1}{2}(\text{底})\times(\text{高})=\frac{1}{2}(\overline{BC})\times\overline{OE}=\frac{1}{2}ar$$

$$\text{面积}(\triangle COA)=\frac{1}{2}(\text{底})\times(\text{高})=\frac{1}{2}(\overline{AC})\times\overline{OF}=\frac{1}{2}br$$

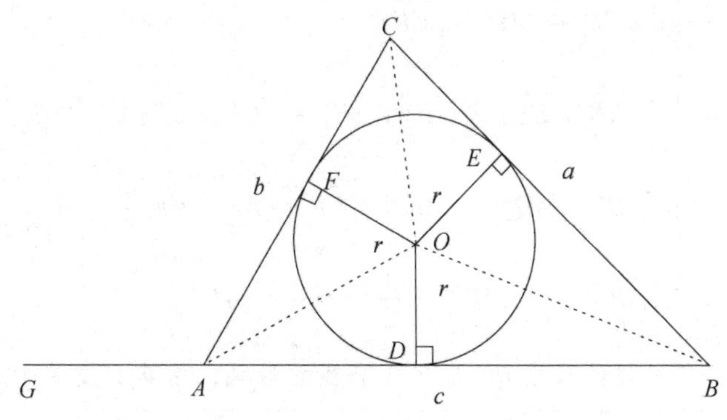

图 5-6

所以，K = 面积($\triangle ABC$) = 面积($\triangle AOB$) + 面积($\triangle BOC$) + 面积($\triangle COA$)，或者，

$$K=\frac{1}{2}cr+\frac{1}{2}ar+\frac{1}{2}br=r\left(\frac{a+b+c}{2}\right)=rs$$

我们看到，海伦在三角形的面积 K 与其半周长 s 之间建立了联系。这表明我们正沿着正确的方向前进，但后面还有许多事情要做。

第B部分 我们继续参照图5-6，并回想一下第一个初步命题，即利用三角形3个角的平分线作内切圆。因此，$\triangle ABC$ 可以分解为3对全等三角形，即

$$\triangle AOD\cong\triangle AOF,\ \triangle BOD\cong\triangle BOE,\ \text{和}\ \triangle COE\cong\triangle COF,$$

这3对全等三角形都是根据“角角边”全等定理确定的（欧几里得，命题I.26）。然后，对于每对全等三角形，我们得到

$$\overline{AD}=\overline{AF},\quad \overline{BD}=\overline{BE},\quad \overline{CE}=\overline{CF}$$

同时 $\angle AOD=\angle AOF$，$\angle BOD=\angle BOE$，$\angle COE=\angle COF$

现在，海伦延长三角形的底边 AB 到 G，并使$\overline{AG}=\overline{CE}$。然后，他推断

$$\overline{BG}=\overline{BD}+\overline{AD}+\overline{AG}=\overline{BD}+\overline{AD}+\overline{CE}\quad \text{根据作图}$$

$$=\frac{1}{2}(2\,\overline{BD}+2\,\overline{AD}+2\,\overline{CE})$$

$$=\frac{1}{2}[(\overline{BD}+\overline{BE})+(\overline{AD}+\overline{AF})+(\overline{CE}+\overline{CF})]\quad \text{根据全等}$$

$$=\frac{1}{2}[(\overline{BD}+\overline{AD})+(\overline{BE}+\overline{CE})+(\overline{AF}+\overline{CF})]$$

$$=\frac{1}{2}[\overline{AB}+\overline{BC}+\overline{AC}]=\frac{1}{2}(c+a+b)=s$$

因此，海伦所作的线段 BG 虽然是直线的形式，但其长度等于三角形的半周长。显然，海伦是想得到成为一条直线的半周长。

已知$\overline{BG}=s$，据此，我们可以很容易地得出

$$s-c=\overline{BG}-\overline{AB}=\overline{AG}$$

$$s-b=\overline{BG}-\overline{AC}$$

$$=(\overline{BD}+\overline{AD}+\overline{AG})-(\overline{AF}+\overline{CF})$$

$$=(\overline{BD}+\overline{AD}+\overline{CE})-(\overline{AD}+\overline{CE})=\overline{BD}$$

因为$\overline{AD}=\overline{AF}$，$\overline{AG}=\overline{CE}=\overline{CF}$。同样，

$$s-a=\overline{BG}-\overline{BC}$$

$$=(\overline{BD}+\overline{AD}+\overline{AG})-(\overline{BE}+\overline{CE})$$

$$=(\overline{BD}+\overline{AD}+\overline{CE})-(\overline{BD}+\overline{CE})=\overline{AD}$$

因为$\overline{BD}=\overline{BE}$，$\overline{AG}=\overline{CE}$。

总之，半周长 s 与 $s-a$、$s-b$ 和 $s-c$ 三个量都成为图中的某个线段。这样就能看出一些眉目了，因为这些量都是我们所求证公式的组成部分。海伦最后需要做的工作就是把这些“零件”组合成一个完整的证明。

第C部分　我们首先看到的仍然是$\triangle ABC$及其内切圆，但现在需要一个延伸图，以说明海伦的推理过程（图5-7）。他先作OL垂直于OB，并交AB于K，然后作AM垂直于AB，交OL于H，最后，连接BH。

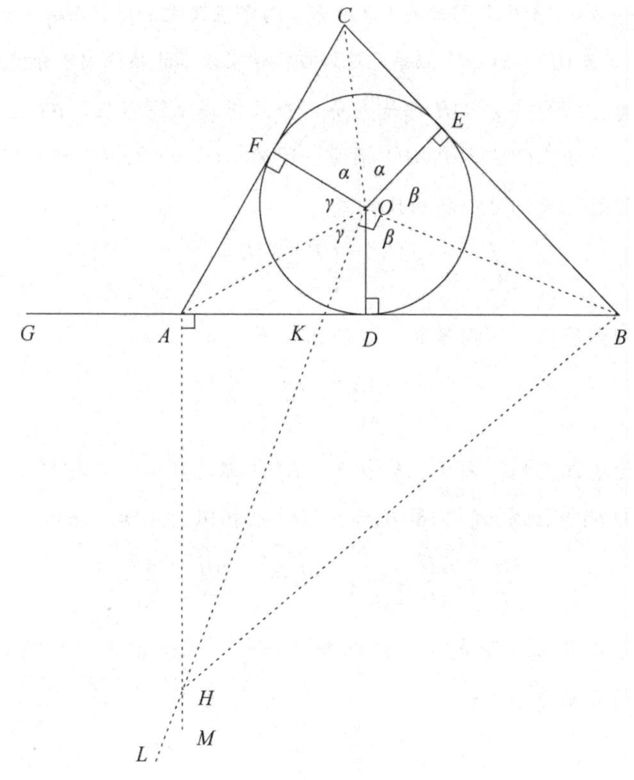

图　5-7

由此形成的四边形$AHBO$看起来很熟悉。根据命题4，它实际上是一个圆内接四边形，而且，根据命题5，我们知道，四边形的对角和等于两个直角。即，

$$\angle AHB + \angle AOB = 2\text{个直角之和}$$

现在，我们来看围绕内心 O 的各角。根据第二部分得到的全等，这些角可以分解为3对相等角，所以，

$$2\alpha + 2\beta + 2\gamma = \text{四个直角之和} \qquad \text{或等价地}$$

$$\alpha + \beta + \gamma = \text{两个直角之和}$$

但是，$\beta + \gamma = \angle AOB$，因此 $\alpha + \angle AOB =$ 两个直角之和 $= \angle AHB + \angle AOB$。所以，$\alpha = \angle AHB$，这一点似乎无足轻重，但在以下的推论中十分重要。

因为 $\angle CFO$ 与 $\angle BAH$ 都是直角，并且根据上述推理，$\alpha = \angle AHB$，所以海伦推断 $\triangle COF$ 与 $\triangle BHA$ **相似**。因为，$\overline{CF} = \overline{AG}$，$\overline{OF} = r$，再根据这一相似性，我们可以推出比例式

$$\frac{\overline{AB}}{\overline{AH}} = \frac{\overline{CF}}{\overline{OF}} = \frac{\overline{AG}}{r}$$

这一比例式等价于下列等式，我们称之为（∗）。

$$\frac{\overline{AB}}{\overline{AG}} = \frac{\overline{AH}}{r}\text{。} \qquad (*)$$

海伦还注意到，由于 $\angle KAH$ 与 $\angle KDO$ 都是直角，且对顶角 $\angle AKH$ 与 $\angle DKO$ 相等，因而，$\triangle KAH$ 与 $\triangle KDO$ 也相似，并据此得出：

$$\frac{\overline{AH}}{\overline{AK}} = \frac{\overline{OD}}{\overline{KD}} = \frac{r}{\overline{KD}} \quad \text{因而} \quad \frac{\overline{AH}}{r} = \frac{\overline{AK}}{\overline{KD}}$$

将这一等式与上述等式（∗）结合在一起，就得出了一个重要的等式，我们称之为（∗∗）。

$$\frac{\overline{AB}}{\overline{AG}} = \frac{\overline{AK}}{\overline{KD}} \qquad (**)$$

至此，读者难免会对这位数学家在这些无休无止的相似三角形中漫无目的地遨游感到不解。这种感觉还会继续，因为海伦在下一步又证明出了另外一对相似三角形。

海伦注意到，在 $\triangle BOK$ 中，其高 $\overline{OD} = r$。根据初步命题2，我们知道，$\triangle KDO$ 与 $\triangle ODB$ 相似，因此，

$$\frac{\overline{KD}}{r}=\frac{r}{\overline{BD}}\text{或者简化为}(\overline{KD})(\overline{BD})=r^2 \qquad (***)$$

（希腊人会说，r 是$\overline{KD}$与$\overline{BD}$这两个量之间的“比例中项”。）

现在，海伦在等式（**）的两边分别加1，得

$$\frac{\overline{AB}}{\overline{AG}}+1=\frac{\overline{AK}}{\overline{KD}}+1$$

化为公分母，成为

$$\frac{\overline{AB}+\overline{AG}}{\overline{AG}}=\frac{\overline{AK}+\overline{KD}}{\overline{KD}} \quad \text{或简化为} \quad \frac{\overline{BG}}{\overline{AG}}=\frac{\overline{AD}}{\overline{KD}}$$

在这最后一个等式的左边乘以分数$\overline{BG}/\overline{BG}$，右边乘以$\overline{BD}/\overline{BD}$，等式当然依然成立，得

$$\frac{(\overline{BG})(\overline{BG})}{(\overline{AG})(\overline{BG})}=\frac{(\overline{AD})(\overline{BD})}{(\overline{KD})(\overline{BD})} \quad \text{因此}$$

$$\frac{(\overline{BG})^2}{(\overline{AG})(\overline{BG})}=\frac{(\overline{AD})(\overline{BD})}{r^2} \quad \text{根据}(***)$$

交叉相乘，得

$$r^2(\overline{BG})^2=(\overline{AG})(\overline{BG})(\overline{AD})(\overline{BD})$$

最后，海伦将这大量“零件”组合起来，迅速而精彩地达成他所求证的结论。稍加注意，我们便可识别出，这最后一个等式的各项恰恰是第二部分已经推导出的线段。将第二部分的结果代入，便得到

$$r^2s^2=(s-c)(s)(s-a)(s-b)=s(s-a)(s-b)(s-c)$$

因此 $rs=\sqrt{s(s-a)(s-b)(s-c)}$

让我们再回忆一下第一部分的结论，如果 K 代表我们的三角形面积，则 $rs=K$。因此，最后代入上列等式，就得到了海伦的公式：

$$K=\sqrt{s(s-a)(s-b)(s-c)}$$

证毕

这样，我们便利用初等几何完成了一个最巧妙的证明。在证明过

程中，他看似在出乎意料地、随意地漫游，实际上却始终朝着预定目标前进。这无疑是我们迄今为止所见过的最曲折的证明。很难想象，海伦的大脑得转得多快才能得出这样一个迂回曲折、令人惊叹的证明。联想到他常常被人们称为“希罗”（Hero）的这个名字，我们不由得要将他的这番表现冠以真正的“英雄行为”。

后记

关于这一著名公式，历史学家发现了一个离奇的事实。在一部写于海伦死后几百年的古阿拉伯手稿中，伊斯兰学者阿布・赖汉・穆罕默德・比鲁尼认为，这一公式的发现不应归功于海伦，而应归功于杰出的阿基米德。我们虽然没有阿基米德的论文来支持这种观点，但想想他那非凡的智慧，发现这个定理对他而言，肯定也不在话下。

但另一方面，抛开历史的本来面目不谈，出于情感原因，我们不妨还是让海伦享有这一殊荣。如果将这个定理归功于阿基米德，而不是海伦，似乎对前者过于慷慨，而对后者又过于残酷，因为阿基米德的名声在古代数学家中已经无与伦比，而海伦的名声在很大程度上却依赖于这个定理。

众所周知，海伦的公式有其各种实用价值。对于一块三角形的地，测量员只要知道三条边的长度，就很容易计算出这块地的面积。对于四边形或其他多边形的地，也不难将其分解成三角形的组合，进而求出面积。并且，利用海伦的公式，还能够推导出一个我们早已熟悉的定理，下面我们就来看一看。

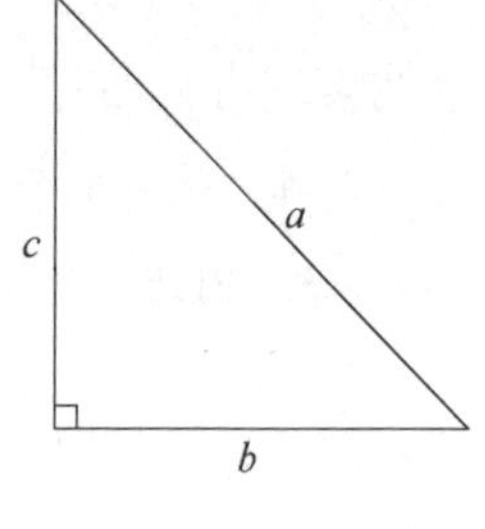

图 5-8

假设有一个直角三角形，其斜边长度为 a，两个直角边分别为 b 和 c，如图 5-8 所示。因而，其半周长为

$$s=\frac{a+b+c}{2}$$

我们发现

$$s-a=\frac{a+b+c}{2}-a=\frac{a+b+c}{2}-\frac{2a}{2}=\frac{-a+b+c}{2}$$

类似地

$$s-b=\frac{a-b+c}{2}\quad 和 \quad s-c=\frac{a+b-c}{2}$$

代数运算进一步证明

$$\begin{aligned}&(a+b+c)(-a+b+c)(a-b+c)(a+b-c)\\&=[(b+c)+a][(b+c)-a][a-(b-c)][a+(b-c)]\\&=[(b+c)^2-a^2][a^2-(b-c)^2]\\&=a^2(b+c)^2-(b+c)^2(b-c)^2-a^4+a^2(b-c)^2\end{aligned}$$

简化为 $2a^2b^2+2a^2c^2+2b^2c^2-(a^4+b^4+c^4)$。

现在，我们再回到海伦的公式，就得到三角形的面积为

$$\begin{aligned}K&=\sqrt{s(s-a)(s-b)(s-c)}\\&=\sqrt{\left(\frac{a+b+c}{2}\right)\left(\frac{-a+b+c}{2}\right)\left(\frac{a-b+c}{2}\right)\left(\frac{a+b-c}{2}\right)}\\&=\sqrt{\frac{2a^2b^2+2a^2c^2+2b^2c^2-(a^4+b^4+c^4)}{16}}\end{aligned}$$

另一方面，上述三角形的面积还有一种简单的表达式，即

$$K=\frac{1}{2}(底)\times(高)=\frac{1}{2}bc$$

令这两个关于 K 的表达式相等，并将方程式两边分别平方，得

$$\frac{b^2c^2}{4}=\frac{2a^2b^2+2a^2c^2+2b^2c^2-(a^4+b^4+c^4)}{16}$$

然后，交叉相乘，得到

$$4b^2c^2=2a^2b^2+2a^2c^2+2b^2c^2-(a^4+b^4+c^4)$$

现在，把所有各项都移到方程左边，并合并同类项，得

$$(b^4+2b^2c^2+c^4)-2a^2b^2-2a^2c^2+a^4=0 \quad \text{或简化为}$$

$$(b^2+c^2)^2-2a^2(b^2+c^2)+a^4=0 \quad \text{或再简化为}$$

$$[(b^2+c^2)-a^2]^2=0$$

从这一长串演算中，最后，我们可以得出 $(b^2+c^2)-a^2=0$，移项后便得到我们熟悉的公式 $a^2=b^2+c^2$。这样，海伦的公式就为我们提供了毕达哥拉斯定理的另一个证明。当然，这个证明极其复杂，很像从波士顿绕道斯波坎再到纽约，完全没有必要。尽管如此，能够从海伦的古怪公式中发现对毕达哥拉斯定理的证明，虽然有点太绕，但毕竟值得注意。

欧几里得、阿基米德、厄拉多塞、阿波罗尼奥斯、海伦以及其他许多数学家都与亚历山大学派有关，这一缔造科学成就的中心，在古希腊罗马时代历久不衰。但是，既然连罗马帝国也不是永恒的，亚历山大学派亦同样如此。

亚历山大图书馆从公元前约 300 年的诞生之日起，就一直很活跃，直到公元 529 年被基督徒关闭（他们嫌恶图书馆收藏大量异教书籍）。公元 641 年，阿拉伯人最终将它付之一炬。虽然许多文献幸免于难，但古典文明几乎遭受了万劫不复的打击。其他古代遗迹，例如奇阿普斯（胡夫）的大金字塔、耶路撒冷的大卫庙和图书馆附近的法罗斯岛灯塔，也有类似的命运。今天的考古学家面对这种知识与美的永久毁灭，只能再三叹息。

数学活动从此结束了以亚历山大为中心的历史。从公元 641 年起，在以后的许多世纪中，阿拉伯数学家充当了古典数学的保护人，而他们本身也是数学的创新者。伊斯兰帝国的故事当然应从穆罕默德（公元 570—632）开始，他最初默默无闻，继而又成为世界史中的重要人物。在穆罕默德死于麦地那之后 150 年，他所创立的宗教已从

印度穿过波斯湾和中东，横跨北非，一直扩展到西班牙南部。伊斯兰学者在四处扩张的过程中，也如饥似渴地从他们接触到的许多文明中汲取知识。

印度数学就是其中的一个，所谓“印度-阿拉伯”数系就是这么来的。这一数系远比罗马数系更先进，在它的挤对下，罗马数字只剩下表盘、版权日期和超级碗橄榄球赛这几个地盘。即使阿拉伯人再没有做其他任何事情，人们也会永志不忘他们传播这一最有用数系的历史功绩。

当然，他们还有其他许多贡献。早在9世纪初叶，阿拉伯人便开始翻译希腊名著，并对这些著作做了有益的评注。他们于公元800年翻译了《几何原本》，几十年后，又翻译了托勒密的名著《天文学大成》(Syntaxis Mathematica)。这后一部著作写于约公元150年，是古希腊罗马时代天文学论著的集大成者。它模仿欧几里得的《几何原本》，也是由13卷组成，包括论述日月食、太阳、行星和恒星的篇章，以及我们在第4章后记中所说到过的“弦值表”。托勒密还详细阐明了他的太阳系模式，这是一个以地球为中心的模式，这一地心学说，在波兰思想家哥白尼出现之前的1400年间，一直符合当时的科学与人类自尊的需要。阿拉伯人高度评价托勒密的著作，称其为“Al magiste”(阿拉伯语，“最伟大”的意思)，因此我们今天称这部巨著为“大成”(Almagest)。

后来，一位伟大的学者塔比特·伊本·戈拉（826—901）精译了阿基米德和阿波罗尼奥斯的著作，同时也提供了非常忠实于原文的《几何原本》译本。当时，阿拉伯学术中心位于今天伊拉克的巴格达市，那里建有“智慧宫”，是进行学术活动的重地，其成员不乏天文学家、数学家和翻译家。数学界的中心以前在柏拉图学院和亚历山大图书馆，现在转移到巴格达，而且，巴格达的中心地位还保持了很长一段时间。

在最重要的阿拉伯数学家中，有一位名叫穆罕默德·伊本·穆萨·胡瓦里兹米（约公元825年），他借鉴东西方的数学成就——包括印度数学家婆罗摩笈多和前文所述的诸位古希腊数学家，写出了一篇非常有影响的论代数和算术的论文。在这篇论文中，胡瓦里兹米不仅阐明了线性方程（一次方程）的解法，还阐明了曲线方程（二次方程）的解法。他得出，对于二次方程 $ax^2+bx+c=0$ 来说，其解为

$$x=\frac{-b\pm\sqrt{b^2-4ac}}{2a}$$

但是，胡瓦里兹米完全是用文字，而不是用现今的简明的代数符号来表达他的公式。然而，虽说他没有发明代数符号，但至少可以说，他间接地给这套符号取了名字。胡瓦里兹米的那篇重要论文题为“Hisâb al-jabr w'al muqâbalah”。400年后，这篇论文被翻译成拉丁文，题目变为“Ludus algebrae et almucgrabalaeque”，最后，简称为“algebra”（代数）。

关于阿拉伯数学家的杰出贡献，始终存有争议。一方面，他们虽然在研究诸如欧几里得和阿基米德这些巨人的著作，但始终未能复制出属于他们自己的辉煌。在阿拉伯数学家的著作中，我们找不到那种数学知识的巨大飞跃，而这乃是古希腊数学家历代相传的特点。特别是，阿拉伯数学家根本不认为“证明”是其数学的核心，在这个意义上，他们的数学酷似近东的希腊前文明。由于阿拉伯数学家不大重视将其成果归纳为一般原则，因而，本书中没有阿拉伯数学家的伟大定理。

但另一方面，阿拉伯数学家确曾普及了非常有用的数系，并对解各次方程问题作出了重大贡献。此外，用霍华德·伊夫斯的话说，在欧洲沉睡的几百年间，他们充当了“大量世界智力财富的监管人。”

如果没有这种伟大的服务，我们的许多古典文化知识，特别是古典数学知识，就有可能永远湮没无闻。

终于，阿拉伯人交出了他们对欧几里得和阿基米德知识的监管权，这些知识成果又逐渐返回了欧洲。当然，促成这一权力交接的一个主要的动力，是从 11 世纪末到 13 世纪中叶十字军的一系列远征，在这些远征中，比较落后的西方基督教徒遭遇了比较先进的东方阿拉伯人。欧洲人虽然没能从穆斯林手中夺取圣地，但都大开眼界，认识了敌方的高水平学识。

也许，更重要的是基督教徒对西班牙和西西里地区摩尔人的征服。1085 年，西班牙大城市托莱多陷落于基督教徒之手，几年后，西西里也被欧洲人征服。欧洲人在进入这些被占领的土地后，发现了落败的阿拉伯人的书籍和文献。欧洲人进入了一个以往难以想象的知识王国，闲暇时钻研一番，他们不仅领略了伊斯兰敌手的学识，而且也发现了自己祖先的学术成就。影响是巨大的。

看看意大利不断涌现的大学，就能感受到这些经典（柏拉图和亚里士多德的著作，当然还有欧几里得的著作）的巨大影响。1088 年第一所大学在博洛尼亚开办，随后更多大学又相继出现在帕多瓦、那不勒斯、米兰和其他地方。此后一二百年，知识的浪潮席卷了意大利，将它从中世纪的深渊带向了我们今天所称的文艺复兴的高峰。

正是在 16 世纪的意大利，得益于阿拉伯人对古典文化的传播，觉醒后的意大利学者凭借自己的智慧，为我们带来了下一个伟大定理：三次方程解，这是米兰的杰罗拉莫·卡尔达诺一段奇异而令人难以置信的发现之旅。

第6章

Journey Through Genius

卡尔达诺与三次方程解

（1545年）

霍拉肖代数的故事

毫无疑问，15 世纪的最后几十年标志着欧洲的知识大爆炸。西方文明显然已从中世纪的沉睡中觉醒。1450 年，约翰内斯·谷登堡发明了活字印刷术，从此，书籍的流通程度大大超过了以往。博洛尼亚、巴黎、牛津和其他地方的大学成为高等教育和学术活动的中心。此时的意大利，拉斐尔和米开朗基罗正要开创他们非凡的艺术事业，而他们的前辈列奥纳多·达·芬奇则正在诠释文艺复兴杰出代表的含义。

不仅仅是知识王国的疆域在扩展。1492 年，热那亚人克里斯托弗·哥伦布发现了大西洋彼岸的新世界。对美洲大陆的发现有力地证明了，当代文明的认知能力是能够超越辉煌的古希腊文明的。在 15 世纪结束时，欧洲无疑正在酝酿着巨大的变革。

数学也是如此。1494 年，意大利数学家卢卡·帕乔利（约 1445—1509）撰写了一部题为《数学大全》（Summa de Arithmetica）的书。在这部著作中，帕乔利讨论了他那个时代的标准数学，并重点讨论了一次方程和二次方程的解法。有趣的是，他在方程中用字母 *co* 表示未知量，无意中创造了原始的符号代数。*co* 是意大利语 *cosa*（意为“事物”）一词的缩写，即求解的事物。虽然100多年以后，代数才有了我们今天这样的符号系统，但《数学大全》却早早地朝着这个方向迈出了一步。

然而，帕乔利对三次方程（即一种形式为 $ax^3+bx^2+cx+d=0$ 的方程）的认识却是极其悲观的。他不知道如何求解一般的三次方程，并认为就当时的数学发展来看，求解三次方程，犹如化圆为方一样，是根本不可能的。这种观点，实际上是对意大利数学界的一个挑战，并引出了关于下一个伟大定理的非凡故事，即16世纪意大利代数学家和他们求解三次方程的故事。

故事是从博洛尼亚大学的希皮奥内·德尔·费罗（1465—1526）开始的。天才的费罗接受了帕乔利的挑战，他发现了一个解所谓“缺项三次方程”的公式。缺项三次方程，就是一个没有二次项的三次方程，其形式为 $ax^3+cx+d=0$。通常，我们习惯于用 a 去除方程的各项，并将常数项移到方程的右边，这样，我们就可以将这一缺项三次方程转变为其标准形式

$$x^3+mx=n$$

文艺复兴时期的意大利人称这一方程为“立方加未知量等于常数”，原因是显而易见的。虽然费罗只掌握了这种特殊形式的三次方程，但他对代数的推进却意义深远。人们或许会以为他将广泛传播自己的成就，但实际上，他却完全不动声色。他对三次方程的解法绝对保密！

这种做法在“不发表就发霉”的今天，简直不可思议。若要理解费罗这种奇怪的做法，我们还必须考虑到文艺复兴时期大学的特性。那时，大学里的学术职位没有安全感可言。除了保护人的庇护和政治方面的影响外，能否继续任职还取决于能否在任何时间战胜来自任何一方的公开质疑。因而，像费罗这样的数学家就必须随时准备与人进行学术战斗，而公然蒙羞对于一个人的事业来说，可能是灾难性的。

因此，一项重要的新发现就是一种强大有力的武器。如果有一个对手提出一系列求解的问题，费罗就可以用一系列缺项三次方程反过来对付他。即使费罗被他对手的某些问题难住了，他也完全有理由相信，只有他一人掌握的三次方程注定了他那倒霉的对手必然会失败。

希皮奥内对他的三次方程解法终生保密，直到弥留之际才将它传给了他的学生安东尼奥·菲奥尔（约1506—?）。虽然菲奥尔的才华比不上他的老师，但他利器在握，不禁心高气傲，于1535年向布雷西亚的著名学者尼科洛·丰塔纳（1499—1557）提出了挑战。

童年时期一次不幸的灾难伴随了丰塔纳一生。1512年，法国人攻打他的家乡时，一名士兵手持利剑，在年幼的尼科洛脸上凶残地砍了一刀。据传说，这孩子能够活下来，完全是因为一条狗经常舔他脸上可怕的伤口。虽然狗的唾液挽救了他的性命，但却无法挽救他说话的能力。尼科洛·丰塔纳面目全非，甚至再也不能清晰说话。于是，塔尔塔利亚（意为“结巴”）便成了他的绰号，而他正是凭借这一残忍的绰号于今天著称。

虽然身患残疾，但塔尔塔利亚却是一位天才数学家。实际上，他自称能够解出 $x^3+mx=n$ 形式的三次方程，即没有一次项的三次方程，但菲奥尔怀疑他是否真的找到了这种解法。塔尔塔利亚收到菲奥尔的挑战之后，便给菲奥尔寄去30道包罗万象的数学问题。而菲奥尔则回敬他30道“缺项三次方程”，想让塔尔塔利亚不知所措。显然，菲奥尔是在孤注一掷，塔尔塔利亚究竟能得0分，还是30分，就取决于他是否发现了解三次方程的秘密。

毫不奇怪，塔尔塔利亚开始夜以继日地疯狂研究缺项三次方程。日子一天天过去，他越来越沮丧。眼看最后期限就要到了，最终，1535年2月13日夜，塔尔塔利亚发现了三次方程的解法。他的不懈努力终于得到了回报。他现在可以轻而易举地解出菲奥尔的所有问题，而他那位平庸的挑战者则令人担忧。塔尔塔利亚光荣地战胜了对手，在公众面前取得了辉煌的胜利。作为酬报，无能的菲奥尔应以丰盛的酒宴款待塔尔塔利亚 30 次，但塔尔塔利亚却以一种宽宏的姿态，解除了这一约定。与受到的无限羞辱相比，节省下的钱财对于菲奥尔来说实在是微不足道，于是，菲奥尔从此销声匿迹。

但是接着就出现了也许是整个数学史中最奇特的人物——米兰的杰罗拉莫·卡尔达诺（1501—1576）。卡尔达诺听说了有关这一挑战的故事后，就想进一步了解塔尔塔利亚这位三次方程大师精彩绝伦的技术。卡尔达诺大胆地要求塔尔塔利亚这位布雷西亚学者公开他的秘密，从此，故事发生了意想不到的重大转折。

在继续故事之前，我们先来看一看杰罗拉莫·卡尔达诺不平凡的一生。我们有幸在他于 1575 年所写的自传——《我的一生》中读到他第一人称的叙述。这本书充满了卡尔达诺的回忆、怨恨和迷信，还有大量奇闻轶事。就大多数的自传而言，这一本自传更易遭到人们的质疑，但我们从中却可以窥见他动荡不安的一生。

卡尔达诺首先追忆了他的祖先。在他的家谱中可能都包括教皇切莱斯廷四世的名字，还有他的一个远亲安焦洛。安焦洛在 80 岁高龄时

> 才得了几个儿子——小孩子们像他们父亲一样长命……他的长子活到了 70 岁，我听说这位长子的后代中有些成了伟人。

然后在《我的诞生》一章中，卡尔达诺写道“我听说，虽然用了各种堕胎药，但都无效”，他活下来了，严格地说，只是“从我母亲的子宫里拖出来了”。这种方式使他几乎夭折，用温酒洗浴才活了下来。卡尔达诺可能是一个私生子，这才能解释他的出世何以不受欢

迎，伴随而来的耻辱影响了他的一生。

由于先天不足，卡尔达诺终生饱受疾病的折磨就不足为奇了。在他的自传中，他坦率地描述了这些痛苦，常常刻画入微，甚至到了令人作呕的地步。他告诉我们，他患有严重的心悸病，胸腹部流出液体，还患有疝气和痔疮，以及一种“排尿过多”的疾病，每天排尿多达100盎司（约一加仑）。他惧怕登高和前往“据说疯狗出没过的地方”。他多年患有阳痿，直到临近结婚时才痊愈（无疑正是时候）。连续八个夜晚都难以入眠对于卡尔达诺来说算不了什么稀奇，这种时候，他只能“起床下地，绕着床转圈，一遍又一遍地数数，数到一千。”

偶尔不受这些疾病折磨时，卡尔达诺就自己折磨自己。他这样做是因为“我觉得快乐存在于剧痛之后的放松”，而且，当没有身体上的痛苦时，“精神上的痛苦就会击倒我，没有什么能比这种痛苦更强烈的了。”所以，

> 我想出了一个办法，用力咬我的嘴唇，拧我的手指，掐我左臂的细皮嫩肉，直到痛得流出眼泪为止。

卡尔达诺还说，这种自我折磨还算值得，因为一旦他停下来，就会觉得非常惬意。

然而，身体（和精神）上的疾患还不是他唯一的问题。卡尔达诺在帕多瓦大学以优异成绩完成他的医学学业之后，却不能获准在他的家乡米兰行医。究其原因，可能是因为他是人人皆知的私生子，也可能是因为他那讨厌而古怪的个性，但不论什么原因，在他一生的沉浮中这也算是一个低潮。

在米兰遭到拒绝后，卡尔达诺就转移到帕多瓦附近的一个小镇，即萨科，在乡间行医，那里不乏田园风光，但多少有些闭塞。在萨科

的一天夜里，他梦见了一位身穿白衣的漂亮女人。他很相信梦，因此，当有一天，他遇到了一个与他梦中所见完全一样的女人时，不免受到极大震撼。起初，穷困潦倒的卡尔达诺因为不能向她求爱而深感绝望：

> 如果我，一个穷人，娶一个女人，没有嫁妆，只有一大群弟妹需要供养，那我就完蛋了！我甚至连自己也养活不起！如果我试图诱拐她，或勾引她，周围又会有多少双眼睛在监视我！

但是，最终，他的爱赢得了婚姻。1531 年，他娶了梦中的女人卢西亚·班达里妮为妻。

这段小插曲表明了梦、吉兆和凶兆在卡尔达诺的一生中所起的突出作用。他是一位狂热的占星术士，一位护身符佩戴者，一位从雷雨中预卜未来的预言家。此外，他还常常感到守护神的存在，他在自传中写道：

> 据说守护神……常常对某些人特别垂青——苏格拉底、柏罗丁、辛纳修斯、戴奥、弗莱维厄斯·约瑟夫斯——我觉得也包括我自己。所有这些人，除了苏格拉底和我之外，一定都生活得非常幸福……

显然，他很乐意与他的守护神热烈交谈。20 世纪一位记述卡尔达诺的传记作家奥伊斯坦·奥尔说："面对这种事情，无怪他的一些同时代人会认为他精神不正常。"

他的另一个终生爱好是赌博。卡尔达诺经常沉湎于赌博，他常常能赢许多钱，贴补收入。他在自传中心怀悔悟地承认：

> ……我过度沉溺于轮盘赌和掷骰子，我知道，大家一定

> 都认为我应该受到极严厉的斥责。我染上这两种赌瘾有许多年了，不仅年年赌，而且（我羞愧地承认）是天天赌。

幸好，卡尔达诺将这一恶习提到了科学研究的高度。他为此撰写了《机会游戏之书》，于1663年（他死后87年）出版，这是第一部论及数学概率的重要著作。

就这样，杰罗拉莫·卡尔达诺从1526年至1532年一直生活在萨科，他在那里算命、赌博，并成了家。但是，不论是他的经济来源，还是他的自尊，都使他不能长期忍受小镇的环境。1532年，卡尔达诺携其妻子卢西亚与儿子詹巴蒂斯塔一道返回米兰，但他仍然被禁止行医，最后不得不依靠贫民院的救济过活。

最后，好运降到了他的头上。卡尔达诺开始讲授大众科学，这种讲演特别受有教养的人和贵族欢迎。他撰写了许多颇有影响力的论文，从医学、宗教到数学，论题极为广泛。特别是1536年，他发表了一篇论文，攻击意大利医生中的腐败和不称职现象。这篇文章无疑得罪了医学界，但却受到公众的欢迎，而医学界再也不能将卡尔达诺拒之门外。1539年，米兰医师协会勉强接收他为会员，不久，他就赢得了行业的最高声誉。到16世纪中叶，卡尔达诺也许都算得上是全欧洲最著名和最受欢迎的医生。他曾为教皇治过病，也曾越洋去苏格兰（这在当时是一个漫长而艰难的旅程）为圣安德鲁的大主教治病。

但是，好景不长，不久悲剧就接连发生。1546年，他的妻子去世了，年方31岁，留给卡尔达诺两个儿子、一个女儿。在这些子女中，长子詹巴蒂斯塔是卡尔达诺的希望与欢乐。这个孩子非常聪明，他在帕维亚大学获得了医学学位，看起来子承父业的前途一片光明。

但是，灾难像"疯女人"（卡尔达诺语）一般袭来。他写道，1557年12月20日晚，"正当我睡意蒙眬之际，床突然抖动起来，继而整个卧室都在震动。”第二天早上，卡尔达诺从询问中得知，全城没有任何其他人感觉到了夜里的震动。卡尔达诺认为这是一个非常不祥的先兆。他刚刚得出这个结论，仆人就带来一个意想不到的消息：詹巴蒂斯塔娶了一个“没有分文嫁妆，也没有任何优点”的女人为妻。

事实上，后来证明这确实是一桩不幸的婚姻。詹巴蒂斯塔的妻子生了 3 个孩子，她自称，没有一个是詹巴蒂斯塔的。她这种公然标榜的不贞，令詹巴蒂斯塔失去了理智。为了报复，他在给妻子的糕点里下了砒霜。砒霜果然有效，而詹巴蒂斯塔自己也以谋杀罪被捕。卡尔达诺凭借他的声望，使出了浑身解数，但一切都无济于事。他的爱子罪名成立，并于 1560 年 4 月初被推上了断头台。

“家门不幸，以此为甚。”极度悲痛的卡尔达诺写道。他心如死灰，失去了他的朋友、事业，甚至生活的热情。与此同时，他的另一个儿子阿尔多也成了罪犯，卡尔达诺的确是“不得不一次又一次地将他送进监狱”。令人心碎的事情似乎一件接着一件。

1562 年，他离开米兰这座记载着他的成功与不幸的城市，接受了博洛尼亚大学的一个医学教职。陪同他一起来的是他的孙子，詹巴蒂斯塔的儿子法齐奥。这位老人与这个孩子之间相亲相爱，这种挚爱的关系，使他享受到了他自己的子女未能给予他的天伦之乐。

但是，年幼的孙子和新城市也未能给他动荡的生活带来宁静。1570 年，卡尔达诺因异教邪说罪被捕入狱。当时，意大利教会对宗教改革运动的异端邪说采取了强硬的抵制态度，由于卡尔达诺曾为耶稣占星，并写了一本《尼禄颂》（In Praise of Nero），歌颂这位可恨的反基督教的罗马皇帝，教会当然大为不快。

监禁和羞辱使年迈的卡尔达诺名誉扫地，不过这也应该是他最后一次遭受这样的痛苦。多亏了一些有名望的朋友为他讲情，加上教会的宽恕，卡尔达诺不久即被释放出狱，他来到罗马，不知怎么竟得到了教皇颁发的养老金！所谓否极泰来，大概就是这样的了。卡尔达诺恢复名誉后，与他心爱的孙子手牵手，度过了他的晚年。他在自传中骄傲地写道，虽然他年事已高，但仍有“十四颗好牙和一颗有点儿松动的牙，但我想，这颗牙会存在很长时间，因为它还好用。”卡尔达诺在相对宁静的氛围里度过了他的晚年，并于1576年9月20日安详地死去，结束了他饱经沧桑的一生。

对于现代读者来说，卡尔达诺是一个自相矛盾但却依然十分迷人的人物。他的著述多得令人难以置信，累计达7000页，论述的主题也令人眼花缭乱，除了科学以外也不乏其他领域。然而，他虽然一只脚站在现代的理性世界，另一只脚却不偏不倚地站在中世纪迷信的非理性世界。就在他谢世一百年后，伟大的哲学家兼数学家戈特弗里德·威廉·莱布尼茨恰当地概括了他的一生：“卡尔达诺是一个有许多缺点的伟人，若没有这些缺点，他定会举世无双。”

我们现在再回到三次方程的问题，看看卡尔达诺对其作出的重大贡献。如前所述，1535年，布雷西亚的塔尔塔利亚发现了某类三次方程的解法，从而战胜了安东尼奥·菲奥尔。卡尔达诺对此极感兴趣，他一次又一次地写信给塔尔塔利亚，请求塔尔塔利亚告诉他三次方程的解法，当然，他一次又一次地遭到拒绝，因为塔尔塔利亚决心抓住这个好时机，写一部解三次方程的书。卡尔达诺起初非常生气，但最后还是好言好语地将塔尔塔利亚请到米兰作客。1539年3月25日，塔尔塔利亚向卡尔达诺公开了他解缺项三次方程的秘密，但他是用密码书写的。卡尔达诺为此庄严宣誓：

> 谨对着神圣的福音书，以君子的信义向你发誓，如果你把你的发现告诉我，我不仅绝不发表，而且还以我一个真正

基督教徒的忠诚，保证并发誓也用密码记录，这样，在我死后，就没有人能够读懂你的发现。

现在，这出大戏中的最后一个人物出现了。这就是年轻的卢多维科·费拉里（1522—1565），他敲开卡尔达诺的家门，请求给他提供一份工作。那天，卡尔达诺曾听到喜鹊不停地叫，知道是个吉兆，便急忙收下这个孩子为仆。小卢多维科很快显现出他的过人之处。他们的关系便迅速从主仆发展为师生，最后，在费拉里不到20岁的时候，他们之间又转变为伙伴关系。卡尔达诺将塔尔塔利亚的秘密告诉给了他这位聪明而年轻的弟子，两人共同努力，取得了惊人的进展。

例如，卡尔达诺发现了如何求解一般的三次方程

$$x^3 + bx^2 + cx + d = 0$$

其中，系数 b、c、d 可以是0，也可以不是0。但遗憾的是，卡尔达诺的研究成果是基于将一般的三次方程化为缺项三次方程的，这样就遇到了为塔尔塔利亚保守秘密的问题。与此同时，费拉里也成功地发现了解四次多项式方程的方法。这是代数上的一个重大发现，但它也是基于化四次方程为相关的三次方程的方法，同样也受制于卡尔达诺的誓言而不能发表。他们两人都作出了当时代数学中最伟大的发现，但却陷入了困境。

但是后来，1543年，卡尔达诺与费拉里一起来到博洛尼亚，他们仔细查看了希皮奥内·德尔·费罗的论文。而费罗对这整件事情的研究早在三十年前就已经开始了。他们在论文中看到了费罗亲手写的缺项三次方程的解法。它对卡尔达诺的暗示显而易见：他不必再受限制而不能发表这一解法了，因为这是费罗，而不是塔尔塔利亚发现的，他当然可以接受费罗的启示。急切的卡尔达诺根本顾不上费罗与塔尔塔利亚的解法其实完全相同。

1545年，卡尔达诺出版了他的数学杰作《大术》（Ars Magna，又译《大衍术》）。对于卡尔达诺来说，代数是一门“伟大的艺术”，而这部著作是对已知领域的一个惊人的突破。《大术》共有40章，开始几章只讨论了一些简单的代数问题，而在题为“论三次方加一次方等于常数”的第11章中，最终展现了三次方程的解式。值得一提的是，卡尔达诺为这关键的一章写了如下的序言：

> 博洛尼亚的希皮奥内·费罗在大约三十年前便已发现了这一规则，并将其传给了威尼斯的安东尼奥·马里亚·菲奥尔，而菲奥尔与布雷西亚的尼科洛·塔尔塔利亚的竞赛使尼科洛有机会发现了这一解法。后来，塔尔塔利亚应我的恳求，向我公开了他的发现，但保留了对这一解式的证明。在这一帮助下，我发现了（各种）形式的证明。这是极其困难的。

卡尔达诺在此赞誉了许多人，这种赞誉是公正的。除了塔尔塔利亚之外，每个人都感到满意。而塔尔塔利亚则相反，他对卡尔达诺的欺骗和背叛行为大为恼怒。在塔尔塔利亚看来，卡尔达诺违背了他以一个“真正基督教徒”的信仰而起誓的神圣誓言，他就是一个不折不扣的恶棍。塔尔塔利亚提笔问罪，但回答他的却不是卡尔达诺（他成功地凌驾于这场争斗之上），而是顽强忠诚的费拉里。费拉里以其脾气暴躁而著称（他曾在一次恶性争斗中失去了几个手指），他激烈地驳回了塔尔塔利亚的指责。一时间，在布雷西亚与米兰之间，火药味十足的信件飞来飞去。例如，在1547年的一封谩骂信中，费拉里斥责塔尔塔利亚是一个

> ……整天忙于……斤斤计较的人。如果要我报答你，我就给你肚里塞满草根和萝卜，让你一辈子再也吃不下别的东西。

（最后一句话是双关语，暗指在解三次方程问题中随处可见的数学根式。）

1548年8月10日，塔尔塔利亚与费拉里在米兰的一次公开论战使冲突达到高潮。塔尔塔利亚后来针对卡尔达诺的缺席借题发挥，说他“避免在论战中露面”是一种怯懦的表现。但是，这场论战是在费拉里的家门口进行的，最后以客座一方的失败而宣告结束。塔尔塔利亚把失败归咎于观众的喧闹和偏见，而费拉里则当然把成功归功于他自己的过人智力。不管怎么说，塔尔塔利亚败下阵去，而费拉里则大获全胜。数学史家霍华德·伊夫斯注意到观众的敌意和费拉里暴躁鲁莽的名声，他说，塔尔塔利亚能够活着逃回去，还算是他的造化。

那么，这些就是围绕着三次方程的解所发生的故事，复杂、激烈又荒唐。现在我们所要做的，就是要讨论在这一奇特故事中处于核心地位的伟大定理。

伟大的定理：三次方程的解

现代读者在查阅《大术》的第11章时，会发现两件不可思议的事。其一是，卡尔达诺并没有给出解缺项三次方程的一般证明，而是列举了一个特定的例题，即

$$x^3+6x=20$$

不过，我们在下面的讨论中将采用更一般的形式

$$x^3+mx=n$$

其二是，卡尔达诺的论证是纯几何式的，涉及真正的立方体及其体积。实际上，这也不足为奇，我们只要想一想当时代数符号的原始状态和文艺复兴时期数学家对古希腊几何的看重，对此也就明白了。

本书用卡尔达诺自己的语言阐述《大术》第11章的重要结果，

并附上他对三次方程的巧妙分析。他用文字叙述的解三次方程的“法则”乍看之下非常混乱，但如果以一种我们更熟悉的代数方法重新审视一遍，就会发现这套法则的确有效。

【定理】解 $x^3+mx=n$ 的法则：

用 x 系数三分之一的三次方加上方程常数一半的平方，求这整个算式的平方根。然后，复制（重复）这一算式，并在第一个算式中加上方程常数的一半，从第二个算式中减去方程常数的一半。最后，用第一个算式的立方根减去第二个算式的立方根，其差就是 x 的值。

【证明】卡尔达诺设想了一个大立方体，其边 AC 的长度，我们用 t 来表示，如图 6-1 所示。于边 AC 上取点 B，设线段 BC 的长度为 u，则线段 AB 的长度为 $t-u$。这里 t 和 u 都是辅助变量，我们不必确定它们的值。如图所示，大立方体可以分成 6 部分，各部分的体积如下所示：

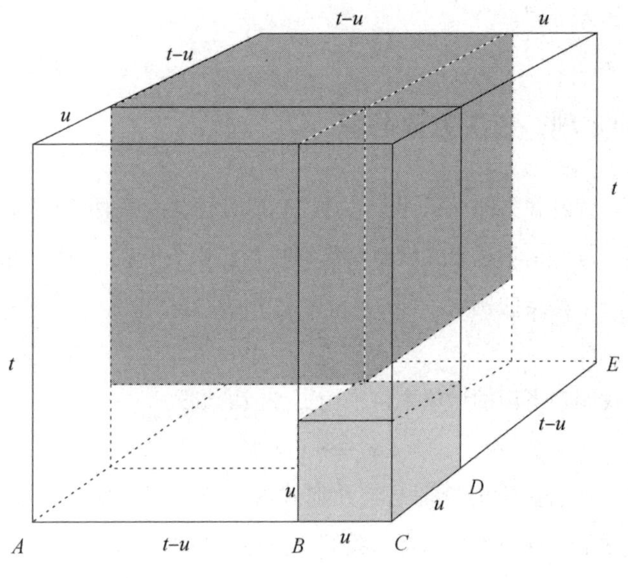

图 6-1

- 前下角小立方体的体积为 u^3。
- 后上角较大立方体的体积为 $(t-u)^3$。
- 两个垂直平板，一个沿 AB 面向前方，另一个沿 DE 面向右方，每一个长方体的边长都分别为 $t-u$、u 和 t（大立方体的边长），因而，每一个长方体的体积都为 $tu(t-u)$。
- 前上角细长的长方体，其体积为 $u^2(t-u)$。
- 在后下角，即较大立方体的下面，有一个扁平的立方体，其体积为 $u(t-u)^2$。

显然，大立方体的体积 t^3 等于这6个小立方体的体积之和，即

$$t^3 = u^3 + (t-u)^3 + 2tu(t-u) + u^2(t-u) + u(t-u)^2$$

整理各项式，得到

$$(t-u)^3 + [2tu(t-u) + u^2(t-u) + u(t-u)^2] = t^3 - u^3$$

从方括号中提取公因数 $t-u$，得

$$(t-u)^3 + (t-u)[2tu + u^2 + u(t-u)] = t^3 - u^3$$ 或简化为

$$(t-u)^3 + 3tu(t-u) = t^3 - u^3 \qquad (*)$$

（现代读者会注意到，这一方程可以用简单的代数方法直接推导出来，而无需借助于晦涩难懂的几何立方体和平板。但在1545年，数学家们还不可能采用这种方法。）

（*）方程使我们联想到最初的三次方程的形式 $x^3+mx=n$。也就是说，如果我们设 $t-u=x$，则（*）方程就变为 $x^3+3tux=t^3-u^3$，于是，我们就此设定

$$3tu = m \quad 和 \quad t^3 - u^3 = n$$

现在，如果我们能用原三次方程中的 m 和 n 来确定 t 和 u 的值，那么，根据 $x=t-u$ 就能够推导出我们所求的解。

但是，《大术》没有推导这些量的值。相反，卡尔达诺直接提出了求解前述“三次方加一次方等于常数”的法则。要明确译解他用纯

文字表达的解题方法绝非易事，这就使人更加赏识现代代数公式这种简明而直接的解题方法。卡尔达诺的这一段文字究竟讲的是什么意思呢？

首先，我们来看他对 t 和 u 所规定的两个条件，即

$$3tu = m \quad 和 \quad t^3 - u^3 = n$$

从第一个等式中，我们可以导出 $u = \frac{m}{3t}$，将其代入第二个等式，即得到

$$t^3 - \frac{m^3}{27t^3} = n$$

将方程两边分别乘以 t^3，经整理后，就得到方程

$$t^6 - nt^3 - \frac{m^3}{27} = 0$$

初看似乎并没有什么改进，因为我们把原来关于 x 的三次方程变成了 t 的六次方程。然而，后者却可以被看做是变量 t^3 的二次方程，这样一来，整个局面就发生了逆转：

$$(t^3)^2 - n(t^3) - \frac{m^3}{27} = 0$$

在卡尔达诺时代，数学家对二次方程解法的掌握已经有了数百年的历史，我们在前一章的后记中也讲到过这一点，因此，我们可以解出这个二次方程：

$$t^3 = \frac{n \pm \sqrt{n^2 + \frac{4m^3}{27}}}{2}$$

$$= \frac{n}{2} \pm \frac{1}{2}\sqrt{n^2 + \frac{4m^3}{27}} = \frac{n}{2} \pm \sqrt{\frac{n^2}{4} + \frac{m^3}{27}}$$

然后，只选取正平方根，我们就得到

$$t=\sqrt[3]{\frac{n}{2}+\sqrt{\frac{n^2}{4}+\frac{m^3}{27}}}$$

我们还知道 $u^3=t^3-n$，据此，我们得出

$$u^3=\frac{n}{2}+\sqrt{\frac{n^2}{4}+\frac{m^3}{27}}-n \quad 或$$

$$u=\sqrt[3]{-\frac{n}{2}+\sqrt{\frac{n^2}{4}+\frac{m^3}{27}}}$$

最后，我们就得到了用代数式表达的卡尔达诺解缺项三次方程 $x^3+mx=n$ 的法则，即

$$\begin{aligned}x&=t-u\\&=\sqrt[3]{\frac{n}{2}+\sqrt{\frac{n^2}{4}+\frac{m^3}{27}}}-\sqrt[3]{-\frac{n}{2}+\sqrt{\frac{n^2}{4}+\frac{m^3}{27}}}\end{aligned}$$

证毕

这个表达式就叫做缺项三次方程的“根式解”或“代数解”。也就是说，这一解式只涉及了原方程的系数（即 m 和 n），而且，代数运算即加、减、乘、除和开方的使用次数也是有限的。对此稍加分析就能发现，这一公式与卡尔达诺用文字阐述的上述“法则”结果完全相同。

请注意，卡尔达诺论证中最精彩的地方是他用相关（即关于 t^3）的二次方程解替代了三次方程解，从而发现了将方程降低“一次”的方法，这样，他就从生疏的三次方程进入了熟悉的二次方程。这一非常巧妙的方法开辟了解四次、五次和更高次方程的道路。

运用这种方法的具体实例，就是卡尔达诺对他的原型三次方程 $x^3+6x=20$ 的求解。按照卡尔达诺的方法，他首先求出 x 系数三分之一的三次方，即 $\left(\frac{1}{3}\times 6\right)^3=8$，然后，他求出常数项一半（即20的

一半）的平方，得 100，再加上 8，其和为 108，求出这个数的平方根。他再用这个平方根分别加上与减去常数项的一半，得到 $10+\sqrt{108}$ 和 $-10+\sqrt{108}$，最后，他的解是这两个数立方根的差：

$$x=\sqrt[3]{10+\sqrt{108}}-\sqrt[3]{-10+\sqrt{108}}$$

当然，我们可以简单地用 $m=6$ 和 $n=20$ 代入有关代数式，得到

$$\sqrt{\frac{n^2}{4}+\frac{m^3}{27}}=\sqrt{108}\quad 因此$$

$$x=\sqrt[3]{10+\sqrt{108}}-\sqrt[3]{-10+\sqrt{108}}$$

cubus p̃. 6. rebus æqualis 20.
2. 20.
8. ——— 10.
108.
℞. 108. p̃. 10.
℞. 108. m̃. 10.
℞. v. cu. ℞. 108. p̃. 10.
m̃. ℞. v. cu. ℞. 108. m̃. 10.

《大术》中三次方程的卡尔达诺法则
（图片由 Johnson Reprint 公司提供）

显然，这是一个"根式解"。令人感到意外的是，正如卡尔达诺所正确指出的那样，这一貌似复杂的表达式实际上只不过是数字"2"的伪装而已，用计算器不难证明这一点。人们很容易就能验证，$x=2$ 确是 $x^3+6x=20$ 的解。

有关解方程的其他问题

知道了三次方程的解法后，我们就可以举一反三。例如，因为 $x=2$是上述方程的解，因此，我们知道 $x-2$ 是 $x^3+6x-20$ 的一个因式，经过长除后，就可以得到另一个二次因式，即 $x^3+6x-20=(x-2)(x^2+2x+10)$。这样，解原三次方程的问题就变成了解一次方程和二次方程

$$x-2=0\quad 和\quad x^2+2x+10=0$$

这样简单的问题。（因为此二次方程无实数解，所以，原三次方程只有一个实数解 $x=2$。）

在现代读者看来，《大术》接下来的两章似乎是多余的。卡尔达诺第12章的标题是“论三次方等于一次方加常数”（即 $x^3=mx+n$），第13章的标题是“论三次方加常数等于一次方”（即 $x^3+n=mx$）。今天，我们认为，这两种形式的三次方程完全可以包括在第一种形式的方程式中，因为我们可以使 m 和 n 为负数。然而，在16世纪，数学家们却要求方程的所有系数都必须是正数。换句话说，他们认为，$x^3+6x=20$ 与 $x^3+20=6x$ 不仅形式不同，而且是本质上完全不同的两种方程。由于卡尔达诺是从三维立方体的概念来看待三次方程的，所以，在他看来，立方体的边长为负数是没有意义的，因而，他们对负数项持否定态度就不足为奇了。当然，避免采用负数项就会使方程的种类增多，今天的我们肯定会评价：《大术》那过长的篇幅完全是不必要的。

于是乎，卡尔达诺能够解三种形式的缺项三次方程。但是，对于 $ax^3+bx^2+cx+d=0$ 这种一般形式的三次方程又当如何呢？卡尔达诺的伟大发现在于，通过适当的置换，可以将这一方程转换为相关的缺项三次方程，这样一来，就可以使用他的公式了。在讨论三次方程的这一“转为缺项”的过程之前，我们不妨浏览一下有关这一过程的一种更熟悉的场景——即应用于解二次方程的相关方法。

我们首先设二次方程的一般形式为

$$ax^2+bx+c=0 \quad 其中 \quad a\neq 0$$

为了使之缺项——即消去一次项，我们引入一个新的变量 y，用 $x=y-\frac{b}{2a}$ 来替换，就得到

$$a\left(y-\frac{b}{2a}\right)^2+b\left(y-\frac{b}{2a}\right)+c=0 \quad 并由此得出$$

$$a\left(y^2-\frac{b}{a}y+\frac{b^2}{4a^2}\right)+by-\frac{b^2}{2a}+c=0 \quad 或$$

$$ay^2 - by + \frac{b^2}{4a} + by - \frac{b^2}{2a} + c = 0$$

然后，消去 by 项，就得到缺项二次方程

$$ay^2 = \frac{b^2}{2a} - \frac{b^2}{4a} - c = \frac{2b^2}{4a} - \frac{b^2}{4a} - \frac{4ac}{4a} = \frac{b^2 - 4ac}{4a}$$

因此

$$y^2 = \frac{b^2 - 4ac}{4a^2} \quad 和 \quad y = \frac{\pm\sqrt{b^2 - 4ac}}{2a}$$

最后

$$x = y - \frac{b}{2a} = \frac{\pm\sqrt{b^2 - 4ac}}{2a} - \frac{b}{2a} = \frac{-b \pm \sqrt{b^2 - 4ac}}{2a}$$

这样就再现了解二次方程的公式。

这个例子说明，消除多项式的方法是非常有用的。了解了这种方法以后，我们再回到卡尔达诺解一般三次方程的问题上来。这里，关键的替换量是 $x = y - \frac{b}{3a}$，由此得出

$$a\left(y - \frac{b}{3a}\right)^3 + b\left(y - \frac{b}{3a}\right)^2 + c\left(y - \frac{b}{3a}\right) + d = 0$$

展开后，变成

$$\left(ay^3 - by^2 + \frac{b^2}{3a}y - \frac{b^3}{27a^2}\right) + \left(by^2 - \frac{2b^2}{3a}y + \frac{b^3}{9a^2}\right) + \left(cy - \frac{cb}{3a}\right) + d = 0$$

对这一堆字母，我们需要做的一件重要事情就是消去 y^2 项。这样，新的三次方程（正如我们所希望的那样，）就没有了二次项。如果我们用 a 去除各项，就得到 $y^3 + py = q$ 这种形式的方程。我们可以用卡尔达诺公式求出 y 的值，因而，也就不难确定 $x = y - \frac{b}{3a}$ 的值了。

为了实际验证这一过程，我们来看三次方程

$$2x^3 - 30x^2 + 162x - 350 = 0$$

代入 $x = y - \frac{b}{3a} = y - \frac{-30}{6} = y + 5$，得

$$2(y+5)^3 - 30(y+5)^2 + 162(y+5) - 350 = 0$$

整理后得

$$2y^3 + 12y - 40 = 0 \quad \text{或简化为} \quad y^3 + 6y = 20$$

显然，这就是我们前面所解过的缺项三次方程，因此我们知道 $y = 2$。于是，$x = y + 5 = 7$，而且这可以验证原方程。

但是，《大术》在论证解一般三次方程的问题时，却远非我们这样简洁。由于卡尔达诺要求所有系数都只能是正数，他就必须设法通过一连串艰难的障碍，诸如，“三次方加二次方加一次方等于常数”、“三次方等于二次方加一次方加常数”、“三次方加常数等于二次方加一次方”，等等。最终，他在解出缺项三次方程后，又用了13章的篇幅才完成了这一论证，从而解决了解三次方程的问题。

但是他果真解决了吗？虽然卡尔达诺的公式似乎是一个惊人的成就，但它却带来了一个更大的谜团。例如，我们考虑缺项三次方程 $x^3 - 15x = 4$。

用 $m = -15$ 和 $n = 4$ 代入上述公式，我们就得到

$$x = \sqrt[3]{2 + \sqrt{-121}} - \sqrt[3]{-2 + \sqrt{-121}}$$

很显然，如果16世纪的数学家对负数持怀疑态度，那么负数的平方根绝对是无稽之谈，他们当然可以将其作为不可解的三次方程而予以排除。然而，对于上述三次方程来说，却可以很容易验证出它有3个不同的、绝对堪称实数的解：$x = 4$ 和 $x = -2 \pm \sqrt{3}$。究竟是什么原因使得卡尔达诺的公式会产生这种所谓“三次方的不可约情形”呢？他也曾对我们今天称为“虚数”或“复数”的情况进行过几次不太认真的研究，但最终还是全部放弃，因为它们“既难以理解，又没有用处”。

大约又经过了一代人的时间，拉斐罗·邦贝利（约1526—1573）出现了，他在1572年的论文《代数》中迈出了勇敢的一步，将虚数看做是运载数学家从实数三次方程到达其实数解的必要工具。也就是说，虽然我们从熟悉的实数领域出发并且最终回到实数，但中途却不得不进入一个我们所不熟悉的虚数世界以完成我们的旅程。对于当时的数学家来说，这似乎是不可思议的。

下面，我们来简要说说邦贝利是怎么做的。我们暂且忽略对$\sqrt{-1}$的任何潜在的偏见，求出$2+\sqrt{-1}$的三次方，得到

$$\begin{aligned}(2+\sqrt{-1})^3 &= 8+12\sqrt{-1}-6-\sqrt{-1}\\ &= 2+11\sqrt{-1}=2+\sqrt{-121}\end{aligned}$$

既然$(2+\sqrt{-1})^3=2+\sqrt{-121}$，我们当然就可以说

$$\sqrt[3]{2+\sqrt{-121}}=2+\sqrt{-1}$$

同样，我们还可以看出$\sqrt[3]{-2+\sqrt{-121}}=-2+\sqrt{-1}$。然后，我们再来看三次方程$x^3-15x=4$，邦贝利求出其解

$$\begin{aligned}x &= \sqrt[3]{-2+\sqrt{-121}}-\sqrt[3]{-2+\sqrt{-121}}\\ &= (2+\sqrt{-1})-(-2+\sqrt{-1})=4\end{aligned}$$

答案正确！

不可否认，邦贝利的方法所产生的问题超出了他所解决的问题。首先，怎样才能预先知道$2+\sqrt{-1}$就是$2+\sqrt{-121}$的立方根呢？直到18世纪中叶，莱昂哈德·欧拉才找到了一个发现复数根的可靠方法。此外，究竟什么是虚数，虚数的性质是否与它们的表亲实数相同呢？

诚然，复数的重要性直到200多年以后的欧拉、高斯和柯西时代才充分地显现出来，我们将在第10章的后记中详细讨论这个问题。尽管如此，邦贝利认识到复数在代数中的作用，当然值得称颂，他也

因此成为16世纪最后一位伟大的意大利代数学家。

这里应该强调一下：跟大众的观念相反，虚数不是作为解**二次**方程的工具，而是作为解**三次**方程的工具进入数学王国的。事实上，对于方程 $x^2+121=0$ 来说，虽然 $\sqrt{-121}$ 看上去好像是它的解，但是数学家很容易就能排除这种可能性（因为这个方程显然没有实数解）。但是，在解上述三次方程时，对于 $\sqrt{-121}$ 在导出 $x=4$ 时所起的关键作用，就不能如此漠然置之了。因此，是三次方程，而不是二次方程，给了复数以原动力和它们今天无可争辩的合法地位。

最后，《大术》还有一点应该加以关注。在其第39章中，卡尔达诺介绍了解四次方程的方法，他是这样说的：

> 还有另外一个法则，并且，比前一个法则更杰出。这就是卢多维科·费拉里提出的法则，他应我的要求，将发现的结果交给了我。根据费拉里法则，我们可以求出所有四次方程的解。

这是一个非常复杂的程序，其中两个关键性的步骤很值得一提。

1. 设一般四次方程 $ax^4+bx^3+cx^2+dx+e=0$，代入 $x=y-\frac{b}{4a}$，使之缺项，并用 a 去除方程各项，就得到一个关于 y 的缺项四次方程：

$$y^4+my^2+ny=p$$

2. 通过巧妙地引入辅助变量，就可以用相关的三次方程替代原四次方程，然后，可以用之前探讨的方法解出这个三次方程。在这里，费拉里再次采用了屡试不爽的做法，即将一定次数的方程降低一次再来求解。

那些能够读懂这一定理以及《大术》中所有其他发现的读者，掩卷之后势必感慨万千。解方程的艺术达到了新的高度，而卢卡·帕乔利当初认为代数不能解三次方程（更不要说四次方程了）的观点已被彻底粉碎。难怪卡尔达诺在《大术》结尾时动情地写道："用5年时间写出的这本书，也许可以延续几千年。”

后记

卡尔达诺–费拉里的研究成果中一个悬而未决的问题是五次方程的代数解。他们的努力显然表明，五次方程的根式解是可能的，并且，他们对如何着手这个问题给了一个明显的提示。即，对于五次方程

$$ax^5 + bx^4 + cx^3 + dx^2 + ex + f = 0$$

代入 $x = y - b/5a$，即得到缺项五次方程

$$y^5 + my^3 + ny^2 + py + q = 0$$

然后，寻找某些辅助变量，使之降为四次方程，这样就可以利用已知方法求得其根式解。这一论证之所以特别引人注意，不仅因为它酷似已经成功地解决了三次方程和四次方程的方法，而且还因为，众所周知，任何五次（或任何奇次）多项式方程都必定至少有一个实数解。这是因为奇次方程的曲线看起来很像图 6-2 中所示五次方程的曲线。也就是说，这类曲线在 x 轴上会沿一个方向不断升高，沿另一个方向不断下降。因此，这种函数必定会有出现正值的地方，同时也必会有出现负值的地方。所以，利用一种称为介值定理的方法，我们可以说，这条连续曲线一定会在某一点上与 x 轴相交。在上述五次方程的曲线图上，c 就是这样一点，因此，$x = c$ 就是方程 $x^5 - 4x^3 - x^2 + 4x - 2 = 0$ 的解。同样道理，任何奇次多项式方程都（至少）有一个实数解。

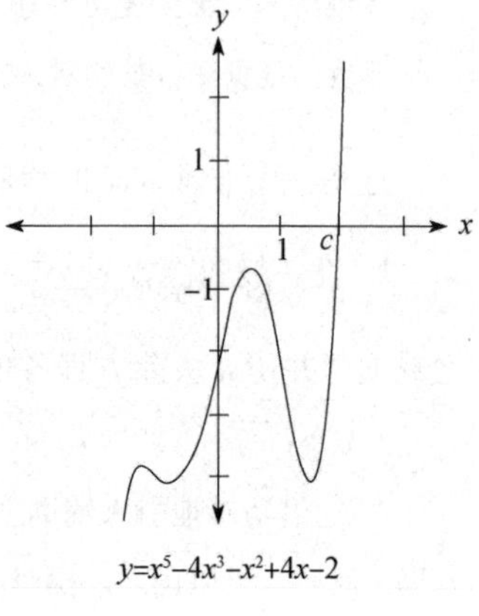

图 6-2

然而，虽然介值定理表明了五次方程实数解的存在，但却不能明确它们的值。因而，费拉里之后的代数学家们所努力寻求的就是解这种五次方程的标准公式。

但是，在这方面的所有努力——数不胜数——都失败了。一个世纪过去了，又一个世纪过去了，仍然没有一个人能够求出五次方程的“根式解”。尽管后来的数学家们发现，可以将一般五次方程变换成这样一种形式

$$z^5 + pz = q$$

但仍然无济于事。如果我们称以前的方程为“缺项方程”的话，则这一个方程就应该称为“完全缺项”方程。可就连这样一个高度简化了的五次方程，也同样无人能够攻克。这实在令人沮丧，甚至都有点难堪。

1824 年，年轻的挪威数学家尼尔斯·阿贝尔（1802—1829）证明，不可能用代数方法求出五次或更高次方程的“根式解”，他的发现使数学界为之震惊。总之，寻找五次方程根式解从一开始就注定会失败。我们可以在 D. E. 史密斯的《数学原典》（A Source Book in Mathematics）中找到阿贝尔的证明，这一证明非常复杂，也很难理解，但它确实是数学史上的一座里程碑。

值得注意的是阿贝尔证明中的弦外之音。他并没有说，所有五次方程都是不可解的，因为我们显然可以解出像 $x^5 - 32 = 0$ 这样的方程，其解无疑是 $x = 2$。并且，阿贝尔并没有否认我们可以用除了加、减、乘、除和开方这些代数方法以外的方法解出五次方程。的确，一般五次方程能够用一种称为“椭圆函数”的方法解出，但这种方法的运算比初等代数要复杂得多。而且，阿贝尔的证明也没有排除我们用数值逼近的方法求出五次方程近似解的可能性，并且，这种解的精确度能够由我们（准确地说，是我们的计算机）随心所欲。

阿贝尔只是证明了不存在一定能够给出方程解的代数公式，即只

由原五次方程的系数构成的运算法则。人们根本就无法根据解二次方程的二次公式和解三次方程的卡尔达诺公式推导出类似的公式来——不可能找到一种普遍有效的方法来确定五次方程的根式解。

这种情况不由使人联想起化圆为方的问题，在这两个问题上，数学家都受制于他们所用的工具。对于我们在第 1 章中所讲到过的化圆为方的问题，圆规和直尺显然是无能为力。同样，“根式解”这一限制也阻碍了数学家寻求五次方程的解。我们所熟悉的代数算法没有能力驯服像五次方程这样的猛兽。

此时，我们似乎已经处于一种矛盾的边缘，虽然数学家们知道五次方程一定有解，但阿贝尔却又证明了用代数方法不可能找到方程的解。而正是“代数”这一修饰词使我们没有从这一边缘滚落下去，跌入数学的混沌之中。实际上，阿贝尔向我们展示的正是代数这种非常明确的局限性，而且，就在我们从四次方程转向五次方程的时候，这种局限性无缘无故地出现了。

结果，我们真正是绕了一个大圈，又回到了原处。卢卡・帕乔利的悲观看法，虽然因 16 世纪那激动人心的发现而一度被掩盖了起来，但却不幸而言中。一旦我们越出四次方程的范围，代数那斩钉截铁的胜利便永远不能再续。

第7章

Journey Through Genius

艾萨克·牛顿的珍宝

（17世纪60年代后期）

英雄世纪的数学

如果说16世纪见证了数学活动的加速发展，那么17世纪的革新和发现带给我们的绝对就是震撼人心的冲击。17世纪在数学史上称为英雄世纪，因为在这一多产的年代，有众多的知识巨人往来其间。

在这个世纪，科学活动的焦点不再是我们前一章所介绍的天才的意大利代数学家，而是向北转向了法国、德国和英国思想家。当然，造成这种北移的原因是多方面的，而且，正如任何一项人类活动一样，都少不了天时地利的因素。但是，对于这种现象，一些学者认为，一个重要的原因是欧洲北部的学术气氛比较自由，恰与意大利教会的严厉限制形成鲜明对比。伽利略的命运就是其中最著名的例子，一个科学家根据科学研究所得出的结论，却被17世纪强势的罗马天主教宗教机构视为不可接受的洪水猛兽。伽利略惨遭监禁、被迫否认自己观点的经历使学术界甚为寒心，而这整个事件也构成了科学史上最不光彩的一页。

虽然北方并非一切都很自由和开放，但是宗教改革运动的影响却似乎有利于消除对科学研究的种种禁锢，从而才有开普勒、笛卡儿和牛顿脱颖而出。而意大利之所以沦为科学上的二等公民，很有可能是由于教会试图推行僵化的正统观念。

在16、17世纪的交汇之际，能够繁荣发展的不仅仅是数学。1607年，英国在詹姆斯敦建立了永久殖民地，欧洲人对新大陆殖民地的开拓便如火如荼地开始了。就在詹姆斯敦殖民地创建前的几年，伽利略就已经研究了落体运动规律，他那认真而巧妙的研究方法从此永远改变了物理学的性质。而在詹姆斯敦殖民地创建后的两年，同一个伽利略又将发明不久的“小望远镜”指向天空，开创了现代天文学，同时也开始了他个人的苦难历程。当然，我们还不应忽略艺术的发展。1605年，塞万提斯写出了不朽的名著《堂吉诃德》；1601年，英国剧作家威廉·莎士比亚写出了《哈姆雷特》。

显然，文化的新纪元并不是正好等同于历史纪年的新世纪，其实，在16世纪末叶，酝酿中的数学革命便已初见端倪。“英雄世纪”需要英雄，下面，我们将简要介绍一下其中的几位。

16世纪90年代，法国数学家弗朗索瓦·韦达出版了他颇有影响的著作《分析方法入门》。我们在第4章中曾讲到过韦达对π近似值的计算，不过，堪称他代表作的则是1591年的这部著作。《分析方法入门》对发展符号代数作出了很大贡献，成为高等数学的“奠基之作”。但是我们也必须承认，韦达的代数符号与现代符号相去甚远，对于习惯于现代数学的读者来说，韦达的符号似乎显得过于繁冗，而且还附有过多的文字说明。例如，对于现代方程式 $DR-DE=A^2$，韦达则写成

D in R – D in E aequabitur A quad

尽管如此，但他的确朝着用字母表示方程中各量的方向迈出了重要的一步。后来，又经过了几十年的改进与发展，代数符号体系终于在新的世纪中转变了数学的外观与实质。

17世纪初叶，不列颠群岛的两位数学家约翰·纳皮尔（1550—1617）与亨利·布里格斯（1561—1631）共同引入、完善和开发了“对数”，这是一个具有重大实际意义和理论意义的概念。对数具有简化诸如乘、除和开方这些繁冗计算的非凡性质，以至此后任何一位头脑健全的科学家在计算像$\sqrt[7]{234.65}$的值时都会想到利用对数。下一个世纪的皮埃尔－西蒙·拉普拉斯评论说，纳皮尔和布里格斯的对数“缩短了计算时间，从而使天文学家的寿命延长了一倍”。当然，布里格斯与纳皮尔在这项事业上的合作也是值得称道的，这与后来某些损害数学发展的激烈争吵与妒忌恰恰形成了鲜明的对照。

随着时代的发展，三位法国数学家登上了历史的舞台。第一位是哲学家兼数学家勒内·笛卡儿（1596—1650），他1637年的著作《方法论》成为哲学史上的一座里程碑。这部关于“一般科学”的论著预示并且促进了成为时代特征的科学大爆炸。《方法论》中的哲学内容引起了人们的广泛讨论和激烈争辩，而其题为“几何学”的附录部分则最直接地影响了数学的发展。笛卡儿在此第一次将我们今天所谓的解析几何形诸笔墨。如同韦达的代数符号一样，笛卡儿的解析几何与现代解析几何也相去甚远，但它毕竟宣告了代数与几何的结合，而这种结合也成为其后所有数学研究中不可或缺的内容。

在《方法论》问世的时候，布莱兹·帕斯卡（1623—1662）还只是一个14岁的少年，却已出席了法国高级数学家的聚会。他即将开始其虽然短暂但却辉煌的数学生涯。帕斯卡是一个聪慧过人的孩子，而数学的历史上也总会时不时出现这种神童。他在16岁时所撰写的数学论文就给数学巨匠笛卡儿留下了极深的印象，笛卡儿简直难以相信这些论文的作者竟是如此年少的孩子。两年后，帕斯卡发明了第一台计算机，这就是我们现代计算机的始祖。并且，帕斯卡还对概率论作出了重大贡献，使其在一百年前卡尔达诺创立的基础上向前迈进了一大步。

尽管帕斯卡是一个显而易见的数学天才，但他成年后的大部分时间却致力于神学研究，他的神学著作至今仍然是人们经常研究的课题。帕斯卡常常从他周围的事物中感觉到种种预兆，他认为在上帝对他的安排中没有包括数学，于是，他便完全放弃了数学。但是，他在35岁的时候，有一次，因牙疼难忍便去思索数学问题，而疼痛竟然消失了。他觉得这是上天的启示，随即重操旧业，研究数学。虽然帕斯卡这次对数学的研究还不足一个星期，但他发现了摆线曲线的基本性质（我们将在下一章讨论摆线曲线的问题）。此后，帕斯卡再次放弃了数学。1662年，年仅39岁的帕斯卡与世长辞。

在三位法国数学家当中，也许最值得注意的要数图卢兹的皮埃尔·德·费马（1601—1665），他统领了17世纪中叶的数学发展。费马在数学的许多领域中都享有盛名，并作出过重大发现。他独立于甚至早于笛卡儿创立了自己的解析几何，而且，费马的方法在某些方面比他这位同时代的名人更“现代化”。当然，笛卡儿是第一位发表解析几何著作的数学家，并因此获得了崇高的荣誉，但是，费马的工作同样值得称道。并且，帕斯卡与费马在17世纪50年代的书信往来还奠定了我们前面所讲过的概率论的基础。似乎这些还不够多，费马还在我们今天称之为微分学的发展中作出过重大贡献。在一些地方，特别是在法国，人们有时把他也尊为微积分的共同创立者之一，而大部分数学史家虽然承认费马的巨大成就，但却认为这种看法未免失之偏颇。

然而，在数论领域，费马留下了他不可磨灭的足迹。我们在欧几里得的《几何原本》第7至9卷中曾见到过这个论题。有关数论的一部古典名著是丢番图（约公元250年?）的《算术》。在文艺复兴时期，这部著作被重新发现，并翻译成多种文字，结果成为了一部非常有影响的名著。费马得到了一本丢番图的著作，并深深地沉溺于其中，不久便在有关整数性质方面作出了他自己的惊人发现。

费马常常提出一些诱人的命题，有时他会宣称自己已经得出了确凿的证明，但又很少将这些证明写下来。因此，后代数学家（通常指欧拉）就不得不去补上这些欠缺的证明。结果，数学史家在确定荣誉究竟应该归于谁时，常常感到左右为难——归于费马，是他第一个阐述了这些命题，而且也很有可能作出过证明；或者，归于欧拉，因为毕竟是他实际上写下了这些论证。

在费马的那些“定理”（我们战战兢兢地使用“定理”一词，因为他的许多命题都过分自信，但缺少证明）中，最诱人的定理是受到丢番图著作的启发而提出的。费马在丢番图那本《算术》中命题Ⅱ.8的书页边上写下了几行笔记。命题Ⅱ.8提出，一个完全平方数可分解为另外两个完全平方数之和，例如，$5^2=3^2+4^2$ 或 $25^2=7^2+24^2$。在丢番图这一定理旁边，费马写下了著名的几句话：

> 但是，不可能将一个三次方数分解为两个三次方数之和，或将一个四次方数分解为两个四次方数之和。总之，高于二次方的任何次幂都不可能分解为两个同样次幂之和。对此，我已发现了极巧妙的证明，但页边空白太小，写不下了。

用现代话说，他的这番话表明，我们不能找到整数 a、b、c 和指数 $n\geqslant3$，使得 $a^n+b^n=c^n$。如果他的论点正确，那么，一个完全平方数分解为两个完全平方数之和就完全是一种侥幸。费马说，除了平方以外，任何次幂的整数都不能写成两个较小整数的同次幂之和。

像往常一样，费马没有留下证明。他把其证明缺漏的原因仅仅归结于丢番图书页空白的狭小。费马似乎在说，只要有一张白纸，他就会很高兴为他的发现作出精彩的证明。而实际上，就像他的大部分命题一样，他把寻求证明的重任留给了后人。

对于费马的这一论断，后人依然在寻求证明，可至今未能解决。甚至连曾解开过许多费马“定理”之谜的欧拉，对他这一论断也只证明出 $n=3$ 和 $n=4$ 的情况。也就是说，欧拉证明，一个三次方数的确不能写成两个三次方数之和，一个四次方数也同样不能分解为两个四次方数之和。但是，就人们普遍称之为“费马大定理”的一般情况而言，问题仍然悬而未决。如同费马没有给出证明的其他许多命题一样，他的这一命题很可能也是正确的。尽管如此，迄今尚无一位数论学家证明出这个命题。同样，也没有任何人提出反例，否定这个命题。所以，在这个意义上说，称其为费马的大“定理”，确实有些草率。即使到了 20 世纪末，人们对这个问题的兴趣依然很高，如果能有人攻克这道难题，他肯定会在今后的数学史上留下光辉的一页。[⊖]

因而，倘若我们能够回到 1661 年夏天，清点 17 世纪的数学遗产，我们将会注意到许多重大事情。代数符号、对数、解析几何、概率和数论——所有这些都已初具规模，而韦达、纳皮尔、笛卡儿、帕斯卡和费马这些名字也将受到应有的尊崇。他们的确是英雄。当然，在 1661 年夏天，丝毫没有人注意到一个正在悄悄开始的数学历程，这一旅程很快将使所有这些伟人黯然失色。它的始发地就在美丽的剑桥大学三一学院。1661 年夏，来自学院附近乌尔索普的一位少年开始了他的大学生涯。他已经显露出他的才华，而与他一起进入三一学院读书的十几位同学，虽然同样默默无闻，却也同样才华横溢。然而，这位年轻人日后将成为英雄世纪中最伟大的英雄，同时还将永远改变人类观察世界的方法。他的名字，当然，就是艾萨克·牛顿。

⊖ 数学家 Andrew Wiles 于 1993 年成功证明了费马大定理，他因此获得许多奖项。——编辑注

解放了的头脑

1642 年的圣诞节，一个早产儿危险地降生了，这就是牛顿，他瘦小得简直可以放进“一夸脱容量的盆”中。而更为不幸的是，他的父亲已于这年 10 月初撒手人寰，只撇下母亲一人独自抚养这羸弱的婴儿。但是，他却绝处逢生，克服了最初的危险，并顺利地度过了林肯郡严寒的冬天，最后，艾萨克竟活到了 84 岁高龄。

尽管身体恢复健康，但苦难却仍未结束。在牛顿三岁的时候，他的母亲汉纳·艾斯库·牛顿嫁给了邻村一个 63 岁的教长巴纳巴斯·史密斯。史密斯虽然急切地希望娶一个年轻的妻子，但却不愿接受一个三岁的孩子。所以，当牛顿的母亲搬到邻村与她的新丈夫共享幸福欢乐后，小艾萨克就留下来与他的祖母一起生活。与唯一的至亲分离使小艾萨克感到万分痛苦。母亲就住在附近，这对他无疑是一种残酷的折磨，因为他只要爬到树上，就可以眺望田野对面村庄中教堂的尖顶，他的母亲和继父就住在那座教堂里。艾萨克从来没见过父亲，现在又失去了母亲，他的痛苦不是由于疾病，而是由于亲情的冷漠。正如我们所见，牛顿成人后变得神经过敏且愤世嫉俗，而这正是因为他很少感受到人类友情的温暖。完全可以认为，他的这种性格是由遭受遗弃造成的，而遗弃他的人又恰恰是他整个世界的中心点。

艾萨克长大后，进入一所当时很不错的文法学校读书，也就是说，这所学校主要是教授拉丁语和希腊语。课后，牛顿很少与人来往，他把大部分的课余时间都用来读书和制作各种精巧的小器械。据说他曾做过一个由小老鼠在踏车上驱动的小风车；还做过日晷，并将它们放在住处周围的各个主要方位上；他也曾将一个点燃的灯笼系在风筝上，高高放入春天的夜空中，想必曾使平静的英国村民们感到大为恐惧。这些活动预示了一个头脑敏捷的年轻人，他可不想只顾埋头于拉丁语复杂的动词变位中。这些活动还预示了一位天才实验物理学家，他的实验小发明对他后来理论的发展具有极其重要的意义。

1661 年夏，艾萨克 · 牛顿背井离乡，来到剑桥大学三一学院学习。那时，剑河边这座平静的小镇已是一个有着 400 年历史的高等教育中心，在这样一个声誉卓著的古老学府里，牛顿发现了自己的才能所在。17 世纪初叶，随着英格兰清教主义和宗教改革运动的兴起，剑桥大学取得了蓬勃的发展。剑桥大学有许多值得骄傲的事情，从詹姆士王钦定本英文版《圣经》、国王学院小教堂的建筑杰作，到清教革命的领袖奥利弗 · 克伦威尔，其中克伦威尔出生于附近的亨廷顿，1617 年前就读于剑桥大学的西德尼 · 苏赛克斯学院。

然而，当牛顿进入剑桥大学时，剑桥大学已经失去了往昔的光辉与荣耀，其原因与英国历史的兴衰变迁密切相关。1642 年，也就是牛顿出生的那一年，在克伦威尔领导下的清教徒胜利结束了他们与君主制的长期斗争。克伦威尔掌控了英国的政权，1649 年，国王查理一世在伦敦白厅被处死后，克伦威尔政府成为不容置疑的权威。其时，清教的剑桥大学正处于鼎盛之际，而保皇党的大本营牛津大学则相形见绌。

但是，好景不长。到头来人们发现，这个清教徒英联邦比起被它改朝换代的君主制，不但没有好到哪里去，甚至还更糟糕。当克伦威尔于 1658 年逝世后，没有一位清教徒领袖能够填补这个空缺，于是，英国民众很快就开始呼吁回归国王的统治。就这样，断头国王的儿子查理二世被置于国王的宝座上，这就是我们熟知的王政复辟。不用说，整个局势都发生了翻天覆地的变化。剑桥大学自然成了新当权的保皇党人的眼中钉。而牛顿来到剑桥大学的时间恰恰是王政复辟后的那一年，这里全然一片死气沉沉的景象，充满了政治阴谋以及寻求庇护的身影。这与理想中的大学相去甚远。

我们今天尊崇剑桥大学为少数几个真正优秀的高等教育中心之一，但我们很难想象17世纪60年代剑桥大学衰败的情形。那时，学校任命教授，完全是出于政治或教会的原因，许多都与学术没有丝毫关联。据记载，甚至有人在50年的教学生涯中没有教过一个学生，没有写过一本书，也没有讲过一次课！事实上，有些教师根本不住在剑桥一带，他们只是偶尔来此一游。

教授对学术尚且如此冷漠，学生自然也就不求进取。表面上，剑桥大学维持了学术生活的虚假繁荣，为好学的青年人开设了大量古典课程。但实际上，剑桥大学的学生更热衷于到遍布校园的小酒吧里开怀畅饮之类的事情。学生乃至教授当然可以在剑桥大学里混日子，几乎不需运用智慧。

起初，艾萨克·牛顿慕名而来，对学校寄予了很高的期望。他开始学习规定的拉丁文学和亚里士多德哲学课程，但他逐渐放弃了这类课程，或者是因为他感到老师无能，或者是因为他意识到这些课程的迂腐和无用，也或者只是因为显然没有任何人真正关心他的学习情况。

他在三一学院的同学们可能也有同感，他们晚上纷纷跑到小酒馆纵酒狂欢，而牛顿却与众不同。他贪婪地博览群书，常常一边散步，一边沉思。当牛顿的注意力被一个想法所吸引时，他能以异于常人的专心，废寝忘食地进行研究，尤其是当面对一个特别有趣的难题时，他越发愿意打一场持久战。牛顿初到剑桥大学的时候，还表现出一种老式的负罪感，他有一个笔记本，里面记录了他的各式各样的罪孽，从他不经常祷告，在教堂做礼拜时漫不经心，到他“不洁的思想、语言、行为和梦境”。诚然，清教主义的思想对他影响很大，但是，成长的环境决定了性格，对于这样一个孤僻而内向的青年人而言，有这种表现也是可以理解的。

如果一时没有罪孽可以记录，这一永远好奇的学生便忙着对光、颜色和视觉的性质做各种实验。例如，他曾长时间地凝视太阳，然后，详细地记录他视觉中所出现的斑点和闪光，这个实验对他视力的影响长达几天之久。实际上，他不得不将自己关在暗室中好长一阵，以便让眼中的影像慢慢消退。又有一次，他对眼球的形状如何扭曲和改变视觉形象感到好奇，便以自己为对象设计了一个十分可怕的实验。据牛顿记载，他用一根小棍，或“粗针”，

> 在我的眼睛与眼骨之间扎，并尽可能地扎到眼球的后部，然后用粗针的顶端压迫眼球……于是便出现了许多白的、黑的和彩色的光环，当我用粗针头继续在眼睛上摩擦的时候，这些光环就更加清晰……

牛顿亲手画了一张图来说明这个可怕的实验，他画出了用小棍在他扭曲了的眼球下部和后部摩擦的情形，并用从 a 到 g 的字母一一标明。很显然，这并不是一位普通的大学生。

王政复辟时期的剑桥大学，虽然有种种弊端，但是拥有一个藏书量很大的图书馆，对于这个好学的一流学生来说，却是一个非常必要的知识宝库。说到书，这里还有一段故事，1663 年，牛顿在斯特布里奇集市上碰到一本关于占星术的书。为了弄懂书中的几何图形，他决定阅读欧几里得的《几何原本》。有趣的是，他初次阅读，就发现这本古老的教科书中充满了无关紧要和不证自明的定理（顺便说一句，成年后的牛顿摒弃了这种观点）。

牛顿读书在这个时期有一个特点，就是他不满足于只读希腊的经典著作。他还花费了很多精力，研读笛卡儿的几何学。他后来回忆说，在他开始阅读这本著作的时候，刚刚读过几页，就被完全难住了。然后，他再翻回到第 1 页重新读一遍，这一次多读了几页，之后就又被难住了，于是他就再翻回来重新读。如此循环往复，他就这

样，一点儿一点儿地独自啃完了这部《几何学》，没有任何导师或教授帮助。当然，考虑到教师庸庸碌碌，所规定的课程又厚古薄今，他也很难找到任何可以帮助他的人。

然而，在剑桥大学教授中，确实有一位堪当此任，他就是卢卡斯数学教授艾萨克·巴罗（1630—1677）。虽然在现代意义上，巴罗算不上牛顿的老师，但他无疑曾与这位崭露头角的学者有过接触，并曾指导过牛顿阅读当代主要的数学著作。通过不断地阅读与思考，牛顿凭借普通的科学与数学教育背景，一跃掌握了当时最先进的发现。牛顿既已进入前沿，便开始向未开垦的领域进军。

1664 年，牛顿荣获三一学院奖学金，为他硕士学位的学习赢得了四年的经济资助。这一提升让他有了更多的自由去探索自己感兴趣的问题，这种自由加上他通过博览群书打下的坚实基础，将解放一个历史上最伟大的天才。牛顿更加解决摆在他面前的问题，其精神之专注，简直令人难以置信。20 世纪剑桥大学著名的经济学家约翰·梅纳德·凯恩斯曾对牛顿的能力做过如下评价：

> 他的非凡天赋在于他能够长时间地连续思考一个纯智力问题，直至解决……任何研究过纯科学或纯哲学问题的人都知道，一个人只可能短时间地集中思考一个问题，并且，为了获得突破，就必须集中全部精力思考，但过不久，注意力就会逐渐分散和转移，你会发现，你的思想成为一片空白。但我相信，牛顿能够连续几小时、几天甚至几星期地集中思考一个问题，直到解开其中的奥秘为止。

牛顿对他如何解决难题有自己的说明，那就是“通过持续不断地思考”，意思大同小异，只不过更加简洁而已。

其后几年，牛顿带着对新发现的极度兴奋，更加勤奋地工作。人们常常看到他在微弱的烛光下一直工作到深夜。据说，他那只没有怨言的猫，因为常常饱餐牛顿碰也没碰一下的饭菜，竟然长得十分肥胖。这位年轻人认为错过吃饭、耽误睡觉与取得的巨大进展相比，实在是微不足道的。

这两年，也许是任何思想家，当然是任何一位 23 岁的思想家可能有过的最多产的两年。他的成就，一部分是在剑桥大学取得的，还有一部分是在他的家乡乌尔索普取得的。因为爆发了可怕的瘟疫，剑桥大学被迫关闭，牛顿自然被迫返乡。1665 年初，他发现了我们现在所称的“广义二项式定理”，这成为他以后数学著作中的重要部分。不久后，他提出了“流数法”（即我们今天所称的微分学）。1666 年，他又提出了“逆流数法”（即积分学）。在这期间，他还创造性地提出了他的颜色理论。但据牛顿回忆，他还有更多的发现：

> ……同一年，我开始思考重力与月球运行轨道的问题……我推算出，保持星体绕其轨道运动的引力，一定同它们与所绕行中心的距离的平方成反比。在比较了保持月球绕轨道运动的引力与地球表面的重力后，我发现二者的答案非常接近。

50 年后，年迈的牛顿所做的这些回忆准确地阐述了万有引力理论的雏形，这一理论远胜于牛顿其他任何成就，为他赢得了崇高的科学声望。在审视这些发现时，他以一种非常坦率而冷漠的笔触写道：

> 所有这些发现都是在 1665—1666 这两年瘟疫期间做出的。因为这两年是我创造力的全盛时期，而且我对数学和哲学的关心超过其他任何时候。

因此，这两年瘟疫期间称为牛顿的“美好时光”，情况确实如此。据说，凭借想象力丰富的头脑，他所有的理论都是在这段时间内形成、完善和成熟的。这不免有点儿夸大其辞，因为在这之后的岁月里，牛顿仍在继续推敲和改进这些理论。然而，牛顿在这短暂的两年内所爆发出来的创造力不仅界定和指导了他自己一生的研究方向，而且在很大程度上界定和指导了科学本身的未来。

今天，人们很容易忽略一个事实，那就是，牛顿在做出这些非凡的发现时还只是剑桥大学的一个无名之辈。R. S. 韦斯特福尔教授也许是当今最出色的牛顿传记作家，他对这一不争的事实做了如下的精彩记载：

> （牛顿的成就）已经显示出一代宗师的风范，足以使欧洲所有的数学家由衷地钦佩、羡慕和敬畏。但实际上，欧洲只有一位数学家，即艾萨克·巴罗知道牛顿的存在，据说，1666 年，巴罗对牛顿的成就也毫不清楚。但牛顿的不为人知，并不能改变一个事实，那就是这位还不到 24 岁的青年人，虽然没有受益于正规教育，但已成为欧洲最出色的数学家。真正举足轻重的人物，也就是牛顿自己，他非常清楚自己的地位。他曾研究过诸位大师。他知道，他们各自都有其局限性。而他自己，却已远远地超过了他们所有人。

纵观历史，我们已看到，数学的中心不断地从一个地方转移到另一个地方，从毕达哥拉斯学派所在的克罗托内先后转移到柏拉图的雅典学院、亚历山大、巴格达，然后又转移到文艺复兴时期卡尔达诺和费拉里所在的意大利。然而，令人难以置信的是，17 世纪 60 年代中期，数学中心又转移到了三一学院一个学生那不起眼的房间里，而此后，只要牛顿住在哪里，哪里就是世界的数学中心。

牛顿二项式定理

对于牛顿卓越的成就，我们在此只能略窥一斑。我们首先介绍牛顿的第一大数学发现——二项式定理。自相矛盾的是，在欧几里得或阿基米德的概念中，这不是一条“定理”，因为牛顿并没有给出完整的证明。但是，他的见识和直觉足以使他想出这个重要的公式，而且我们将看到，他是如何以一种最奇妙的方式应用这一公式的。

二项式定理阐明了 $(a+b)^n$ 的展开式。只要有初步的代数知识和足够的毅力，人们便可以得到如下公式，

$$(a+b)^2 = a^2 + 2ab + b^2$$

$$(a+b)^3 = a^3 + 3a^2b + 3ab^2 + b^3$$

$$(a+b)^4 = a^4 + 4a^3b + 6a^2b^2 + 4ab^3 + b^4$$

等等。不过，对于 $(a+b)^{12}$，人们显然希望不必经由 $(a+b)$ 十二次自乘的冗长计算，就能够发现其展开式中 a^7b^5 的系数。早在牛顿出生之前很久，就已经有人提出并解决了展开二项式的问题。中国数学家杨辉早在 13 世纪就发现了二项式的秘密，但他的著作直到近代才为欧洲人所知。韦达在其《分析方法入门》前言的命题 XI 中也同样论证了二项式问题。但是，能将自己的名字与这一伟大发现紧密联系在一起的却是布莱兹・帕斯卡。帕斯卡注意到，二项式的系数可以很容易地从我们现在称为“帕斯卡三角”的排列中得到：

1
1 1
1 2 1
1 3 3 1
1 4 6 4 1
1 5 10 10 5 1
1 6 15 20 15 6 1
1 7 21 35 35 21 7 1
等等

在这个三角形中，每一个新增的元素都等于它上一行左右两个数之和。因此，根据帕斯卡三角，下一行的数为

1 8 28 56 70 56 28 8 1

请看，新增的数字 56 就等于其上左右两个数字之和，即 21 + 35。

要想知道 $(a+b)^8$ 展开式，看看帕斯卡三角就立马清楚了，因为三角形的最后一行数值为我们提供了所需的系数，即

$$(a+b)^8 = a^8 + 8a^7b + 28a^6b^2 + 56a^5b^3 + 70a^4b^4 + 56a^3b^5 + 28a^2b^6 + 8ab^7 + b^8$$

我们只要将三角形的数字再向下延伸几行，就可以得到 $(a+b)^{12}$ 展开式中 a^7b^5 的系数为792。所以，帕斯卡三角的有用性是非常明显的。

年轻的牛顿经过对二项展开式的研究，想出了一个能够直接导出二项式系数的公式，而不必再繁琐地构造三角形，并将其延伸到所需要的那行了。并且，他坚信，凡是模式就一定能始终适合同类的问题，因而他猜想，能够正确推导出诸如 $(a+b)^2$ 或 $(a+b)^3$ 这类二项式系数的公式，也应该适用于像 $(a+b)^{1/2}$ 或 $(a+b)^{-3}$ 这种形式的二项式。

关于分数指数和负数指数的问题，在此还需多说一句。在初等代数的学习中我们就知道，$a^{1/n}=\sqrt[n]{a}$，而 $a^{-n}=1/a^n$。虽然牛顿可能不是认识到这些关系的第一人，但他在 $\sqrt{1+x}$ 和 $1/(1-x^2)$ 这一类二项式的展开式中，确实充分利用了这些关系。

以下所列的牛顿版的二项展开式是他在1676年写给其同时代伟人戈特弗里德·威廉·莱布尼茨的一封信中阐明的（此信经由皇家学会的亨利·奥尔登伯格转交）。牛顿写道：

$$(P+PQ)^{m/n} = P^{m/n} + \frac{m}{n}AQ + \frac{m-n}{2n}BQ + \frac{m-2n}{3n}CQ + \frac{m-3n}{4n}DQ + \cdots$$

公式中的 $P+PQ$ 是所讨论的二项式；m/n 是二项式乘幂的次数，“不论这个幂是整数还是（比如说）分数，是正数还是负数”；公式中的 A、B、C 等表示展开式中的前几项。

对于那些见过现代形式的二项展开式的读者来说，牛顿的公式可能显得过于复杂和陌生。但只要仔细研究一下，各种疑问就都可以化解了。我们首先来看，

$$A = P^{m/n}$$

$$B = \frac{m}{n}AQ = \frac{m}{n}P^{m/n}Q$$

$$C = \frac{m-n}{2n}BQ = \frac{(m-n)m}{(2n)n}P^{m/n}Q^2 = \frac{\left(\frac{m}{n}\right)\left(\frac{m}{n}-1\right)}{2}P^{m/n}Q^2$$

$$D = \frac{m-2n}{3n}CQ = \frac{\left(\frac{m}{n}\right)\left(\frac{m}{n}-1\right)\left(\frac{m}{n}-2\right)}{3\times 2}P^{m/n}Q^3 \qquad \text{等等}$$

然后，应用牛顿的公式，并从方程两边分别提取公因数 $P^{m/n}$，我们得出

$$\begin{aligned} & P^{m/n}(1+Q)^{m/n} \\ &= (P+PQ)^{m/n} \\ &= P^{m/n}\left[1+\frac{m}{n}Q+\frac{\left(\frac{m}{n}\right)\left(\frac{m}{n}-1\right)}{2}Q^2+\frac{\left(\frac{m}{n}\right)\left(\frac{m}{n}-1\right)\left(\frac{m}{n}-2\right)}{3\times 2}Q^3+\cdots\right] \end{aligned}$$

消去 $P^{m/n}$，得

$$\begin{aligned} (1+Q)^{m/n} = 1 &+ \frac{m}{n}Q + \frac{\left(\frac{m}{n}\right)\left(\frac{m}{n}-1\right)}{2}Q^2 \\ &+ \frac{\left(\frac{m}{n}\right)\left(\frac{m}{n}-1\right)\left(\frac{m}{n}-2\right)}{3\times 2}Q^3 + \cdots \end{aligned}$$

也许，这种形式看起来就比较熟悉了。

我们不妨应用牛顿的公式来解一些具体例题。例如，在展开 $(1+x)^3$ 时，我们用 x 替换 Q，用 3 替换 m/n，于是得到

$$
\begin{aligned}
&(1+x)^3 \\
&=1+3x+\frac{3\times 2}{2}x^2+\frac{3\times 2\times 1}{3\times 2}x^3+\frac{3\times 2\times 1\times 0}{4\times 3\times 2}x^4+\cdots \\
&=1+3x+\frac{6}{2}x^2+\frac{6}{6}x^3+\frac{0}{24}x^4+\frac{0}{120}x^5+\cdots \\
&=1+3x+3x^2+x^3
\end{aligned}
$$

这恰恰就是帕斯卡三角的排列系数；并且，由于我们的原指数是正整数3，所以，展开式到第四项结束。

但是，当指数是负数时，又有一个完全不同的情况摆在牛顿面前。例如，展开 $(1+x)^{-3}$，根据牛顿公式，我们得到

$$1+(-3)x+\frac{(-3)(-4)}{2}x^2+\frac{(-3)(-4)(-5)}{6}x^3+\cdots$$

或简化为

$$(1+x)^{-3}=1-3x+6x^2-10x^3+15x^4-\cdots$$

方程右边永远没有终止。应用负指数定义，这一方程就成为

$$\frac{1}{(1+x)^3}=1-3x+6x^2-10x^3+15x^4-\cdots \quad \text{或等价地}$$

$$\frac{1}{1+3x+3x^2+x^3}=1-3x+6x^2-10x^3+15x^4-\cdots$$

牛顿将上式交叉相乘并消去同类项，证实

$$(1+3x+3x^2+x^3)(1-3x+6x^2-10x^3+15x^4-\cdots)=1$$

而当牛顿展开像 $\sqrt{1-x}=(1-x)^{1/2}$ 这种形式的二项式时，问题变得更加奇特。在这一例子中，$Q=-x$，$m/n=1/2$，于是，我们得到

$$
\begin{aligned}
\sqrt{1-x}&=1+\frac{1}{2}(-x)+\frac{(1/2)(-1/2)}{2}(-x)^2 \\
&\quad+\frac{(1/2)(-1/2)(-3/2)}{6}(-x)^3+\cdots \\
&=1-\frac{1}{2}x-\frac{1}{8}x^2-\frac{1}{16}x^3-\frac{5}{128}x^4-\frac{7}{256}x^5-\cdots \qquad (*)
\end{aligned}
$$

牛顿用等式右边的无穷级数自乘，也就是求这无穷级数的平方，以检验这一貌似奇特的公式，其结果如下：

$$\left(1-\frac{1}{2}x-\frac{1}{8}x^2-\frac{1}{16}x^3-\frac{5}{128}x^4-\cdots\right)\left(1-\frac{1}{2}x-\frac{1}{8}x^2\right.$$

$$\left.-\frac{1}{16}x^3-\frac{5}{128}x^4-\cdots\right)=1-\frac{1}{2}x-\frac{1}{2}x-\frac{1}{8}x^2+\frac{1}{4}x^2$$

$$-\frac{1}{8}x^2-\frac{1}{16}x^3+\frac{1}{16}x^3+\frac{1}{16}x^3-\frac{1}{16}x^3-\cdots$$

$$=1-x+0x^2+0x^3+0x^4+\cdots=1-x$$

所以

$$\left(1-\frac{1}{2}x-\frac{1}{8}x^2-\frac{1}{16}x^3-\frac{5}{128}x^4-\cdots\right)^2=1-x$$

这就证实了

$$1-\frac{1}{2}x-\frac{1}{8}x^2-\frac{1}{16}x^3-\frac{5}{12}x^4-\cdots=\sqrt{1-x}$$

与牛顿原推导结果相同。

牛顿写道：“用这一定理进行开方运算非常简便。”例如，假设我们求$\sqrt{7}$的小数近似值。首先，我们看到，

$$7=9\left(\frac{7}{9}\right)=9\left(1-\frac{2}{9}\right)$$

所以

$$\sqrt{7}=\sqrt{9\left(1-\frac{2}{9}\right)}=3\sqrt{1-\frac{2}{9}}$$

现在，将前面标有（＊）符号的二项展开式中的前 6 项代入等式右边的平方根，当然，此处要用 2/9 替换原公式中的 x，因而，我们得到

$$\sqrt{7}\approx 3\left(1-\frac{1}{9}-\frac{1}{162}-\frac{1}{1458}-\frac{5}{52\,488}-\frac{7}{472\,392}\right)=2.645\,76\cdots$$

这一结果与$\sqrt{7}$的真值仅相差 0.000 01，只取了前 6 个数值项的结果就

如此精确，这当然令人瞠目结舌。如果取二项展开式中更多的项，我们肯定就会得到更加精确的近似值。并且，我们还可以用同样的方法求出三次根、四次根等的近似值，因为我们可以应用二项式定理展开$\sqrt[3]{1-x}=(1-x)^{1/3}$，然后按照上述方法继续演算。

从某种意义上说，用6个分数的和求出$\sqrt{7}$的近似值并没有什么特别不可思议的地方。而真正令人吃惊的是，牛顿的二项式定理精确地告诉我们应该采用哪些分数，而这些分数则是以一种完全不假思索的方式得出的，无须任何特殊的见解与机巧。这显然是一个求任何次方根的有效而巧妙的方法。

二项式定理是我们即将阐述的伟大定理的两个必要前提之一。另一个前提是牛顿的逆流数，也就是我们今天所说的积分。但是，对逆流数的详尽阐明属于微积分的范畴，不在本书的讨论范围之内。然而，我们可以用牛顿的话来叙述他的重要定理，并举一两个例子来加以说明。

牛顿在1669年年中撰著的《论分析》（De Analysi）一书中提出了逆流数问题，但这部论著直到1711年才发表。这是牛顿第一次提出逆流数问题，他将他的这部论著交给几个数学同事传阅。比如，我们知道，艾萨克·巴罗就曾看到过这部著作，他于1669年7月20日给他一个熟人的信里写道："……我的一个朋友……在这些问题上很有天分，他曾带给我几篇论文。"巴罗或《论分析》一书的任何其他读者遇到的第一个法则如下。

> 设任意曲线AD的底边为AB，其垂直纵线为BD，设$AB=x$，$BD=y$，并设a、b、c等为已知量，m和n为整数。则：
>
> 法则1：如果$ax^{m/n}=y$，那么$\frac{an}{m+n}x^{(m+n)/n}=$面积$ABD$。

OF

ANALYSIS

BY

Equations of an infinite Number of Terms.

1. *THE General Method, which I had deviſed ſome conſiderable Time ago, for meaſuring the Quantity of Curves, by Means of Series, infinite in the Number of Terms, is rather ſhortly explained, than accurately demonſtrated in what follows.*

2. Let the Baſe AB of any Curve AD have BD for it's perpendicular Ordinate; and call AB=x, BD=y, and let a, b, c, &c. be given Quantities, and m and n whole Numbers. Then

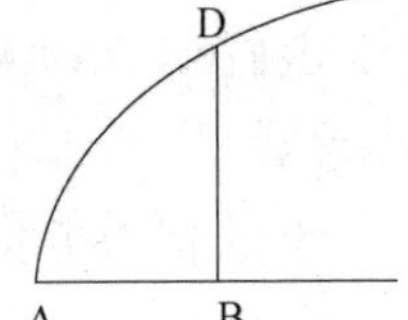

The Quadrature of Simple Curves,

RULE I.

3. If $ax^{\frac{m}{n}}=y$; it ſhall be $\frac{an}{m+n}x^{\frac{m+n}{n}}$ = Area ABD.

牛顿求曲线下面积法则，摘自《论分析》1745 年译本

（图片由 Johnson Reprint 公司提供）

在图 7-1 中，牛顿所求的是横轴之上，曲线 $y = ax^{m/n}$ 之下，从原点向右延伸至点 x 的图形的面积。根据牛顿的法则，这一图形的面积为 $\frac{an}{m+n}x^{(m+n)/n}$。例如，如果我们取直线 $y = x$（图 7-2），则 $a = m =$

$n=1$，按照牛顿的公式，面积为$\frac{1}{2}x^2$，对这一结果，可以很容易地用公式“三角形面积 $=\frac{1}{2}$(底)×(高)”进行检验。同样，在原点与点 x 之间，$y=x^2$ 之下的图形的面积为 $x^{2+1}/(2+1)=x^3/3$。

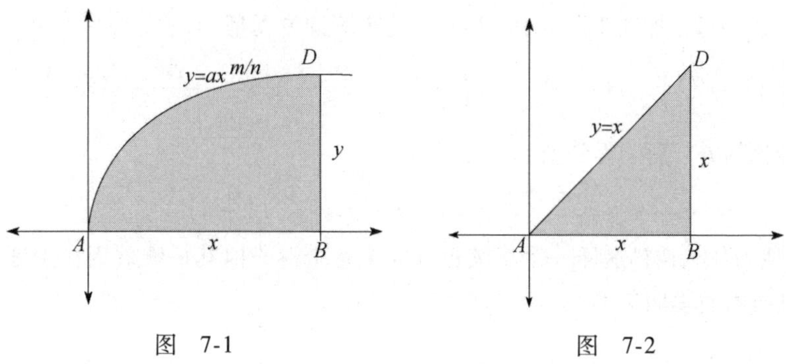

图　7-1　　　　　　图　7-2

牛顿在《论分析》一书的法则 2 中又进一步说明，“如果 y 的值是几个项之和，那么，其面积也同样等于每一项面积之和。”例如，他写道，曲线 $y=x^2+x^{3/2}$之下图形的面积为

$$\frac{1}{3}x^3+\frac{2}{5}x^{5/2}$$

那么，牛顿所采用的两个工具就是：二项式定理和求一定曲线下面积的流数法。运用这两个工具，不论面对多少复杂的数学与物理问题，他都可以得心应手地解决掉，而我们将要看到的是牛顿如何应用这两个工具，使一个古老的问题获得了全新的生命力：计算 π 的近似值。我们在第 4 章的后记中，追溯了这一著名数字的一段历史，认识到某些学者，如阿基米德、韦达和鲁道夫·范·科伊伦在计算更精确的 π 近似值方面所作出的贡献。1670 年左右，这个问题引起了艾萨克·牛顿的注意。他运用他卓越的新方法，对这一古老问题进行研究，并取得了辉煌的成就。

伟大的定理：牛顿的 π 近似值

牛顿当然精通解析几何的概念，不然他怎么会用解析几何的方法研究 π 近似值问题。他首先作半圆，其圆心 C 位于点（1/2，0），半径 $r=1/2$，如图 7-3 所示。他知道这个圆的方程是

$$\left(x-\frac{1}{2}\right)^2+(y-0)^2=\left(\frac{1}{2}\right)^2 \quad \text{或者} \quad x^2-x+\frac{1}{4}+y^2=\frac{1}{4}$$

经化简并求解 y 得到上半圆方程为

$$y=\sqrt{x-x^2}=\sqrt{x}\sqrt{1-x}=x^{1/2}(1-x)^{1/2}$$

（他为什么选择这样一个半圆也许完全是个谜，但其特殊效用在论证结束时自会明了。）

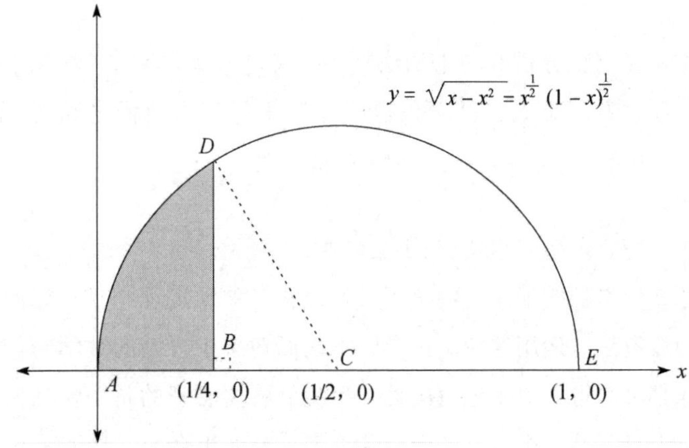

图 7-3

前面带（ * ）标记的方程表明，$(1-x)^{1/2}$ 可以用其二项展开式替换，因此，半圆的方程可演变为

$$\begin{aligned} y &= x^{1/2}(1-x)^{1/2} \\ &= x^{1/2}\left(1-\frac{1}{2}x-\frac{1}{8}x^2-\frac{1}{16}x^3-\frac{5}{128}x^4-\frac{7}{256}x^5-\cdots\right) \end{aligned}$$

$$= x^{1/2} - \frac{1}{2}x^{3/2} - \frac{1}{8}x^{5/2} - \frac{1}{16}x^{7/2} - \frac{5}{128}x^{9/2} - \frac{7}{256}x^{11/2} - \cdots$$

下面，艾萨克·牛顿的天才显露无遗。他设点 B 位于（1/4，0），如图 7-3 所示。并作 BD 垂直于半圆的直径 AE。然后，他用两种完全不同的方法，求阴影部分 ABD 的面积。

1. 用流数法求面积（ABD）　我们已经看到，牛顿知道如何求一条曲线下起点为 0，右端点为 $x = 1/4$ 的图形的面积。根据《论分析》一书的法则 1 和法则 2，阴影部分的面积为

$$\frac{2}{3}x^{3/2} - \frac{1}{2}\left(\frac{2}{5}x^{5/2}\right) - \frac{1}{8}\left(\frac{2}{7}x^{7/2}\right) - \frac{1}{16}\left(\frac{2}{9}x^{9/2}\right) - \cdots$$

$$= \frac{2}{3}x^{3/2} - \frac{1}{5}x^{5/2} - \frac{1}{28}x^{7/2} - \frac{1}{72}x^{9/2} - \frac{5}{704}x^{11/2} - \cdots \qquad (**)$$

赋值 $x = 1/4$。这种方法的天才之处就在于，当我们赋值计算的时候，其方程式就会变得极为简单，因为

$$\left(\frac{1}{4}\right)^{3/2} = \left(\sqrt{\frac{1}{4}}\right)^3 = \frac{1}{8},\quad \left(\frac{1}{4}\right)^{5/2} = \left(\sqrt{\frac{1}{4}}\right)^5 = \frac{1}{32}, \text{等等}$$

所以，我们只要应用（ ** ）方程式中级数的前 9 项，就可以计算出阴影部分（ABD）面积的近似值，得

$$\frac{1}{12} - \frac{1}{160} - \frac{1}{3584} - \frac{1}{36\,864} - \frac{5}{1\,441\,792} \cdots - \frac{429}{163\,208\,757\,248}$$

$$= 0.076\,773\,106\,78$$

2. 用几何方法求面积（ABD）　牛顿接着用纯几何方法计算阴影部分的面积。他首先求直角三角形 $\triangle DBC$ 的面积。我们知道，BC 的长度为 1/4，而 CD 是半径，其长度 $r = 1/2$。我们可以直接应用毕达哥拉斯定理，得出

$$\overline{BD} = \sqrt{\left(\frac{1}{2}\right)^2 - \left(\frac{1}{4}\right)^2} = \sqrt{\frac{3}{16}} = \frac{\sqrt{3}}{4}$$

所以，

$$\text{面积}(\triangle DBC)=\frac{1}{2}(\overline{BC})\times(\overline{BD})=\frac{1}{2}\left(\frac{1}{4}\right)\left(\frac{\sqrt{3}}{4}\right)=\frac{\sqrt{3}}{32}$$

到目前为止，一切顺利。下一步，牛顿想要求出楔形或扇形部分 ACD 的面积。为此，他再次利用$\triangle DBC$。由于 BC 的长度恰好是斜边 CD 的一半，所以他认为，这就是我们所熟悉的 30° – 60° – 90°直角三角形，特别是，$\angle BCD$ 是60°角。

至此，我们再一次为他深邃的洞察力所折服，因为如果他在 B 点以外的其他地方作垂线的话，那么，他就不会得到如雪中送炭般的60°角。现在，已知扇形的角度为60°，也就是说，等于构成半圆的180°角的三分之一，牛顿就此断定，扇形的面积也等于半圆面积的三分之一，即

$$\text{面积(扇)}=\frac{1}{3}\text{面积(半圆形)}=\frac{1}{3}\left(\frac{1}{2}\pi r^2\right)=\frac{1}{3}\left[\frac{1}{2}\pi\left(\frac{1}{2}\right)^2\right]=\frac{\pi}{24}$$

想到这个伟大的定理是关于牛顿的 π 近似值，敏锐的读者一定一直都很着急，不知道这个常数如何以及何时才能进入他的论证。终于，π 在牛顿的推理链中出现了，现在只差最后一两步就可以巧妙地计算出他的 π 近似值。

因此，用几何方法求出的阴影部分的面积为

$$\text{面积}(ABD)=\text{面积(扇形)}-\text{面积}(\triangle DBC)=\frac{\pi}{24}-\frac{\sqrt{3}}{32}$$

令牛顿用流数/二项式定理所计算出的同一阴影部分面积的近似值与上述结果相等，就得到$0.07677310678\approx\frac{\pi}{24}-\frac{\sqrt{3}}{32}$，解出 π，就得到 π 的近似值：

$$\pi\approx 24\times\left(0.07677310678+\frac{\sqrt{3}}{32}\right)=3.141592668\cdots$$

证毕

牛顿 π 近似值的惊人之处在于他只用了二项展开式中的前 9 项，

就使其 π 值精确到小数点后 7 位，而且，我们发现，牛顿的 π 近似值与 π 的真值相差不超过 0.000 000 014。比起我们在第 4 章中所讲到过的韦达或卢道尔夫的惊人的计算，牛顿的 π 近似值又前进了一大步。实际上，应用这一方法，唯一真正的困难在于精确地计算$\sqrt{3}$的近似值。但是，我们前面已经讲过，用牛顿的二项式定理就可以很容易地计算出平方根的值。总之，这一结果清楚地表明了他的数学新发现在解决这一古老问题时的显著效能和巨大成功。

牛顿的 π 近似值直接引自他的《流数法与无穷级数》，这部论著写于 1671 年，但几十年后才发表，该论著发展了他几年前撰著的《论分析》一书中的流数思想。在《流数法与无穷级数》一书中，牛顿利用 $\sqrt{1-x}$的二项展开式中的前 20 项，计算出有 16 位小数的 π 值。一次，在讲到这一 π 近似值时，他有几分羞愧地承认："我真不好意思告诉你们我计算到了多少位小数，因为当时我没有其他事情可做。"

尽管牛顿感到羞愧，但那些能够细致入微地欣赏数学美的人却会对当时没有其他紧迫事情占据他那智慧的大脑而感到由衷地高兴，因为当时正是"……我创造力的全盛时期，而且对数学和哲学的关心超过其他任何时候。"

后记

这些就是牛顿在 17 世纪 60 年代中叶的瘟疫期间就读于三一学院时所取得的部分成果。此后的六十余年，这个英格兰小乡村的不幸孩子逐渐名扬天下。本章的结尾部分将介绍他不平凡一生中的其他篇章。

1668 年，牛顿完成了他硕士学位的学习，并被选为三一学院的研究员。这就意味着他只要庄严宣誓，并保持单身，就可以无限期地保留他的学术职位，还有财政津贴。不仅如此，第二年，艾萨克·巴罗辞去卢卡斯数学教授的席位，并力荐牛顿接替他担任此职位。据说，巴罗离职是因为他承认牛顿在数学上更胜于他，因而不能心安理得地占据这个席位。这个传说很动人，但实际上，巴罗去职的动机并没有如此高尚，真正的原因是，他在希腊文和神学方面也是一位出色的学者，当时正在角逐其他领域的更高职位。巴罗辞去卢卡斯数学教授职位后，不久就担任了御前牧师。尽管如此，巴罗在这位默默无闻的年轻人担任教授一事中，毕竟起了很大作用。巴罗当然了解他这位同事，因而，他诚心诚意地介绍牛顿是"……我们学院的一位研究员，……非常年轻……但却是一位非凡的天才和大师。"

牛顿作为卢卡斯数学教授，事情并不多。他既不必教学生，也不必作指导，他除了领取丰厚的薪酬，保持道德上的清高之外，主要工作就是定期做数学演讲。如果有人以为学生一定会蜂拥而至，聆听这位伟人的讲座，那么，他们一定会对真实情况感到非常吃惊。不要忘记，牛顿在他那非常狭小的圈子之外尚无名望，而且，当时剑桥大学的学生也不必勤奋好学。一位同时代的人曾对牛顿的卢卡斯讲座作过如下记载：

> ……听他讲座的人很少，而且，能够听懂的人就更少，由于缺少听众，他几乎常常对着墙壁宣讲。

这个同时代的人还说，牛顿的讲座一般持续半个小时，除非一个听众也没有，而在这种情况下，他只在那里待 15 分钟。

虽说牛顿口才不佳，但他的科学研究成果却非常丰硕。他很少交朋友，很少与人来往，在三一学院中成了一个离群索居而有几分怪异的人物。一位多年的同事回忆说，他只看到牛顿笑过一次。他唯一的那次笑是由他的一位熟人引起的。当时，这位熟人正在读一本欧几里得的书，他问牛顿这部老朽的旧书有什么价值。对此，牛顿不禁放声大笑。

牛顿的侄子汉弗莱·牛顿对他的教授生活做了最生动的描述，他写道：

> 他总是把自己关在屋子里做研究，很少出去拜访别人，也没有人来拜访他……我从来没见他有过任何消遣或娱乐，不论是骑马出去呼吸新鲜空气、散步、打保龄球，还是任何其他运动。他认为所有这些活动都是浪费时间，不如利用这些时间去做学问……他很少到餐厅用饭……如果没人关照他，他会变得非常邋遢，鞋子拖在脚上，袜子不系袜带，整天穿着睡袍，而且，几乎从来也不梳头。

然而，随着他未发表的论著，如《论分析》和《流数法与无穷级数》等的流传，牛顿的名望与日俱增。他第一项引起公众注意的大作，就是 1671 年他在伦敦皇家学会的一次会议上所展示的新发明——反射望远镜。这个光学仪器，是牛顿的光学理论和他实际动手能力完美结合的产物。科学界高度赞扬他的努力成果，他的反射望远镜依靠的是底部反射镜而不是顶部沉重而不稳定的透镜，直至今日，这种望远镜依然是光学天文学的首选仪器。

在这一成功发明的激励下，牛顿不久向皇家学会递交了一篇论光学的论文。但是，这一次，他的激进思想受到了某些著名学者，如罗伯特·胡克的质疑与嘲笑。争论本是学术界一个很普通的现象，但牛顿却深为厌恶。一旦面对批评，他就会深深退回到个人的小世界中，拒绝发表或与人交流他的思想，以免再次与那些不开化的同事发生冲突。他的这一决定意味着有许多辉煌的科学论文将几十年地躺在他的抽屉里，不为世人所知。我们在下一章将看到，他的这种做法造成了灾难性的后果，几年后，他的发现，特别是微积分，被别人首先发表，而他却不得不声明优先权。

到了 17 世纪 70 年代，牛顿的兴趣逐渐从数学与物理学转移到了其他方面。他将大量时间用于炼金术的研究，不过我们从中可以看到一个现代化学者的头脑。然而，也有些事情未免迂腐，例如他在研究《圣经》时着眼于计算各位先知的年代与时期，计算约柜的尺寸大小，等等。他用了大量时间，如此这般地对《圣经》作了缜密的分析，可他的一项研究结果居然是不承认耶稣为三位一体之中的一员。想一想聘用他的三一学院这个名字，就会觉得这件事情有多古怪。艾萨克的观点过于激进，他不得不保持沉默，至少在他任卢卡斯数学教授期间是如此。

就这样时间到了 1684 年。后来以其名字命名彗星的著名天文学家埃德蒙·哈雷拜访了牛顿，并力劝牛顿公布他的惊人发现。犹如往常一样，牛顿仍不情愿，但哈雷的劝说（更不必说哈雷答应负担出版费用）使牛顿相信该是发表他的著作的时候了。牛顿狂热起来，开始勤奋地工作，整理他的论文。这部著作日后成为他的科学代表作，其中阐述了他对运动定律和万有引力原理的研究。1687 年，这部著作最终问世了，题为《自然哲学的数学原理》（以下简称《原理》）。展现在我们面前的，是一个宇宙体系，是对月球和行星运动的精确的数学推导，它使天地万物的严整性得到了解释，并与牛顿奇妙的方程正相吻合。自《原理》发表后，科学的面貌为之一变。

《原理》获得了巨大的成功。虽然很少有人能够理解书中的全部奥妙，但人们普遍认为牛顿近乎超人。许多年以后，法国数学家皮埃尔-西蒙·拉普拉斯记载了他对牛顿科学发现的尊崇、敬畏和羡慕之情：

> 牛顿是迄今为止最伟大的天才，也是最幸运的人，因为只有一个世界体系可供我们建立。

《原理》出版后的第二年是英国历史上重要的一年。1688 年底，斯图亚特王朝的最后一位国王——詹姆斯二世被剥夺王位，逃往法国，威廉三世和玛丽二世即位。在随后称为“光荣革命”的政治改革中，国会的影响越来越大，而君主的权势则日趋衰落。有趣的是，1689 年，从剑桥派往威斯敏斯特的国会议员不是别人，正是卢卡斯数学教授艾萨克·牛顿。

作为新君主的支持者，牛顿显然未能以其国会议员的身份给英国政府留下什么印象。尽管如此，他的生活却的确因此而发生了新的转机。如今，他不再是一个落落寡合、离群索居的学者，却以一种几年前甚至不可想象的方式登上了社会舞台。伴随《原理》一书的巨大成功，这位剑桥大学的教授成为伦敦的官员。他似乎很喜欢这种变化，并与许多知名人士交上朋友，如约翰·洛克和塞缪尔·佩皮斯。但是，1693 年，牛顿生了一场大病，一度精神崩溃，他生病的原因在一定程度上是因为他在做炼金术实验时常常品尝化学药品。1695 年，牛顿身体康复，第二年，他辞去了卢卡斯数学教授的职务，并离开了三一学院。自从牛顿作为一名普通的大学生从乌尔索普进入三一学院以来，已经度过了 35 个春秋。35 年的时光已将这个年轻人变成了任何人都未曾预想到的伟人。

那么，这位前教授后来又做了些什么呢？由于社会公职给牛顿留下了良好的印象，也许还由于他越来越认识到自己科学发明的顶峰时期已经过去，牛顿准备尝试一条完全不同的道路。因而，1696 年，他接受了造币局局长的职位。当时，英国的货币是在伦敦塔上铸造的，而那里也是造币局局长生活和工作的地方。据大家说，牛顿在造币局干得很不错，他监管了英国币制的全面改革，并且与伦敦市的金融家和银行家们相处得十分融洽。

牛顿任造币局局长的这些年，还有机会从事科学撰著。1704 年，他出版了《光学》，这部巨著奠定了他的光学理论，就像《原理》阐明了他的万有引力定律一样。有趣的是，牛顿是在《光学》的附录中第一次发表了他的流数法理论，这篇论文题为《曲线求积术》。虽然牛顿早在 40 年前就已提出了这些思想，但是，直到 1704 年，他的这些理论才公诸于世。遗憾的是，他发表得太晚了。早在几年前，欧洲大陆的数学家就已经发表了他们自己对微积分研究的论文。牛顿宣称他现在发表的这些理论其实已经诞生 40 年之久，对此，欧洲大陆的一些数学家置若罔闻，甚至还公开表示怀疑。

时任剑桥大学卢卡斯数学教授的牛顿
（图片由芝加哥大学叶凯士天文台提供）

就在《光学》发表前不久，牛顿当选为皇家学会主席。他在这一职位上同样显现出非凡的管理才能，他的这些才能在他任职造币局局长期间便已有目共睹。牛顿一直担任皇家学会主席一职，直至辞世。

1705 年，无与伦比的科学家、超群的数学家、公务员和皇家学会主席艾萨克·牛顿被安妮女王封为爵士，备受恩宠。授爵仪式恰当地选在剑桥大学三一学院举行。牛顿以“艾萨克爵士”的头衔又生活了 22 年。

在这最后的 22 年里，牛顿一直生活在伦敦，他将时间分别用于造币局和皇家学会的公务、科学撰著以及参加首都一些有影响的活动。这些年肯定是艾萨克爵士春风得意的时期，他的权势和名望（更不要说他的个人财产）与日俱增。

牛顿一直活到 84 岁高龄，于 1727 年逝世。其时，艾萨克·牛顿已被英国人视为国宝，他也的确不愧这一崇高的赞誉。牛顿显然是欧洲最优秀的科学家，他的影响不亚于一次革命。他死后安葬在威斯敏斯特教堂，享受到与国王和英雄同等的殊荣。今天，牛顿的塑像醒目地矗立在威斯敏斯特教堂圣坛左面入口处，所有进入这一圣地的人都能一眼看到。

全世界有许多赞颂牛顿的诗篇。例如，英国大诗人亚历山大·蒲柏曾写道：

> 自然与自然的规律隐藏在茫茫黑夜之中，
> 上帝说“让牛顿降生吧”，于是一片光明。

另一位著名诗人威廉·华兹华斯，以更加委婉的笔调描写了自己在三一学院度过的一夜：

> 遥借星月之光，
> 伏枕远望，
> 教堂前矗立着牛顿的雕像，
> 那棱角分明的脸上，
> 写满沉默
> 这大理石幻化的伟大英雄，
> 永远在陌生的思想大海中，
> 独自远航。

对这位孤独的远航者的影响，怎么过高估计也不为过。人们只需回忆一下 100 年前卡尔达诺的世界观，就足以理解牛顿影响的深远意义——卡尔达诺的世界观是一种将晦涩难懂的科学与最古怪的迷信混合在一起的大杂烩。那时，世界在很大程度上被看做是一个非理性的地方，一种超自然的力量渗透在世间一切事物之中，从彗星的形状到日常生活中的灾难，无所不包。而牛顿却以其极有规律的世界，从自然界排除了超自然的力量。他的工作成果描述了一个理性的世界，一个有其基本法则（这在牛顿的遗产中占有很大比重）、凡人能够解释的世界。

有趣的是，就在牛顿进入剑桥大学166年后，另一位英国青年在剑桥大学基督学院开始了他的大学生涯，而且，他的住处离牛顿在三一学院的旧居仅隔几个街区。年轻的查尔斯·达尔文肯定常常走在许多年前牛顿所熟知的剑桥大学的同一条街道上。像牛顿一样，达尔文也不愿公布他的发现，但是，1859年，他动笔写出了经典名著《物种起源》，这部巨著对生物学的影响，一如牛顿的《原理》之于物理学。犹如牛顿创造了物理“自然”世界一样，达尔文也同样创造了生物“自然”世界，他解释了地球上似乎无法解释的有关生命活力的机制。他们两人的影响都十分深远，远远超出了科学本身。他们两人的理论都使人类对现实世界的认识产生了一场深刻的革命。今天，达尔文也同样长眠在威斯敏斯特教堂，与牛顿墓之间只有几英尺的距离——两个科学巨人，两个登峰造极的剑桥大学学生。

1英镑纸币上的牛顿肖像

晚年的艾萨克·牛顿，当回忆他不平凡的智力探险经历时，谦和地承认，如果他比别人看得更远些，那是因为他站在巨人的肩膀上。这里，他当然是指韦达、伽利略、笛卡儿和英雄世纪的其他伟人。现在，他自己的肩膀也将托起后代学人。在一段常常被人引用的非常著名的话里，牛顿写道：

> 我不知道世人怎样看我。我只觉得自己好像是在海边玩耍的孩子，偶尔拾到光滑的石子、美丽的贝壳就高兴不已。但面对真理的浩瀚大海，我仍茫然不知。

但是，我们或许应当以下面这段恰如其分的墓志铭，缅怀这位在威斯敏斯特教堂安息的伟人：

> 让人类欢呼，曾经存在过这样一位伟大的人类之光。

第8章

Journey Through Genius

伯努利兄弟与调和级数

（1689年）

莱布尼茨的贡献

在剑桥大学孤独的艾萨克·牛顿改变数学面貌的同时，欧洲大陆的其他数学家们也并非无所事事。17 世纪后半叶，在笛卡儿、帕斯卡和费马的影响下，欧洲大陆的数学蓬勃发展，其中最伟大的数学家就是戈特弗里德·威廉·莱布尼茨（1646—1716）。

人们常常称莱布尼茨为全才，他精通多种学科，并在每个学科中都有所建树。他的父亲是一位伦理学教授。莱布尼茨堪称神童，很小的时候就可以到他父亲的大书房中去读书。利用这一机会，小莱布尼茨幼年时便自学了拉丁文和希腊文。他如饥似渴地读书，15 岁就进入了莱比锡大学。他的学业进展神速，不足 20 岁时就在阿尔特多夫大学完成了他的博士论文。

虽然莱布尼茨的学术生涯很有前途，但他却离开了大学，去为美因茨的选帝侯工作。当时的德国被划分为许多小的邦国，选帝侯是这些小邦国中的当权者。莱布尼茨在工作中审查了一些非常复杂的法律问题，包括神圣罗马帝国的重大改革。在业余时间里，他设计了一台计算机。这台计算机的乘法运算是通过快速地重复相加进行的，同样，其除法运算是通过快速相减进行的。虽然莱布尼茨使劲吹嘘其计算机的高效率，但由于当时技术条件的限制，这种计算机表现不佳，这使莱布尼茨不免羞愧难当。尽管如此，他的理论却是可靠的，而最终也是可行的。

1672 年，莱布尼茨作为高级外交官被从德国派往巴黎。法国首都的文化生活令他深深地陶醉，在顺带出访伦敦和荷兰时，这位年轻的天才有幸结识了一些著名的学者，如胡克、波义耳、列文虎克和哲学家斯宾诺莎。莱布尼茨所处的学术环境的确非常活跃。然而在 1672 年，甚至他也只得承认他的数学教育只限于阅读了一些古典名著。具有极高天赋和强烈好奇心的莱布尼茨感到自己需要一个“速成班”，以把握当代的数学趋势和方向。

幸运的是，他在巴黎遇到了一个绝佳的机会。有一位荷兰科学家，名叫克里斯蒂安·惠更斯（1629—1695），他享受太阳王路易十四的津贴，一直住在巴黎。惠更斯的研究成果给人印象极深。在理论方面，他对数学曲线，特别是对“摆线”作了大量研究。所谓摆线，就是一个圆沿着一条水平直线滚动时圆周上的一个定点所产生的轨迹曲线（见图 8-1）。他的发现在他第一个成功发明的钟摆的设计中起了很大作用，钟摆的工作原理与摆线类曲线密切相关。

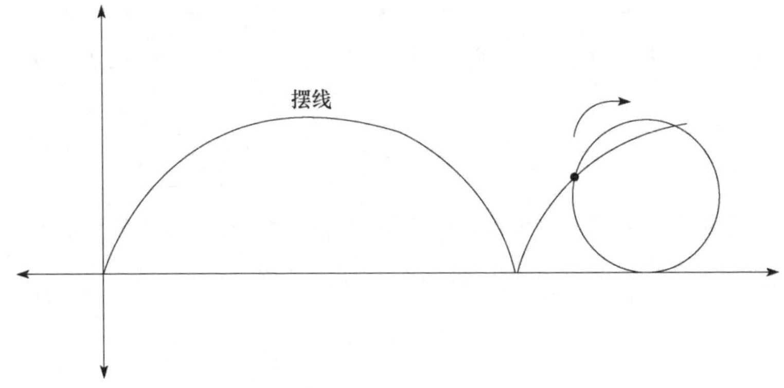

图　8-1

这一发明表明，惠更斯感兴趣的领域并不是纯数学。没错，令他久负盛名的或许是物理学和天文学，他研究了运动定律和离心力，并提出了一套复杂的光波理论。而且，惠更斯还借助望远镜第一个解释了土星周围古怪的附属物实际上是土星环。

既然在巴黎有这样一位科学家，那么，莱布尼茨向惠更斯请教，以提高自己的数学水平，就不足为奇了。如果说惠更斯是莱布尼茨的老师，也许有些夸大其词，但他在研究当代数学方面，的确给了这位年轻的外交家许多指导。当然，在历史上，老师也很少能有像戈特弗里德·威廉·莱布尼茨这样优秀的学生。

惠更斯指导莱布尼茨研究的一个问题是求三角形数的倒数和。所谓三角形数，就是对应于三角形阵列的数字，如图 8-2 所示。第一个三角形数是 1，第二个是 3，第三个是 6。一般地，第 k 个三角形数等于 $k(k+1)/2$。注意，在保龄球运动中，为了将滚道尽头的保龄球按照楔形排列，于是便出现了 10 个一组的保龄球，这就是标准的“三角形数”。

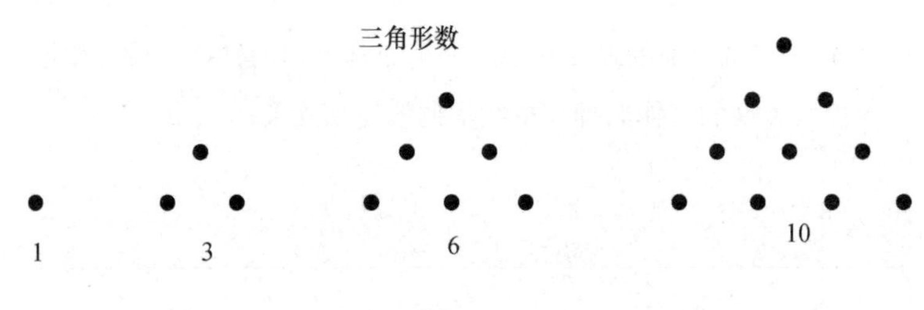

图 8-2

惠更斯要求莱布尼茨求出的不是三角形数的和，而是三角形数的倒数和。总之，他要求他年轻的学生求出 S 的值，其中，

$$S = 1 + \frac{1}{3} + \frac{1}{6} + \frac{1}{10} + \frac{1}{15} + \frac{1}{21} + \cdots$$

莱布尼茨想了一会儿，就把方程的所有各项全都除以 2，得到

$$\frac{1}{2}S=\frac{1}{2}+\frac{1}{6}+\frac{1}{12}+\frac{1}{20}+\frac{1}{30}+\cdots$$

在这个方程式中，莱布尼茨发现了一个突出的特点，也就是说，他可以用等价式$1-\frac{1}{2}$替换方程右边的第一项$\frac{1}{2}$，然后依次用$\frac{1}{2}-\frac{1}{3}$替换$\frac{1}{6}$，用$\frac{1}{3}-\frac{1}{4}$替换$\frac{1}{12}$，等等。这样，就将上述方程变为

$$\frac{1}{2}S=\left(1-\frac{1}{2}\right)+\left(\frac{1}{2}-\frac{1}{3}\right)+\left(\frac{1}{3}-\frac{1}{4}\right)+\left(\frac{1}{4}-\frac{1}{5}\right)+\cdots$$

然后，莱布尼茨去掉括号，消项化简，得

$$\frac{1}{2}S=1-\frac{1}{2}+\frac{1}{2}-\frac{1}{3}+\frac{1}{3}-\frac{1}{4}+\frac{1}{4}-\frac{1}{5}+\cdots=1$$

既然S的一半等于1，那么，S本身（即三角形数的倒数和）就显然等于2。总之，莱布尼茨非常巧妙地解决了惠更斯的挑战，并且发现

$$1+\frac{1}{3}+\frac{1}{6}+\frac{1}{10}+\frac{1}{15}+\frac{1}{21}+\cdots=2$$

虽然现代数学家对莱布尼茨解无穷级数这种漫不经心的方法持有一定的保留意见，但谁也不能否认他方法的基本独创性。

对于莱布尼茨所具有的数学超凡洞察力，这仅仅是个开始。不久，他又凭借其天赋，研究牛顿在10年前论述的关于切线与面积的同一问题。1676年，莱布尼茨离开了巴黎，这时，他已经独立发现了微积分的基本原理。在巴黎生活的四年，使他从一个数学上初出茅庐的新手成长为一个数学巨人。

这四年虽然奠定了莱布尼茨永久名望的基础，但同时也奠定了一场持久争论的基础。我们应该还记得前文所述，艾萨克·牛顿的流数理论只有几个英国数学家知道，只有他们几个人见到过牛顿论流数法的手稿。1673年，莱布尼茨在访问伦敦期间，被接受为英国皇家学会的外籍会员。在此，他见到了牛顿的一些文献，并留下了很深的印象。后来，

莱布尼茨通过皇家学会的秘书亨利·奥尔登伯格转交给牛顿一封信，他在信中进一步询问了牛顿的发现，伟大的英国科学家牛顿回了两封信，虽然是以一种非常含蓄的方式。牛顿1676年这两封著名的复信，我们今天称之为“前信”和“后信”。莱布尼茨认真地阅读了这两封信。

因而，当戈特弗里德·威廉·莱布尼茨首次发表他的论文，宣布这一惊人的数学新方法时，他在英国的同仁们则大叫“卑鄙!”莱布尼茨这篇论文的题目十分冗长，题为《关于求极大值、极小值和切线的新方法，也能用于分数和无理量的情形以及非寻常类型的有关计算》。这篇论文刊登在1684年的学术期刊《教师学报》上，而莱布尼茨恰恰是这个期刊的编辑。

因此，世界是通过莱布尼茨，而不是通过牛顿得知微积分的。实际上，微积分的名称就取自莱布尼茨这篇论文的题目。但是，袒护其同胞的英国人则各显其能地断言说，莱布尼茨剽窃了牛顿的全部发明。莱布尼茨访问过英国，他熟知牛顿手稿私下流传的情况，而且，他还与牛顿通过信——所有这一切都使英国人相信，是恶棍莱布尼茨窃取了牛顿的荣誉。

随后的争吵构成了数学史上最不光彩的一页。起初，两位主角都企图置身事外，而让他们的支持者去为自己作战。但是，最后所有各方都卷了进去，当然，这种争吵最后总是没有好结果的。莱布尼茨坦率地承认，他通过通信和阅读牛顿的手稿接触过牛顿的思想，但是这些只给了他某些提示，而不是明确的方法，这些新的计算方法是莱布尼茨自己发现的。

与此同时，英国人变得越来越愤怒。而且（从英国人的角度来看）更糟糕的是，莱布尼茨的微积分很快便被欧洲所接受，并且，他的弟子还在努力扩大其影响，而孤僻的牛顿却仍然拒绝公开任何有关微积分的结果。我们回想一下，牛顿早在1666年10月就写出了他第一篇论流数法的论文，比莱布尼茨发表的论文早了将近 20 年。但是，直到 1704 年，牛顿才在其《光学》的附录中专门论述了他的有关方法。1673 年，在莱布尼茨访问伦敦时，牛顿的一部更详尽论述流数法的著作——《论分析》还在英国数学界中非正式地流传，直至 1711 年才正式付印出版。牛顿为提供一部“供学习者使用的完整体系”，认真撰写了一部全面阐述其成熟思想的专著，但这部著作直到 1736 年才问世，而这时艾萨克爵士已经逝世整整 9 年了！实际上，牛顿发表他数学论文的速度太慢了，以致莱布尼茨的一些狂热的支持者可以反过来宣称是牛顿剽窃了莱布尼茨已出版的著作。

戈特弗里德 · 威廉 · 莱布尼茨
（图片由俄亥俄州立大学图书馆提供）

显然，情况混乱不堪。鲁珀特 · 霍尔在其《争战的哲学家》一书中对英吉利海峡两岸纷纷扬扬的指责与反驳作了详尽而生动的描述。

今天，飘荡了近300年的迷雾终于散去，人们公认，牛顿和莱布尼茨两人实际上各自独立地发展了同一种思想体系。在科学领域，两人或几人同时发现某一重要概念的现象并不罕见，如我们在第2章中曾介绍过的非欧几何的产生即是如此。自牛顿/莱布尼茨争论150年后，生物界又出现了英国科学家艾尔弗雷德·拉塞尔·华莱士与查尔斯·达尔文同时创立自然选择理论的问题。在这个例子中，达尔文的《物种起源》产生了巨大影响，而华莱士的著作却默默无闻，这可能就是达尔文流芳百世的原因。并且，进化论的两位发现者都是英国人，因而排除了牛顿/莱布尼茨论争中存在的民族情绪。

莱布尼茨一旦从有关微积分发明权的争论中脱出身来，便致力于多种学科的研究，而这种广泛涉猎的多样性正是他一生的特点。他在布伦兹维克公爵处谋得一个职位，着手追溯公爵的古老家世。他成为梵语和中国文化的专家。并且，他还继续进行哲学研究，哲学一直是他最热衷的学科。莱布尼茨根据“人类思维字母化”的设想，运用一种谨慎规定的“理性微积分”，寻求发展一种完善的形式逻辑体系。莱布尼茨希望人类能够应用这一逻辑工具，摆脱充斥日常生活的不准确和无理性。当然，他未能成功实现理想，这一切只能称为伟大的规划，但他在这一方面的努力却是朝着我们今日所谓“符号逻辑”的方向迈出的第一步。特别是，他应用代数公式表示逻辑叙述的方法将古希腊逻辑理论的口头三段论向前推进了一大步。

1700年，莱布尼茨成为创建柏林科学院的主要推动者。这一学者、作家和音乐家云集的机构意在为柏林吸引欧洲最伟大的思想家，使柏林跻身于思想中心之列。莱布尼茨荣幸地担任科学院的院长职务，直至逝世。

尽管柏林科学院的工作十分繁忙，但莱布尼茨并未因此而放弃研究。他继续钻研逻辑和哲学，并同时倡导世界宗教和政治体制的改革，希望能够因此给人类带来真正的和平与和谐。然而具有讽刺意义的是，他最后几年的保护人是汉诺威的一名贵族，1714 年英国女王安妮逝世后，这位贵族竟然一跃成为英国国王乔治一世。莱布尼茨非常希望能够跟随乔治国王去英国，并担任宫廷史学家，但乔治从未给他这个机会。如果微积分之战的两位主角——牛顿和莱布尼茨——同时都住在伦敦，事态的发展一定会很精彩，但遗憾的是，这种情况并未出现。

莱布尼茨于 1716 年逝世。当时，他的许多朋友和汉诺威宫廷的同僚都去了英国，而他自己的地位也已衰落，据说，只有一位忠实的仆人参加了这位伟人的葬礼。这与牛顿在英国的巨大威望形成了鲜明的对照，如我们在前一章所述，牛顿的崇高名望使他得以安葬在威斯敏斯特教堂。牛顿这种近似神化的声望无疑是当之无愧的，但莱布尼茨也应享有同样的荣誉。

比较一下这两位微积分的伟大发明者，就可以看到一个明显的事实。在某种意义上说，牛顿把他的流数法带进了坟墓。孤独、厌世的艾萨克爵士直到生命的最后一天都始终未能有一群聪敏的弟子环伺左右，渴望学习、完善并传播他的著作。相形之下，莱布尼茨的幸运之处则在于，他有两个最热情的弟子，即瑞士的雅各布·伯努利和约翰·伯努利兄弟，他们是在欧洲传播和推广微积分的主要人物。他们的努力，或许也不亚于莱布尼茨自己的努力，令微积分呈现了保留至今的韵味与面貌。

伯努利兄弟

兄弟中的哥哥，即雅各布·伯努利（1654—1705），是一位天才的数学家，他对微积分、无穷级数的求和都作出了重要贡献，不过，他最突出的贡献是在概率论这个新兴的课题上。我们已经知道，概率这一数学分支是如何在16世纪由卡尔达诺首先提出的，又是如何在17世纪中叶经费马和帕斯卡的共同努力而发展的。1713年（雅各布死后）出版的巨著《猜度术》为概率论的发展建立了又一个里程碑。这部巨著不但巩固了前人的发现，还把概率论的研究提到了新的高度。这部巨著不愧是雅各布·伯努利的杰作。

同时，弟弟约翰（1667—1748）也树立了自己的数学声望。约翰·伯努利以其毫不掩饰的热情，承担起在欧洲大陆传播莱布尼茨微积分的重任。约翰经常与他这位德国老师通信，在与牛顿派英国人的争论中随时准备捍卫莱布尼茨的名望。我们知道，19世纪中叶，托马斯·赫胥黎面对宗教界的攻击，勇敢地保卫了伟大的博物学家达尔文，并由此赢得了“达尔文的斗牛犬”的称号，我们也可以出于同样的理由称约翰·伯努利为“莱布尼茨的斗牛犬”。像赫胥黎一样，约翰有时也以一种近于惊人的执着支持莱布尼茨，而且，他与赫胥黎一样，最终也完成了他的这一使命。

约翰一项最主要的贡献还是通过一位叫做洛必达（1661—1704）的侯爵实现的。这位侯爵是一个法国贵族，也是一个业余的数学家，他非常渴望能够了解这一革命性的新计算方法——微积分。于是，侯爵出钱请约翰·伯努利为他提供与这一课题相关的各种文章等资料，同时也向他提供任何值得关注的数学新发现。从某种意义上来说，这似乎表明，洛必达买断了这位伯努利弟弟的数学研究。1696年，洛必达收集整理了这位伯努利弟弟的文稿，发表了第一本微积分教程，书名叫《无穷小分析》。这本书是用法语而不是拉丁语写成的，除了书名以外，几乎所有内容都是出自约翰·伯努利之手。

历史上有许多杰出的兄弟组合，从特洛伊战争中的阿伽门农和墨涅拉俄斯到航空先驱威尔伯·莱特和奥维尔·莱特兄弟，有许多兄弟为实现崇高目标而并肩努力。当然，雅各布与约翰书写了数学史中有关兄弟成功的最精彩的一页，但我们也必须看到，他们两人的关系不但谈不上和谐，简直就是对立。在有关数学的问题上，他们彼此都是最强劲的竞争对手，据他们自己回忆说，为了战胜对方，他们甚至斗到了非常可笑的地步。此时的伯努利兄弟可不会让你想到历史上其他那些著名的兄弟组合，他们只会让你联想到一对知名的美国喜剧演员马克思兄弟。

比如，考虑关于悬链线的问题。所谓悬链线，就是一根链条，两端固定，由于本身重量而下垂所形成的曲线。1690 年，久负盛名的哥哥雅各布在一篇论文中提出了确定悬链线性质（即方程）的问题。实际上，这一问题已存在多年，伽利略就曾推测过悬链线是一条抛物线，但问题一直悬而未决。雅各布觉得，应用奇妙的微积分新方法也许可以解决这一难题。

但遗憾的是，面对这个令人苦恼的难题，他没有丝毫进展。一年后，雅各布的努力还是没有结果，可他却懊恼地看到他的弟弟约翰发表了这个问题的正确答案。而自命不凡的约翰，却几乎不可能算是一个谦和的胜利者，因为他后来回忆说：

> 我哥哥的努力没有成功；而我却幸运得很，因为我发现了全面解开这道难题的技巧（我这样说并非自夸，我为什么要隐瞒真相呢?）……没错，为研究这道题，我整整一晚没有休息……不过第二天早晨，我就满怀欣喜地去见哥哥，他还在苦思这道难题，但毫无进展。他像伽利略一样，始终以为悬链线是一条抛物线。停下！停下！我对他说，不要再折磨自己去证明悬链线是抛物线了，因为这是完全错误的。

可笑的是，约翰成功地解出这道难题，仅仅牺牲了“整整一晚”的休息时间，而雅各布却已经与这道难题持续搏斗了整整一年，这实在是一种“奇耻大辱”。

本章我们将讨论一个由伯努利兄弟二人共同创立的伟大定理（也许是在少有的休战期间创立的）。这个定理涉及调和级数的性质，所谓“调和级数”，是一种具有特殊性质的无穷级数。虽然我们已经见到过莱布尼茨所研究的一种特殊级数，但我们还是应该首先对无穷级数问题作一番概述。

17 世纪时，无穷级数仅仅被当做是无穷多项的和。当然，并不能保证这种级数一定会有一个有限和。例如，像 $1+2+3+4+5+\cdots$ 这样的级数，如果我们继续进行下去，其和显然会不断增大，并超过任何有限量。我们说这种级数“发散到无穷”。

约翰·伯努利

（图片由 Georg Olms Verlagsbuchhandlung 提供）

另一方面，也有一种无穷多项的级数，其和为有限数。这种现象，乍看之下似乎自相矛盾，但仔细思考一下，就会发现非常合理。例如，在我们写出大家所熟悉的十进制展开$\frac{1}{3}=0.3\,333\,333\cdots$时，我们准确的意思是

$$\frac{1}{3}=\frac{3}{10}+\frac{3}{100}+\frac{3}{1000}+\frac{3}{10\,000}+\cdots$$

前面所介绍的莱布尼茨级数就显示了类似的性质，因为级数的无穷多项的和等于一个（有限的）数 2。我们说这种级数“收敛”，通俗一点讲，意思就是当我们不断增加更多的项时，它的和越来越接近某一特定的值。

毫无疑问，数学中最重要的收敛级数是几何级数，其形式为

$$a+a^2+a^3+a^4+\cdots+a^k+\cdots$$

其中，我们要求 $-1<a<1$。因此，几何级数就是 a 及其所有高次幂的和。我们用一个“17 世纪风格”的论证方法来证明这种级数的收敛性，其证明如下。

设 $S=a+a^2+a^3+a^4+\cdots$为我们所求的和。将方程两边同乘以 a，得 $aS=a^2+a^3+a^4+a^5+\cdots$，然后，将这两个方程相减，得

$$S-aS=(a+a^2+a^3+a^4+\cdots)-(a^2+a^3+a^4+a^5+\cdots)=a$$

因为除第一项外，所有项都消掉了。因此，$S(1-a)=a$，于是，$S=a/(1-a)$。不过 S 只是代表原几何级数的和，于是，我们可以得出

$$a+a^2+a^3+a^4+a^5+\cdots=\frac{a}{1-a}$$

例如，如果 $a=1/3$，则

$$\frac{1}{3}+\frac{1}{9}+\frac{1}{27}+\frac{1}{81}+\cdots+\frac{1}{3^k}+\cdots=\frac{1/3}{1-1/3}=\frac{1/3}{2/3}=\frac{1}{2}$$

对于数学大家而言，对无穷级数收敛性的这一证明十分幼稚，相比之下，现代数学对这个问题的论证就精妙得多。这个证明还掩盖了

我们最初为什么要设 $-1<a<1$ 的原因，虽然 $a=2$ 时的这个几何级数已经表明了这一假设的必要性。当 $a=2$，我们直接应用公式，就得到

$$2+2^2+2^3+2^4+\cdots=\frac{2}{1-2}$$

换句话说，$2+4+8+16+\cdots=-2$。这是一个“双重荒谬”的结果，一方面因为这个级数显然发散到无穷，另一方面还因为人们无法想象一系列正数相加的结果竟然会是一个**负**数。因而，几何级数的求和公式要求 a 必须位于 -1 与 1 之间。（对这一问题的更详尽分析，通常是在有关微积分的课程中进行。）

上述两个无穷级数说明了一般收敛级数的一个重要条件。对于第一个 $a=1/3$ 的几何级数来说，其一系列相加的项 $\left(\frac{1}{9}、\frac{1}{27}、\frac{1}{81}，等等\right)$ 越来越接近于零，因此，后面各项对总和的影响程度可以越来越忽略不计。而另一方面，对于 $a=2$ 的几何级数来说，我们相加的各项则离零越来越远——4、8、16，等等，其不断增大的数值使其和不能等于一个有限数。

根据这两个例子，我们可以非常合理地推测：无穷级数 $x_1+x_2+x_3+x_4+\cdots+x_k+\cdots$ 收敛到一个有限数，**当且仅当**其通项 x_k 收敛到零。结果证明，这个推测有一半是正确的。即，如果级数收敛到一个有限数，则级数中的通项一定趋向于零。换句话说，除非通项趋向于零，否则，我们不能将一个无穷级数表示为一个有限数。

然而，遗憾的是，其逆命题却是错误的。也就是说，有些无穷级数，尽管其通项趋向于零，但其和却趋向于无穷。这一事实决不是显而易见的，它恰是我们即将讨论的伟大定理的内容。在研究调和级数 $1+\frac{1}{2}+\frac{1}{3}+\frac{1}{4}+\frac{1}{5}+\cdots+\frac{1}{k}+\cdots$（即正整数的倒数和）时，约翰·伯努

利发现，虽然它的通项越来越趋向于零，然而它的和却变得无穷大。

伯努利已经发现了数学家现在所称的“病态反例”的现象——即一个似乎违反直觉的特定例子，其古怪之至，堪称“病态”。这一调和级数非常让人不安：必须将前 83 项相加，其和才能超过 5，因为

$$1+\frac{1}{2}+\frac{1}{3}+\frac{1}{4}+\frac{1}{5}+\cdots+\frac{1}{82}=4.990\,020\cdots<5.00$$

而

$$1+\frac{1}{2}+\frac{1}{3}+\frac{1}{4}+\frac{1}{5}+\cdots+\frac{1}{83}=5.002\,068\cdots>5.00$$

请注意一个显著的事实，在这一调和级数中，在第 83 项之后的每一项都小于 1/83，因而对其和的贡献并不大。所以，要使和大于 6，就必须再加 144 项。由于其和增加非常缓慢，因此，要使级数和等于 10，就必须将前 12 367 项相加，而要使级数和等于 20，就要加 2.5 亿项！想象这个调和级数可能最终会超过一百，一千，甚至一万亿，这完全是不可能的。

但事实的确如此！这正是它被称为病态的原因，也是伯努利的定理值得我们注意的原因。

伟大的定理：调和级数的发散性

虽然这个证明是约翰·伯努利给出的，但却刊载在哥哥雅各布 1689 年的《论无穷级数》一书中。出于很罕见的兄弟感情，雅各布甚至在论证的序言中承认了弟弟对这一证明方法的优先权。

约翰必须要证明调和级数发散到无穷。他的证明以莱布尼茨的**收敛**级数 $\frac{1}{2}+\frac{1}{6}+\frac{1}{12}+\frac{1}{20}+\frac{1}{30}+\cdots=1$ 为基础，莱布尼茨的这一级数，我们在本章前面已经讨论过。这事本身就很奇怪，因为，人们压根就想不到，这一清晰易解的收敛级数怎么会成为古怪的调和级数的论证

基础呢？但是，约翰·伯努利作了如下推理。

XVI. *Summa seriei infinitæ harmonicè progressionalium*, $\frac{1}{1}+\frac{1}{2}+\frac{1}{3}+\frac{1}{4}+\frac{1}{5}$ *&c. est infinita.*

Id primus deprehendit Frater: inventa namque per præced. summa seriei $\frac{1}{2}+\frac{1}{6}+\frac{1}{12}+\frac{1}{20}+\frac{1}{30}$, &c. visurus porrò, quid emergeret ex ista serie, $\frac{1}{2}+\frac{2}{6}+\frac{3}{12}+\frac{4}{20}+\frac{5}{30}$, &c. si resolveretur methodo Prop. XIV. collegit propositionis veritatem ex absurditate manifesta, quæ sequeretur, si summa seriei harmonicæ finita statueretur. Animadvertit enim,

Seriem A, $\frac{1}{2}+\frac{1}{3}+\frac{1}{4}+\frac{1}{5}+\frac{1}{6}+\frac{1}{7}$, &c. ∞ (fractionibus singulis in alias, quarum numeratores sunt 1, 2, 3, 4, &c. transmutatis) seriei B, $\frac{1}{2}+\frac{2}{6}+\frac{3}{12}+\frac{4}{20}+\frac{5}{30}+\frac{6}{42}$, &c. ∞ C+D+E+F, &c.

C. $\frac{1}{2}+\frac{1}{6}+\frac{1}{12}+\frac{1}{20}+\frac{1}{30}+\frac{1}{42}$, &c. ∞ per præc. $\frac{1}{1}$
D. .. $+\frac{1}{6}+\frac{1}{12}+\frac{1}{20}+\frac{1}{30}+\frac{1}{42}$, &c. ∞ C − $\frac{1}{2}$ ∞ $\frac{1}{2}$
E. ... $+\frac{1}{12}+\frac{1}{20}+\frac{1}{30}+\frac{1}{42}$, &c. ∞ D − $\frac{1}{6}$ ∞ $\frac{1}{3}$
F. ..... $+\frac{1}{20}+\frac{1}{30}+\frac{1}{42}$, &c. ∞ E − $\frac{1}{12}$ ∞ $\frac{1}{4}$
&c. ∞ &c.

} ∞ *G*; unde sequitur, seriem *G* ∞ *A*, totum parti, si summa finita esset.

Ego

约翰的收敛证明，摘自雅各布的《论无穷级数》，1713 年再版

（图片由俄亥俄州立大学图书馆提供）

【定理】调和级数 $1+\frac{1}{2}+\frac{1}{3}+\frac{1}{4}+\frac{1}{5}+\cdots+\frac{1}{k}+\cdots$ 是无穷的。

【证明】引入 $A=\frac{1}{2}+\frac{1}{3}+\frac{1}{4}+\frac{1}{5}+\cdots+\frac{1}{k}+\cdots$，这不过就是调和级数去掉了第一项。将这一级数“……变为分子是 1、2、3、4 等的分数”，就得到

$$A=\frac{1}{2}+\frac{2}{6}+\frac{3}{12}+\frac{4}{20}+\frac{5}{30}+\cdots$$

约翰注意到这个级数，是因为后面要参考它。

然后，他设定前述莱布尼茨的级数为 C，接着又按顺序设定了一系列相

关级数，每一个级数都比前一个级数少一项，即依次减去$\frac{1}{2}$、$\frac{1}{6}$、$\frac{1}{12}$、$\frac{1}{20}$，等等，由此构成一系列相关级数：

$$\begin{aligned}
C &= 1/2 + 1/6 + 1/12 + 1/20 + 1/30 + \cdots &&= 1\\
D &= 1/6 + 1/12 + 1/20 + 1/30 + \cdots = C - 1/2 &&= 1 - 1/2 = 1/2\\
E &= 1/12 + 1/20 + 1/30 + \cdots = D - 1/6 &&= 1/2 - 1/6 = 1/3\\
F &= 1/20 + 1/30 + \cdots = E - 1/12 &&= 1/3 - 1/12 = 1/4\\
G &= 1/30 + \cdots = F - 1/20 &&= 1/4 - 1/20 = 1/5\\
&\vdots
\end{aligned}$$

约翰接着将这一方程阵列的最左边两列相加，得到

$$\begin{aligned}
&C + D + E + F + \cdots\\
&= 1/2 + (1/6 + 1/6) + (1/12 + 1/12 + 1/12) + (1/20 + 1/20 + 1/20 + 1/20) + \cdots\\
&= 1/2 + 2/6 + 3/12 + 4/20 + \cdots = A \quad \text{根据前面设定}
\end{aligned}$$

另一方面，如果将这一方程阵列的最左边一列与最右边一列相加，他就发现，

$$C + D + E + F + G + \cdots = 1 + 1/2 + 1/3 + 1/4 + 1/5 + \cdots = 1 + A$$

因为 $C + D + E + F + G + \cdots$ 既等于 A，又等于 $1 + A$，所以约翰只能得出结论：$1 + A = A$。正如他所说的那样，“整体等于部分”。但是，显然没有一个有限数会等于比自己大 1 的数。约翰·伯努利认为，这只能说明一个问题，即 $1 + A$ 是无穷大。因为 $1 + A$ 正是调和级数的和，所以他的证明完毕。　**证毕**

今天的数学家能够公正地批评这一证明。伯努利将作为“整体”的无穷级数视为独立个体而随意处置。我们现在知道，在处理这些数学问题时，必须特别慎重。并且，他证明调和级数发散性的方法与现代方法形成了鲜明的对照。今天的数学家采用下述证明方法：首先选定正整数 N（不论其数值多大），并证明该级数必定大于 N。既然该

级数大于任意正整数 N，那么这个级数一定趋向无穷。但是，约翰没有这样证明。相反，他用更加简洁的 $A = 1 + A$ 来证明级数的发散性，对于现代读者来说，这是证明正量的无穷性的一个最独特的方法。

必须承认，在伯努利作出这一论证之后150年，真正严谨的级数理论才出现，考虑到这点，我们或许可以不致过分批评。此外，尽管有种种异议，但谁也无法否认约翰论证方法的巧妙。约翰的证明是数学中的珍宝。

雅各布在其《论无穷级数》一书中，就他弟弟这个非常重要且不太直观的证明结果特地发表了一番评论，他写道："一个最后一项为零的无穷级数，其和也许是有限的，也许是无限的。"现代数学家称赞他提出了无穷级数的"最后一项"问题，因为这些无穷级数的性质的确排除了任何最后项，然而，他的意思非常明确。他其实是要强调，在无穷级数中，即使其通项趋近于零，其和仍然可能是无穷的。调和级数就是首当其冲的例子，已如约翰所证明。

或许正是因为这一结果太出人意料了，致使雅各布才挥笔写下了下面这首数学小诗：

有限环绕无穷级数，
在无限的王国中存在着有限；
无限的灵魂居于细微处，
而在最狭小的有限中却见到无限。
在无限中识别细微是多么幸福，
巨大存在于细小之中，啊，多么神奇！

最速降线的挑战

伯努利兄弟对他们那个时代的数学产生了重要影响，除了调和级数，他们还有许多其他贡献。但是，关于这对脾气暴躁、求胜心切、爱争吵的兄弟，还有另一个故事不得不告诉读者，它肯定是在整个数学史中最引人入胜的一则故事。

故事始于1696年6月，其时，约翰·伯努利在莱布尼茨的杂志《教师学报》上刊登了一个颇具挑战性的问题。显然，公开挑战的传统是从菲奥尔和塔尔塔利亚时代开始的。尽管伯努利时代的竞争是在学术杂志上安静地进行笔战，但却依然有能力成就或摧毁一个人的声望，正如约翰自己所述：

> ……人们确切地知道，正是通过提出那些困难同时也是有用的问题，才能激发出类拔萃之辈为丰富人类的知识而奋斗，也只有通过解决这些问题，他们才可能一举成名，流芳百世。

约翰提出的这个挑战非常好。他假设在地面上不同的高度有两个点 A 和 B，它们满足条件：其中一个点不能直接位于另一点的上方。连接这两个点，肯定可以作出无限多条不同的曲线，从直线、圆的弧线到无数种其他曲线以及波浪线。现在设想有一个球沿着其中某条曲线从 A 点滚向较低的 B 点。当然，球滚完全程所需要的时间取决于曲线的形状。伯努利向数学界提出的挑战是，找出一条曲线 AMB，使得球沿着这条曲线滚完全程所需要的时间**最短**（见图8-3）。他称这条曲线为“最速降线”（brachistochrone），这个词源自希腊文的“最短”和“时间”两个词的合成。

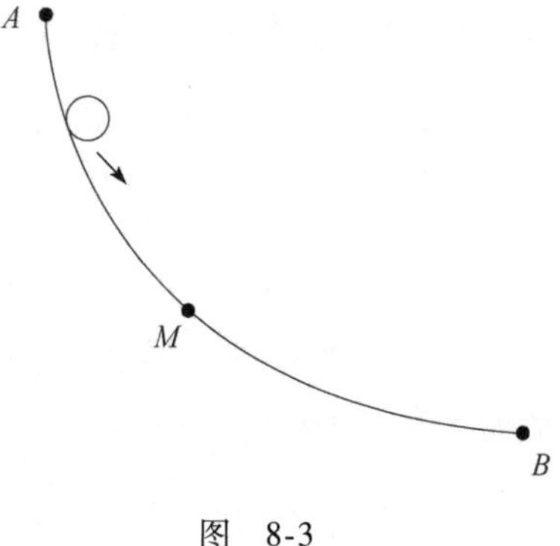

图　8-3

第一个猜想显然是连接 A、B 两点作直线 AMB。但是，约翰对试图采用这种简单化的方法的人给出了警告：

> ……先不要草率地判断，尽管直线 AB 的确是 A、B 两点之间的最短路线，但它却不是所用时间最短的路线。而曲线 AMB 则是几何学家所熟悉的一条曲线，如果在年底之前还没有其他人能够发现这一曲线，我将公布这条曲线的名称。

约翰定于 1697 年 1 月 1 日向数学界公布答案。但是，直到最后期限到来之际，他只收到了“著名的莱布尼茨”寄来的一份答案，并且，莱布尼茨

> 很有礼貌地请求我把最后期限延长到明年的复活节，以便在公布答案时……没有人会抱怨说给的时间太短了。我不仅同意了他这个值得称道的请求，而且还决定自己亲自宣布延长期限，看看有谁能够在这么长时间内，最终攻克这道绝妙的难题。

然后，为确保没有人误解这道难题，约翰又重复了一遍：

> 在连接已知两点的无限多条曲线中……选择其中一条曲线，满足：如果用一根细管或细槽取代这条曲线，把一个小球放入细管或细槽中，放手让它滚动，那么，小球将在最短的时间内从一点滚向另一点。

这时候，对于如何奖励解出他的最速降线问题的人，约翰满怀热情。记住，他自己是知道答案的，这样我们就会发现，他关于数学荣誉的一段话就不免有自诩之嫌：

> 希望有人能够迅速摘取我们承诺给问题求解者的奖品。

> 诚然，奖品既非金，亦非银，因为这些东西只能引起贪财鼠辈的兴趣……而美德本身就是最好的奖励，名望又是最强的刺激，所以，我们为高贵的得胜者所颁发的奖励是荣誉、赞扬和认可……

这段话听上去似乎是约翰以再次战胜他可怜的哥哥雅各布而自居。但是，他瞄准的其实完全是另一个目标。约翰写道：

> ……几乎无人能够解出我们这道独特的问题，包括那些自称通过特殊方法的人……他们不仅揭开了几何学最深的奥秘，而且还以一种非凡的方式拓展了几何学的疆界。尽管这些人自以为他们的伟大定理无人知晓，但其实早已有人将它们发表过了。

谁能想不到他所说的“定理”就是指的流数法，他所蔑视的对象就是艾萨克·牛顿呢？牛顿不是宣称早在莱布尼茨1684年发表微积分论文之前就已发现了这一理论吗？于是，为了让他的挑战更加目标明确，约翰把他的最速降线问题抄了一份，装进信封，寄往英国。

当然，在1697年，牛顿正忙于造币局的事务，而且，正如他自己所承认的那样，他的头脑已不如他数学全盛期时那样机敏了。那时候，牛顿在伦敦，与他的外甥女凯瑟琳·康杜伊特住在一起。凯瑟琳记述了这个故事：

> 1697年的一天，当收到伯努利寄来的这个问题时，艾萨克·牛顿爵士正在造币局里忙于改铸新币的工作，直到下午四点钟才精疲力竭地回到家，但是，直到解出这道难题，他才上床睡觉，这时正是凌晨四点钟。

即使是在晚年，并且是在经过一天紧张的工作而倍感精疲力竭的情况下，艾萨克·牛顿仍然成功地解出了众多欧洲人都未能解出的难题！由此可见这位英国伟大天才的实力。他清楚感觉到他的名望与荣誉都受到了挑战，毕竟，伯努利和莱布尼茨都还在急切地等待着公布他们自己的答案。因此，牛顿当仁不让，仅在几个小时内就解出了这道难题。牛顿有些被激怒了，据说他曾言道："在数学问题上，我不喜欢……被外国人……戏弄。"

我们再回到欧洲看看情况，随着复活节将近，几份答案寄到了约翰·伯努利的手里。他们每个人所寻求的曲线都是一条颠倒了的摆线，而这的确"是几何学家所熟悉的一条曲线"。我们注意到，帕斯卡和惠更斯就曾研究过这一重要曲线，但他们谁也没有认识到摆线还是一条最快的下降曲线。约翰以他典型的夸张口吻写道："……如果我精确地说出惠更斯的……这一摆线就是我们所寻求的最速降线，你们一定会惊呆了。"

到复活节那天，挑战期限截止。约翰一共收到了五份答案。其中包括他自己的答案和莱布尼茨的答案。他的哥哥雅各布寄来了第三份答案（这也许会使约翰感到沮丧），洛必达侯爵寄来了第四份答案。最后一份寄来的答案，信封上盖着英国的邮戳。打开后，约翰发现答案虽然是匿名的，但却完全正确。他显然遇到了他的对手艾萨克·牛顿。答案虽然没有署名，但看上去无疑是出自一位超级天才之手。

据说（或许真实性值得怀疑，但却非常有趣），约翰半是受挫，半是敬畏地放下这份匿名邮件，会意地说："我从他的利爪认出了这头狮子。"

后记

在讲述约翰对调和级数发散性的证明时，雅各布曾说过："是我弟弟首先发现的。”如果雅各布认为是约翰第一个掌握了调和级数的奇特性质，那他就完全错了，因为至少有两个早期的数学家曾经证明过调和级数的发散性。这两个数学家的证明互不相同，而且也不同于上述约翰的证明，但每个人的证明都展现了自己独特的智慧。

对于调和级数发散性的最早证明出现在14世纪的法国学者尼科尔·奥雷姆（约1323—1382）的著作中。在1350年左右，奥雷姆写出了一部卓越的著作，题为《欧几里得几何问题》。当然，这是一份非常古老的文献，比卡尔达诺的《大术》还早了整整200年。尽管这部著作产生于我们也许可以谓之欧洲数学的“石器时代”，但奥雷姆的著作中的确包含一些非常精彩的结果。

特别是，他论述了调和级数的性质。实际上，他的**全部**论证如下：

> ……将1英尺与1/2、1/3、1/4英尺等相加，所得的和是无限的。实际上，可以构造一个其和大于1/2的无穷多组数。这样：1/3 + 1/4 大于1/2；1/5 + 1/6 + 1/7 + 1/8 大于1/2；1/9 +1/10 + … +1/16 大于1/2，等等。

读者或许对此感到有点儿迷惑，不过这是可以原谅的。毕竟，这个证明是完全用文字阐述的，是在符号代数出现之前几百年写出的。然而，只要经过一点儿“净化”处理，这段文字就变成了一个非常简单而巧妙的发散性证明了。实际上，奥雷姆的意思是用其和等于1/2的较小分数组替换调和级数中的分数组。也就是说，他的意思是：

$$1 + 1/2 > 1/2 + 1/2 = 1$$

$$1 + 1/2 + (1/3 + 1/4) > 1 + (1/4 + 1/4) = 3/2$$

$$1 + 1/2 + 1/3 + 1/4 + (1/5 + 1/6 + 1/7 + 1/8) > 3/2 + (1/8 + 1/8 + 1/8 + 1/8) = 4/2$$

$$1+1/2+\cdots+1/8+(1/9+1/10+\cdots+1/16)$$
$$>4/2+(1/16+\cdots+1/16)=5/2$$

这一推导过程可以扩展为适用于任何整数 k 的一般公式：

$$1+\frac{1}{2}+\frac{1}{3}+\cdots+\frac{1}{2^k}>\frac{k+1}{2}$$

例如，如果 $k=9$，我们看到

$$1+\frac{1}{2}+\frac{1}{3}+\cdots+\frac{1}{512}=1+\frac{1}{2}+\frac{1}{3}+\cdots+\frac{1}{2^9}>\frac{9+1}{2}=5$$

如果 $k=99$，我们得到

$$1+\frac{1}{2}+\frac{1}{3}+\cdots+\frac{1}{2^{99}}>\frac{100}{2}=50$$

如果 $k=9999$，就有

$$1+\frac{1}{2}+\frac{1}{3}+\cdots+\frac{1}{2^{9999}}>\frac{9999+1}{2}=5000$$

这样，只要取调和级数中足够多的项，我们就能够保证其和大于5、50或5000，总之，可以大于任何有限量。这一方法保证了整个调和级数大于任何有限的量，并因而发散到无穷。奥雷姆的证明巧妙、简洁并且容易记忆，已被写入了现代大部分数学教科书中。然而，伯努利兄弟似乎并不知道有这样一个证明存在。

先于约翰·伯努利作出证明的还有另外一位数学家——意大利的皮埃特罗·蒙哥利（1625—1686）。蒙哥利的论证作于1647年，因此比伯努利的证明早40年。蒙哥利的证明非常简单，他首先提出了一个初步命题。

【定理】如果 $a>1$，那么 $\frac{1}{a-1}+\frac{1}{a}+\frac{1}{a+1}>\frac{3}{a}$。

【证明】首先给出一个明显事实，即 $2a^3>2a^3-2a=2a(a^2-1)$，将这个不等式的两边分别除以 $a^2(a^2-1)$，得

$$\frac{2a^3}{a^2(a^2-1)} > \frac{2a(a^2-1)}{a^2(a^2-1)} \text{或简化为} \frac{2a}{a^2-1} > \frac{2}{a}$$

因此

$$\frac{1}{a-1}+\frac{1}{a}+\frac{1}{a+1} = \frac{1}{a}+\left(\frac{1}{a-1}+\frac{1}{a+1}\right)$$

$$=\frac{1}{a}+\frac{2a}{a^2-1} \quad \text{根据代数运算}$$

$$>\frac{1}{a}+\frac{2}{a} \quad \text{根据上述不等式}$$

$$=\frac{3}{a}$$

证毕

根据这一命题我们可以得知，三个连续整数的倒数相加时，其和一定大于中间整数的倒数的三倍。我们可以用数字来检验，例如，$1/8+1/9+1/10>3/9=1/3$ 或 $1/32+1/33+1/34>3/33=1/11$ 正是有了这个命题做准备，蒙哥利就可以在1647年展开对调和级数的简短证明。

【定理】调和级数发散到无穷。

【证明】设 H 为调和级数的和。通过把级数的各项分组并且反复应用上述不等式，我们发现：

$$\begin{aligned}
H &= 1+(1/2+1/3+1/4)+(1/5+1/6+1/7) \\
&\quad +(1/8+1/9+1/10)+(1/11+1/12+1/13)+\cdots \\
&> 1+(3/3)+(3/6)+(3/9)+(3/12)+(3/15)+\cdots \\
&= 1+1+1/2+1/3+1/4+1/5+1/6+1/7+1/8+1/9+\cdots \\
&= 2+(1/2+1/3+1/4)+(1/5+1/6+1/7)+(1/8+1/9+1/10) \\
&\quad +(1/11+1/12+1/13)+\cdots \\
&> 2+(3/3)+(3/6)+(3/9)+(3/12)+(3/15)+\cdots
\end{aligned}$$

$= 2 + 1 + 1/2 + 1/3 + 1/4 + 1/5 + 1/6 + 1/7 + 1/8 + 1/9 + \cdots$

$= 3 + (1/2 + 1/3 + 1/4) + (1/5 + 1/6 + 1/7) + (1/8 + 1/9 + 1/10)$

$+ (1/11 + 1/12 + 1/13) + \cdots$

等等。蒙哥利证明的精彩之处就在于它的自我复制性质。每当他在调和级数中使用一次他的初步定理，他就再一次遇到调和级数，不过每一次都会增加一组数据。看看以上的不等式，我们发现，H 大于 1，大于 2，大于 3，事实上，继续重复这一过程，H 大于任何有限量。因此，我们可以与蒙哥利一道得出结论，调和级数的和一定是无穷大。

证毕

所以，约翰的伟大定理，虽然证明方法有所不同，但奥雷姆和蒙哥利都确实先于他发现了调和级数的这一性质。此外，雅各布在《论无穷级数》一书中载入约翰的证明之后，便随即提出了他自己对调和级数发散性的证明（雅各布的证明似乎有点高深，不便在本书介绍），他的证明虽然带有兄弟间竞争的味道，但的确也是一个非常精彩的证明。

在《论无穷级数》一书中，雅各布在论证了调和级数之后，又进一步阐述了整数平方的倒数和问题。也就是说，他研究了，

$$1 + \frac{1}{2^2} + \frac{1}{3^2} + \cdots + \frac{1}{k^2} + \cdots = 1 + 1/4 + 1/9 + 1/16 + \cdots$$

他注意到 $1/4 < 1/3$，$1/9 < 1/6$，$1/16 < 1/10$，因此，推而广之

$$\frac{1}{k^2} < \frac{1}{k(k+1)/2}$$

他由此推导，

$$1 + 1/4 + 1/9 + 1/16 + \cdots + \frac{1}{k^2} + \cdots$$

$$< 1 + 1/3 + 1/6 + 1/10 + 1/15 + \cdots + \frac{2}{k(k+1)} + \cdots$$

$$= 2(1/2 + 1/6 + 1/12 + 1/20 + 1/30 + \cdots) = 20 \times (1) = 2$$

我们在这里再次应用了本章开始所介绍的莱布尼茨求和定理。通过这种方式，雅各布证明上述级数趋向**某个**小于2的有限数。这一证明收敛性的方法现在被形象地称为“比较检验”。雅各布的证明就是比较检验法早期应用的实例。

虽然伯努利兄弟知道这个无穷级数是收敛的，但是他们未能找到其和的确切数值。雅各布带着几分绝望的恳求宣告了他的失败：“如果谁能解决并告知这个迄今为止我们还无能为力的问题，我们将不胜感谢。”

事实证明，求级数 $1+1/4+1/9+1/16+\cdots$ 的值是一件极其困难的事，看来，只能由一个胜过伯努利兄弟的天才来确定它的难以琢磨的和了。

有趣的是，这道难题在1734年终于被一位师从约翰·伯努利的年轻人攻克了。在求这个级数和的过程中，犹如在数学的许多其他领域一样，这个年轻人将超过他的老师。实际上，他超过了曾经提笔进行数学探索的所有人。这个学生就是莱昂哈德·欧拉，他是我们下一章伟大定理的创始人。

第9章

Journey Through Genius

莱昂哈德·欧拉非凡的求和公式

（1734年）

通晓数学的大师

在漫长的数学史中，莱昂哈德·欧拉（发音同“oiler”）留给我们的宝贵财富是无与伦比的。他的著述在数量和质量上都是势不可挡的。欧拉的著作有厚厚的 70 多卷，足以证明这位谦和的瑞士人的非凡天才，正是他如此深刻地改变了数学的面貌。事实上，面对他数量奇多、质量极高的著述，人们的第一反应就是，他的故事似乎是一部天方夜谭，而不是无可否认的历史事实。

这个不同寻常的大人物于 1707 年出生在瑞士的巴塞尔。他在年轻时即表现出超人的天赋，这并不奇怪。欧拉的父亲是一个加尔文教派的牧师，他设法安排年轻的莱昂哈德师从著名的约翰·伯努利。欧拉后来回忆起与他的老师伯努利在一起的这段时光。这个小男孩经过一星期的学习准备，然后在星期六下午指定的一个小时的时间里，去向伯努利请教一些他不得其解的数学问题。伯努利并非总是宽厚仁慈，最初常常因为他这个学生的不足而恼怒；而此时的欧拉则下定决心要更加勤奋，尽可能不以鸡毛蒜皮的小问题去烦扰老师。

不论约翰·伯努利的脾气是好是坏，总之，他很快就发现了他这个学生的天赋。欧拉很快就开始发表高质量的数学论文，在 19 岁时，他就凭借其对船上安装桅杆的最佳位置的精彩分析，而荣获了法国科学院颁发的奖项。（值得注意的是，在他人生的这个阶段，欧拉还从没见过海船!）

1727 年，欧拉被任命为俄国圣彼得堡科学院的成员。那时，俄国建立科学院，是为了与巴黎和柏林的科学院相匹敌，以实现彼得大帝的梦想。在移居俄国的学者中有一位是约翰的儿子——丹尼尔·伯努利，正是由于丹尼尔的帮助，欧拉才谋得了职位。奇怪的是，由于自然科学方面的职位没有空缺，欧拉只能就任医学和生理学方面的职位。然而，职位毕竟是职位，所以欧拉欣然接受。开始的日子动荡不安，他甚至还在俄国海军当了一段时期的军医。在 1733 年，欧拉终于赢得了一个数学职位，那是因为数学教授丹尼尔·伯努利辞职返回瑞士，所以欧拉接替了丹尼尔的职位。

当时，欧拉已显示出无穷的能量和巨大的创造力，而这正是他整个数学生涯的鲜明特征。尽管在 18 世纪 30 年代中期，欧拉的右眼开始失明，而且不久就完全失明，但是，身体缺陷并没有影响他的科学研究。他不屈不挠，解决了各个数学领域（如几何学、数论和组合学）及应用领域（如机械学、流体动力学和光学）中的种种重大问题。只要想到一个人在逐渐失明的情况下还要向世界揭示光学的奥秘，我们就会受到强烈的感染和激励。

1741 年，欧拉离开了圣彼得堡科学院，应腓特烈大帝的邀请，成为柏林科学院院士。在一定程度上，他离开俄国是因为他讨厌沙皇制度的压制性。不幸的是，柏林的情况也并不理想。腓特烈认为欧拉太单纯、太文静、太谦逊。这位德国国王在一次提到欧拉的视力问题时有点麻木不仁，竟称欧拉为“数学独眼龙”。由于腓特烈大帝的这种

莱昂哈德 · 欧拉

（图片由俄亥俄州立大学图书馆提供）

对待，以及科学院内部的一些明争暗斗，欧拉于凯瑟琳大帝统治期间应邀返回了圣彼得堡，之后他就一直住在圣彼得堡，直到17年后辞世。

欧拉的同时代人说他是一个宽厚善良的人，他喜欢陶醉在自己种菜并给他13个孩子讲故事的简单快乐中。从这一点来看，欧拉是一个受人欢迎的人物，恰与孤僻、缄默的艾萨克 · 牛顿形成鲜明的对照，而除了牛顿以外，能与他比肩而立的数学大师也寥寥无几。知道这一等天才并非个个都是神经质，对我们来说也是一种安慰。哪怕在1771年，当另一只正常的眼睛也丧失大部分视力后，他仍然保持着这种温良的性格。尽管双目几近全盲，而且经常疼痛，但欧拉依然坚持向他的助手口授他奇妙的方程和公式，在助手的帮助下，继续从事数学著述，且势头不减当年。正如失聪没有阻碍下一代音乐天才路德维希·冯·贝多芬的音乐创作一样，失明也同样没有阻碍莱昂哈德·欧拉的数学探索。

欧拉的整个数学生涯，始终得益于他惊人的记忆力，对此，我们只能称他为超人。他在进行数论研究时，不但能够记住前100个素数，而且还能记住所有这些素数的平方、立方，甚至四次方、五次方和六次方。当其他人忙着查表或用纸笔演算时，欧拉却能很轻松地背诵出诸如241^4或337^6的数值。但这还只是他显示非凡记忆力的冰山一角。他能够进行复杂的心算，其中有些运算要求他必须要记住50位小数！法国物理学家弗朗索瓦·阿拉戈说，欧拉计算时似乎毫不费力，“就像人呼吸，或鹰翱翔一样轻松。”除此以外，欧拉那惊人的大脑还能够记住大量事件、致辞和诗歌，包括维吉尔的《埃涅阿斯纪》（Aeneid）全篇，这部史诗欧拉幼年时便熟读于心，半个世纪后，他依然能够一字不差地背出全文。任何一位小说家都不敢塑造一个具有如此惊人记忆力的人物。

欧拉当之无愧的名望，有一部分要归功于他著述的数学教科书。欧拉不仅写出了一些高水平高难度的数学著作，也写出了一些非常初级的数学书，而且，他并不认为如此就降低了身份。也许，他最著名的教科书是他1748年写成的《无穷小分析引论》。这部不朽的数学论著可以与欧几里得的《几何原本》相媲美。欧拉在这部著作中评述了前辈数学家的发现，组织并整理了他们的论证，其论著之精妙，使得绝大部分前人著作都显得陈腐。1755 年，欧拉又在《无穷小分析引论》一书中加了一卷有关微分学的内容，1768～1774 年，又加了三卷有关积分学的内容，从此确定了数学分析延续至今的研究大方向。

在他所有的教材中，欧拉的论述都非常清楚易懂，并且，他所选用的数学符号，都是为了将他的意思表达得更加清晰明了，而不是故弄玄虚。事实上，对于今天的读者来说，欧拉的数学著述堪称是最早具有现代数学意味的著述。这当然不仅是因为他使用了现代数学符号，而且还因为他的影响十分深远，所有后来的数学家都采用了他的文体、符号和格式。此外，欧拉在写作时就想到了，并非所有读者都能像他那样具有惊人的数学学习能力。欧拉不同于以往那类数学家，他们虽然对问题有深邃的见解，但却无法把自己的思想传达给别人。相反，他深深地喜爱教学。法国数学家孔多塞在谈到欧拉时有一句精辟的话："他喜欢教诲他的学生，而不是在他们的面前炫耀以求取些许满足。"这正是对这样一个人的高度赞美，因为就算欧拉喜欢炫耀，他的数学才干也确实足以令任何人吃惊。

任何人在谈到欧拉的数学时，都会提到他的《全集》，这是一部 73 卷的文集。这部文集汇编了他一生用拉丁文、法文和德文撰著的 886 卷书和文章。他的著作数量极大，产出速度极快，甚至在他晚年失明后也是如此，据报道，在他辞世后，他的著作出版工作历时 47 年才完成。

如前所述，欧拉并未将他的研究局限于纯数学领域。相反，他广泛涉猎声学、工程学、机械学、天文学等许多领域，甚至还有三卷著作专门论述光学仪器，如望远镜和显微镜。据估计，如果有人清点 18 世纪后 75 年中的**所有**数学著作，那么，其中大约有三分之一都出自莱昂哈德·欧拉之手！虽然这听来令人难以相信，但事实就是这样。

如果你在图书馆里，站在收藏欧拉著作的书架前，一架接一架地看去，其著述洋洋大观，令人难以置信。这成千上万页具有开创性的文字，涉及数学的所有分支，从变分法，到图论，到复分析，到微分方程等，它们指引了数学各个领域的新方向。实际上，数学的每个分支都有欧拉创立的重要定理。因此，我们可以在几何学中找到欧拉三角，在拓扑学中找到欧拉示性函数，在图论中找到欧拉圆，更不要说使人目不暇接的欧拉常数、欧拉多项式、欧拉积分等名目了。即使这些都加在一起也只是道出了一半，因为人们一向归于他人名下的许多数学定理，实际上却是欧拉发现的，并深藏于他卷帙浩繁的著述中。有一则似假还真的趣话说道：

> ……法则和定理的命名，常有喧宾夺主的事情，否则，有半数应署上欧拉的名字。

1783年9月7日，莱昂哈德·欧拉溘然长逝。尽管他已双目失明，但直至他逝世前，他都一直在积极地进行数学研究。据说，在他生命的最后一天，他还在与他的孙子们一起游戏并讨论有关天王星的最新理论。对于欧拉来说，死神来得太快，用孔多塞的话说，“他终止了计算和生命。”欧拉死后葬于他曾居住过的圣彼得堡，他曾断断续续地在那里度过了许多美好的时光。

伟大的定理：计算 $1+\frac{1}{4}+\frac{1}{9}+\frac{1}{16}+\frac{1}{25}+\cdots+\frac{1}{k^2}+\cdots$ 的值

要从欧拉庞大的数学体系中找出一两个有代表性的定理是很困难的。本书之所以选择这个定理，是出于以下几个原因。第一，这个定理的历史注定了它是一个十分重要且引起争论的结果。第二，这个定理是欧拉的早期成就之一，是他于1734年宣布的，其时，欧拉到圣彼得堡才有几年光景，从各个方面来看，这一定理在很大程度上巩固了他数学天才的名望。最后，这一定理不仅证明了欧拉解决前人难题的才智，而且还证明他有能力将一个解法转变为一连串同样深刻且完全出人意料的解法。虽然没有一个定理能够囊括莱昂哈德·欧拉的全部天才，然而我们即将讨论的这个定理却清楚地显示了他的数学才华。

这个问题就是我们在第 8 章结束时所提到的问题。回想一下，伯努利兄弟刚刚攻克了调和级数问题时，曾经探讨了级数 $1+\frac{1}{4}+\frac{1}{9}+\frac{1}{16}+\frac{1}{25}+\cdots$。虽然他们知道这一级数的和一定小于 2，但他们却不能确定这个和的确切数值。显然，这一级数的计算不仅难倒了雅各布·伯努利和约翰·伯努利兄弟俩，甚至也难倒了莱布尼茨本人，更不要说世界上的其他数学家了。

欧拉肯定从他的老师约翰那里听说过这道难题。他曾说过，最初研究这个级数的时候，他只是简单地把越来越多的级数项加起来，希望能够看出来级数的和。他将这个近似的级数和计算到小数点后 20 位（在计算机时代之前，这种计算绝非易事），发现级数的和趋向于 1.6449。但遗憾的是，这个数看起来似乎很陌生。欧拉没有畏惧不前，他继续研究这个问题，直到最后发现了解开这个谜的钥匙。他的兴奋表露无遗，写道："……完全出乎意料，我发现了基于 π 的……一个绝妙的公式。"

要导出这个绝妙的公式，欧拉需要两个工具。其一是初等三角学中的所谓"正弦函数"。对这一重要数学概念（通常写作"$\sin x$"）的充分讨论会使我们离题太远。然而，任何接触过三角学或微积分预备知识的人都肯定知道具有无限振荡性质的著名的正弦波。函数 $f(x)=\sin x$ 的图像见图 9-1，这一函数是欧拉的方法的核心。

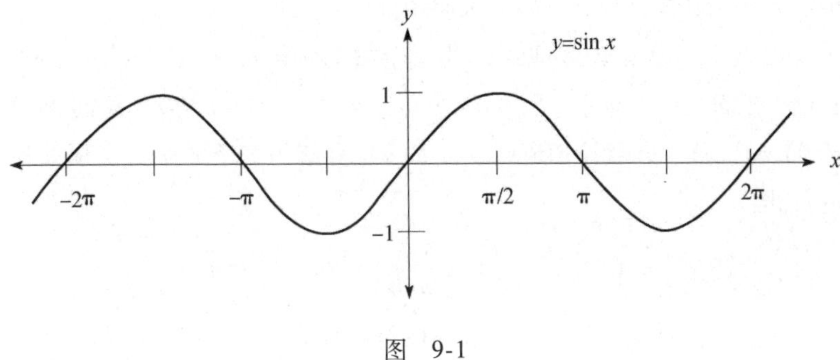

图　9-1

我们知道，当函数曲线与 x 轴相交于一个个点 x 时，其函数值等于零，因此，当 $x=0$，$\pm\pi$，$\pm 2\pi$，$\pm 3\pi$，$\pm 4\pi$ 等时，$\sin x=0$。这种使 $\sin x$ 等于零的无穷多的 x 值反映了正弦函数周期性重复变化的特性。

关于正弦的许多知识，我们都可以从初等三角学课程中学到。但是，如果在其中引入强大的微积分，我们就会得出下列公式：

$$\sin x = x - \frac{x^3}{3!} + \frac{x^5}{5!} - \frac{x^7}{7!} + \frac{x^9}{9!} - \cdots$$

同样，我们没有必要细述这一公式的推导过程，但是，凡是学过微积分中泰勒级数展开式的读者都能立刻认出这个公式。这一公式的重要性在于它为欧拉提供了一种将 $\sin x$ 表达为“无限长多项式”的方式。

对 $\sin x$ 的这种级数展开式，我们需要作一点儿说明。第一，分母中使用了阶乘符号，这种符号在一些数学分支中是很常见的。根据定义，$3!$ 意即 $3\times2\times1=6$，$5!=5\times4\times3\times2\times1=120$ 等。此外，这一 $\sin x$ 的表达式还将永远继续，没有终点，因为 x 的指数按奇数序列增大，分母表现为相应的阶乘，而正负号则一正一负交替出现。这就是我们所说的将 $\sin x$ 写成一个无限长多项式的意思。这也是欧拉解开他的难题所需要的线索之一。

另一个工具不是出自三角学或微积分领域，而是出自单代数。由于正弦函数的泰勒级数展开式是一个无穷多项式，欧拉转而研究普通的有限多项式的性质，并将它大胆地推广到无限多项式。

设 $P(x)$ 为 n 次多项式，其 n 个根为 $x=a$，$x=b$，$x=c$，…，$x=d$，换言之，$P(a)=P(b)=P(c)=\cdots=P(d)=0$。我们再设 $P(0)=1$。然后，欧拉知道可以将 $P(x)$ 分解为如下 n 个一次项乘积的形式：

$$P(x)=\left(1-\frac{x}{a}\right)\left(1-\frac{x}{b}\right)\left(1-\frac{x}{c}\right)\cdots\left(1-\frac{x}{d}\right)$$

考虑一下这个一般公式的合理性是明智的。通过直接代入，我们就得到

$$P(a)=\left(1-\frac{a}{a}\right)\left(1-\frac{a}{b}\right)\left(1-\frac{a}{c}\right)\cdots\left(1-\frac{a}{d}\right)=0$$

因为第一个因子恰好是 $1-1=0$。同样，

$$P(b)=\left(1-\frac{b}{a}\right)\left(1-\frac{b}{b}\right)\left(1-\frac{b}{c}\right)\cdots\left(1-\frac{b}{d}\right)=0$$

因为这次第二个因子是 $1-1=0$。实际上，$P(x)$ 的表达式非常清楚地表明，$P(a)=P(b)=P(c)=\cdots=P(d)=0$，与我们期望的一样。

但是，对 $P(x)$ 还必须附加另外一个条件：我们要求 $P(0)=1$。幸运的是，我们的公式也能成功满足这个条件，因为

$$\begin{aligned}P(0)&=\left(1-\frac{0}{a}\right)\times\left(1-\frac{0}{b}\right)\times\left(1-\frac{0}{c}\right)\times\cdots\times\left(1-\frac{0}{d}\right)\\&=(1)\times(1)\times(1)\times\cdots\times(1)=1\end{aligned}$$

总之，

$$P(x)=\left(1-\frac{x}{a}\right)\left(1-\frac{x}{b}\right)\left(1-\frac{x}{c}\right)\cdots\left(1-\frac{x}{d}\right)$$

具有我们所寻求的性质。

例如，假设 $P(x)$ 是一个三次多项式，满足 $P(2)=P(3)=P(6)=0$，$P(0)=1$。然后，我们得到因式分解

$$P(x)=\left(1-\frac{x}{2}\right)\left(1-\frac{x}{3}\right)\left(1-\frac{x}{6}\right)=1-x+\frac{11}{36}x^2-\frac{1}{36}x^3$$

可以很容易地验证这个三次方程符合我们的条件。

欧拉仔细思考了这一方程，之后他判断同样的法则必定也适用于“无穷多项式”。他特别相信模式的推广（这和牛顿很相像），既然这一模式对有限多项式是正确的，为什么不能推广到无穷多项式呢？现代数学家都知道这种做法是十分危险的，而且，将适用于有限多项式的公式推广为适用于无穷多项式的公式，肯定会遇到巨大的困难。这种推广当然要比欧拉想象得更微妙，也需要更加小心谨慎。也许他仅仅是幸运，也许他的数学直觉实在是太强大了。无论如何，他的大胆推广取得了成功。

这些预备定理似乎离我们最初求 $1+\frac{1}{4}+\frac{1}{9}+\frac{1}{16}+\frac{1}{25}+\cdots$ 问题太远了。欧拉用他超凡的、令人屏息的洞察力作为纽带，将全部零散的部件组合在了一起。

【定理】$1+\frac{1}{4}+\frac{1}{9}+\frac{1}{16}+\frac{1}{25}+\cdots+\frac{1}{k^2}+\cdots=\frac{\pi^2}{6}$

【证明】欧拉首先引入函数

$$f(x)=1-\frac{x^2}{3!}+\frac{x^4}{5!}-\frac{x^6}{7!}+\frac{x^8}{9!}-\cdots$$

在欧拉看来，$f(x)$ 就是无穷多项式，并且 $f(0)=1$（这是显而易见的）。因此，可以利用上述方法，对这一函数方程作因式分解，以确定方程 $f(x)=0$ 的根。为此，我们注意到，对 $x\neq 0$，

$$f(x)=x\left[\frac{1-\frac{x^2}{3!}+\frac{x^4}{5!}-\frac{x^6}{7!}+\frac{x^8}{9!}-\cdots}{x}\right]$$

$$=\frac{x-\frac{x^3}{3!}+\frac{x^5}{5!}-\frac{x^7}{7!}+\frac{x^9}{9!}-\cdots}{x}$$

$$=\frac{\sin x}{x}\quad \text{根据} \sin x \text{的泰勒展开式}$$

因此，只要 x 不等于0，解 $f(x)=0$ 就等于解 $\frac{\sin x}{x}=0$，而后者又可以（通过简单的交叉相乘方法）简化为解 $\sin x=0$。我们在前面已看到，恰好在 $x=0$，$x=\pm\pi$，$x=\pm2\pi$，…时，正弦函数等于0。当然，我们必须从 $f(x)=0$ 的解中排除 $x=0$，因为我们已规定 $f(0)=1$。换言之，$f(x)=0$ 的解正好是 $x=\pm\pi$，$x=\pm2\pi$，$x=\pm3\pi$，…。

基于这些考虑，欧拉将 $f(x)$ 分解因式为

$$f(x)=\left(1-\frac{x}{\pi}\right)\left(1-\frac{x}{-\pi}\right)\left(1-\frac{x}{2\pi}\right)\left(1-\frac{x}{-2\pi}\right)\left(1-\frac{x}{3\pi}\right)\left(1-\frac{x}{-3\pi}\right)\cdots$$

$$=\left[\left(1-\frac{x}{\pi}\right)\left(1+\frac{x}{\pi}\right)\right]\left[\left(1-\frac{x}{2\pi}\right)\left(1+\frac{x}{2\pi}\right)\right]\left[\left(1-\frac{x}{3\pi}\right)\left(1+\frac{x}{3\pi}\right)\right]\cdots$$

这等价于

$$1-\frac{x^2}{3!}+\frac{x^4}{5!}-\frac{x^6}{7!}+\frac{x^8}{9!}-\cdots=\left[1-\frac{x^2}{\pi^2}\right]\left[1-\frac{x^2}{4\pi^2}\right]\left[1-\frac{x^2}{9\pi^2}\right]\left[1-\frac{x^2}{16\pi^2}\right]\cdots$$

我们称这一方程为关键方程。这是一个最不寻常的结果，因为它使一个无穷和等于一个无穷乘积。也就是说，最初确定 $f(x)$ 的无穷级数等于方程右边的无穷乘积。对于欧拉之类的数学家来说，这是非常有启发性的。事实上，他现在即将完成他的证明，但许多读者也许还完全蒙在鼓里，不知他的论证朝向哪里。

欧拉所做的是，设想"乘出"上述方程右边的无穷乘积，然后合并 x 的同类项。这样，第一项就将是所有1的乘积，当然，等于1。为得到 x^2 项，我们就必须用1依次去乘剩余因子中的 x^2 项。这样，欧拉的"无穷乘法"问题就变成了下列方程：

$$1-\frac{x^2}{3!}+\frac{x^4}{5!}-\frac{x^6}{7!}+\frac{x^8}{9!}-\cdots=\left[1-\frac{x^2}{\pi^2}\right]\left[1-\frac{x^2}{4\pi^2}\right]\left[1-\frac{x^2}{9\pi^2}\right]\left[1-\frac{x^2}{16\pi^2}\right]\cdots$$

$$=1-\left(\frac{1}{\pi^2}+\frac{1}{4\pi^2}+\frac{1}{9\pi^2}+\frac{1}{16\pi^2}+\cdots\right)x^2+(\cdots)x^4-\cdots$$

最后，迷雾终于开始散去。也就是说，欧拉只要乘出无穷乘积，得到**两个**相等的无穷和，那么，同指数的 x 项也就当然相等了。请注意，两个级数的第一项都是 1。因此，两个级数中的 x^2 项，其系数也必定相等。即，

$$-\frac{1}{3!}=-\left(\frac{1}{\pi^2}+\frac{1}{4\pi^2}+\frac{1}{9\pi^2}+\frac{1}{16\pi^2}+\cdots\right)$$

然后，在方程两边同乘以 -1，注意到左边有 $3!=6$，而右边则提取公因子 π^2，于是，欧拉得到

$$\frac{1}{6}=\frac{1}{\pi^2}\left(1+\frac{1}{4}+\frac{1}{9}+\frac{1}{16}+\cdots\right)$$

最后，应用交叉相乘法，即得到了令人震惊的事实：

$$1+\frac{1}{4}+\frac{1}{9}+\frac{1}{16}+\cdots=\frac{\pi^2}{6}$$

证毕

就这样，莱昂哈德·欧拉发现了其他数学家几十年都未能发现的答案。完全肯定地说 $\pi^2/6$ 的数值就等于 1.6449…，这一近似值恰好就是欧拉最初所计算的数值。我们还注意到，这一无穷和也的确小于 2，恰如雅各布·伯努利于 1689 年所正确推断的那样。

然而，在欧拉之前，人们对于这一级数的和恰好等于 π^2 的六分之一，完全一无所知。这是一个多么古怪的结果。出于数学本身所蕴含的种种神秘之原因，这一级数的和竟然产生了一个关于 π 的公式。因为 π 当然是与圆密切相关的，但是因为 1、4、9、16 这些数则与正方形密不可分，所以，很难想象这二者会联系在一起。甚至欧拉自己

也对这个答案感到吃惊。他的公式过去是，至今依然是所有数学问题中最独特和最令人吃惊的一个。这一出乎意料的结果，以及这种极其巧妙的推导方法，使欧拉的证明成为第一流的伟大定理。

后记

刚刚介绍的这个定理帮助奠定了莱昂哈德·欧拉在整个数学界的声誉。这是一个无可争议的成就，如果换做那许多平庸之人，肯定会因这个巨大成就而心满意足，不求进取——但欧拉却不然。欧拉数学的特点就是他探索一切值得探索的问题之能力。至于欧拉这一绝妙的求和公式，仅仅是一点皮毛而已。

欧拉还发现一个事实，即他在关键方程中所计算出的无穷乘积，在 $x\neq 0$ 的情况下，等于$\frac{\sin x}{x}$。从图 9-1 的正弦函数图像，我们可以看到，当 $x=\pi/2$ 时，$\sin x$ 达到最大值 1。如果将 $x=\pi/2$ 代入无穷乘积，我们发现，

$$\frac{\sin \pi/2}{\pi/2}=\left[1-\frac{(\pi/2)^2}{\pi^2}\right]\left[1-\frac{(\pi/2)^2}{4\pi^2}\right]\left[1-\frac{(\pi/2)^2}{9\pi^2}\right]\left[1-\frac{(\pi/2)^2}{16\pi^2}\right]\cdots$$

整理后，得

$$\frac{1}{\pi/2}=\left(1-\frac{1}{4}\right)\times\left(1-\frac{1}{16}\right)\times\left(1-\frac{1}{36}\right)\times\left(1-\frac{1}{64}\right)\cdots$$

或简化为

$$\frac{2}{\pi}=\left(\frac{3}{4}\right)\times\left(\frac{15}{16}\right)\times\left(\frac{35}{36}\right)\times\left(\frac{63}{64}\right)\cdots$$

通过取倒数并将方程右边因式分解，欧拉偶然发现了下面的公式：

$$\frac{\pi}{2}=\frac{2\times 2\times 4\times 4\times 6\times 6\times 8\times 8\cdots}{1\times 3\times 3\times 5\times 5\times 7\times 7\times 9\cdots}$$

这个表达式使 $\pi/2$ 等于一个很大的商，其分子是偶数的乘积，而

分母则是奇数的乘积。不过，这个公式早已为英国数学家约翰·沃利斯（1616—1703）所知，他早在1650年就已经用完全不同的方法推导出了这一公式。因而，欧拉并非发现了一个新公式，他只是在对无穷和与无穷乘积的新奇而相当有力的使用过程中再次发现了它。

但是，欧拉花样百出。他认为，他所发现的计算级数 $1+1/4+1/9+1/16+\cdots$ 的方法是计算更加“疯狂”的级数的钥匙。例如，假设我们想要求**偶数**平方的倒数和：

$$\frac{1}{4}+\frac{1}{16}+\frac{1}{36}+\frac{1}{64}+\frac{1}{100}+\cdots+\frac{1}{(2k)^2}+\cdots$$

欧拉首先提取公因数1/4，然后，应用“伟大定理”，得出

$$\begin{aligned}&\frac{1}{4}+\frac{1}{16}+\frac{1}{36}+\frac{1}{64}+\frac{1}{100}+\cdots\\&=\frac{1}{4}\left(1+\frac{1}{4}+\frac{1}{9}+\frac{1}{16}+\frac{1}{25}+\cdots\right)\\&=\frac{1}{4}\left(\frac{\pi^2}{6}\right)=\frac{\pi^2}{24}\end{aligned}$$

于是，欧拉也可以毫不费力地计算出所有**奇数**平方的倒数和，因为

$$\begin{aligned}1+\frac{1}{9}+\frac{1}{25}+\frac{1}{49}+\cdots&=\left(1+\frac{1}{4}+\frac{1}{9}+\frac{1}{16}+\frac{1}{25}+\cdots\right)\\&-\left(\frac{1}{4}+\frac{1}{16}+\frac{1}{36}+\frac{1}{64}+\frac{1}{100}+\cdots\right)=\frac{\pi^2}{6}-\frac{\pi^2}{24}=\frac{\pi^2}{8}\end{aligned}$$

欧拉显然为他的发现欣喜若狂，他再接再厉，提出了求整数**四次方**的倒数和问题：

$$1+\frac{1}{16}+\frac{1}{81}+\frac{1}{256}+\frac{1}{625}+\frac{1}{1296}+\cdots+\frac{1}{k^4}+\cdots$$

他能确定这个和吗？

欧拉认识到他应该回到关键方程上来，不过这次是要确定方程两边 x^4 项的系数。但是，怎样才能从关键方程右边的无穷乘积中找到 x^4

项呢？这并不是一个小问题。在求解这一问题的过程中，欧拉再次得益于他识别模式的敏锐感觉和他关于任何有限乘积都可以推广到无穷乘积的信念。

为了理解欧拉的推理过程，我们先举两个十分简单但却富有启发性的例子，看看 x^4 项的系数。第一个例子是

$$(1-ax^2)(1-bx^2)=1-(a+b)x^2+abx^4$$

$$=1-(a+b)x^2+\frac{1}{2}[(a+b)^2-(a^2+b^2)]x^4$$

第二个例子是

$$(1-ax^2)(1-bx^2)(1-cx^2)$$

$$=1-(a+b+c)x^2+(ab+ac+bc)x^4-(abc)x^6$$

$$=1-(a+b+c)x^2+\frac{1}{2}[(a+b+c)^2-(a^2+b^2+c^2)]x^4-(abc)x^6$$

这些方程可以通过简单地乘出右边方括号中的各项来直接验算。

注意，一个模式已经出现——将 $(1-ax^2)$，$(1-bx^2)$，$(1-cx^2)$ 等一系列因式相乘后，和 $(a+b+c+\cdots)$ 的平方与平方和 $(a^2+b^2+c^2+\cdots)$ 二者之差的一半，就是 x^4 的系数。如果这一模式适用于两个或三个这种因式的乘积，那么，为什么不能推广到四个、五个，甚至无穷多个因式的乘积呢？再次回到关键方程，欧拉兴奋地推导出：

$$1-\frac{x^2}{3!}+\frac{x^4}{5!}-\frac{x^6}{7!}+\frac{x^8}{9!}-\cdots$$

$$=\left[1-\frac{x^2}{\pi^2}\right]\left[1-\frac{x^2}{4\pi^2}\right]\left[1-\frac{x^2}{9\pi^2}\right]\left[1-\frac{x^2}{16\pi^2}\right]\cdots$$

我们看到，在这里，$1/\pi^2$ 相当于 a，$\frac{1}{4\pi^2}$相当于 b，$\frac{1}{9\pi^2}$相当于 c，等等。于是应用我们对 x^4 系数的这一观察结果，就得到：

$$1-\frac{x^2}{3!}+\frac{x^4}{5!}-\frac{x^6}{7!}+\frac{x^8}{9!}-\cdots=1-\left(\frac{1}{\pi^2}+\frac{1}{4\pi^2}+\frac{1}{9\pi^2}+\cdots\right)x^2$$

$$+\frac{1}{2}\left[\left(\frac{1}{\pi^2}+\frac{1}{4\pi^2}+\frac{1}{9\pi^2}+\frac{1}{16\pi^2}+\cdots\right)^2\right.$$
$$\left.-\left(\frac{1}{\pi^4}+\frac{1}{16\pi^4}+\frac{1}{81\pi^4}+\frac{1}{256\pi^4}+\cdots\right)\right]x^4-\cdots$$

欧拉现在开始考虑这一方程两边的 x^4 的系数。方程左边的 x^4 项的系数为$\frac{1}{5!}=\frac{1}{120}$。而右边的对应系数就非常复杂，但我们可以用代数方法进行整理，先提取 π 的同次幂公因数，然后再应用上述伟大定理的结论。换句话说，方程右边的 x^4 项的系数是

$$\frac{1}{2}\left[\left(\frac{1}{\pi^2}+\frac{1}{4\pi^2}+\frac{1}{9\pi^2}+\frac{1}{16\pi^2}+\cdots\right)^2-\left(\frac{1}{\pi^4}+\frac{1}{16\pi^4}+\frac{1}{81\pi^4}+\frac{1}{256\pi^4}+\cdots\right)\right]$$
$$=\frac{1}{2}\left[\frac{1}{\pi^4}\left(1+\frac{1}{4}+\frac{1}{9}+\frac{1}{16}+\cdots\right)^2-\frac{1}{\pi^4}\left(1+\frac{1}{16}+\frac{1}{81}+\frac{1}{256}+\cdots\right)\right]$$
$$=\frac{1}{2\pi^4}\left[\left(\frac{\pi^2}{6}\right)^2-\left(1+\frac{1}{16}+\frac{1}{81}+\frac{1}{256}+\cdots\right)\right]$$
$$=\frac{1}{72}-\frac{1}{2\pi^4}\left(1+\frac{1}{16}+\frac{1}{84}+\frac{1}{256}+\cdots\right)$$

现在，答案就在眼前。欧拉令以上两个 x^4 的系数**相等**，得到如下方程，并进行求解：

$$\frac{1}{120}=\frac{1}{72}-\frac{1}{2\pi^4}\left(1+\frac{1}{16}+\frac{1}{81}+\frac{1}{256}+\cdots\right)$$

所以

$$\frac{1}{2\pi^4}\left(1+\frac{1}{16}+\frac{1}{81}+\frac{1}{256}+\cdots\right)=\frac{1}{72}-\frac{1}{120}=\frac{1}{180}$$

最后，通过交叉相乘，就得出了欧拉的公式：

$$1+\frac{1}{16}+\frac{1}{81}+\frac{1}{256}+\cdots+\frac{1}{k^4}+\cdots=\frac{2\pi^4}{180}=\frac{\pi^4}{90}$$

这里，欧拉发现了一个真正奇特的结果，这个结果将完全四次方的倒数与 π 的四次方联系在了一起。然后，他像一个孩子发现了新玩具一

样，兴高采烈地应用他非凡的技巧，去求更奇特级数的和，比如：

$$1+\frac{1}{64}+\frac{1}{729}+\frac{1}{4096}+\cdots+\frac{1}{k^6}+\cdots=\frac{\pi^6}{945}$$

他不断对偶次幂级数进行推算，直至得出了

$$1+\frac{1}{2^{26}}+\frac{1}{3^{26}}+\cdots+\frac{1}{k^{26}}+\cdots=\frac{1\,315\,862}{11\,094\,481\,976\,030\,578\,125}\pi^{26}$$

至此，甚至连欧拉自己也感到厌倦了。毫无疑问，历史上没有一个人曾踏上这一数学之旅。从实用性的角度来看，这些事情可能都很无聊，但不论它们有多么琐碎，都确实是人类知识的一大进步，因为它们发现了整数乘方的倒数与最重要常数 π 之间的关系，而这些关系，以前的人们从未想到过。

此时，人们会立即想到一个问题：整数奇次幂的倒数和又是什么样的呢？例如，我们能否计算出下列无穷级数？

$$1+\frac{1}{2^3}+\frac{1}{3^3}+\frac{1}{4^3}+\cdots=1+\frac{1}{8}+\frac{1}{27}+\frac{1}{64}+\cdots$$

对此，甚至欧拉也保持沉默，过去 200 年的数学研究对这些奇次幂级数的认识几乎没什么促进。我们可以很容易地推测，整数奇次幂的倒数和一定是对应于某个分数 p/q 的 $(p/q)\pi^3$ 形式，但时至今日，仍没有一个人能够肯定这一推测是否正确。

今天，我们认识到，欧拉在无穷的应用中并不十分严格。他相信有限级数所产生的模式和公式可以自动推广到无穷情形，这与其说是科学，不如说是一种信念，其后的数学家提供了大量的例证，证明了欧拉的这种推而广之的鲁莽行为是十分愚蠢的。总之，欧拉未能为他的推理提供充分的逻辑依据，这个罪名是成立的。然而，这些批评丝毫无损于他的声望。尽管他推论无穷级数的方法还十分幼稚，可是他所有这些奇妙的级数和都已通过论证，而且是以今天逻辑严密性的更高标准。

这些成就在欧拉的 70 余卷著作中只占了几页。下一章，我们将讨论欧拉在一个完全不同的数学分支中的辉煌贡献——数论领域。

第10章

Journey Through Genius

欧拉数论集锦

（1736年）

费马的遗产

我们已经看到了欧拉在计算复杂的无穷级数方面的成功。这一工作属于称为“分析学”的数学分支，其中，他的发现在这一数学分支中具有特别重要的意义和深远的影响。但是，如果不介绍他在数论领域中的一些贡献，那就是我们的一大疏忽。欧拉在数论这一数学分支中的成就也是名列前茅的。我们在前面曾接触过一些数论的问题，在第 3 章，我们介绍了欧几里得关于素数无穷性的巧妙证明；在第 7 章，我们还介绍了费马那诱人的难题，他关于数论的富有洞察力的评注和猜想改变了这一学科。如前所述，费马没有呈现证明，而且，在费马与欧拉之间相隔的一个世纪中，数学界在证明费马猜想方面几乎没有任何进展。造成这种停滞的原因是多方面的，一部分原因是 17 世纪末对微积分的新发现垄断了数学研究的方向；另一部分原因是数论对任何现实世界的现象都没有实用性；还有一部分原因是，对于许多数学家来说，费马的猜想太难了，无法攻克，这是让我们觉得羞辱的事实。

欧拉对数论的极大兴趣是由克里斯蒂安·哥德巴赫培养的。我们在第 3 章的后记中已简要介绍过哥德巴赫猜想。哥德巴赫对数论问题深深着迷，但是，他的热情远远超过了他的才能。他与欧拉一直频繁地通信，正是哥德巴赫最初告诉了欧拉许多费马未证明的猜想，并引起了欧拉对这些猜想的注意。刚开始时，欧拉似乎对研究这一领域没有兴趣，但是，由于他自己无止境的好奇心和哥德巴赫的坚持，最终还是涉足其间。很快，他就被数论，特别是被费马一系列未证明的猜想深深地迷住了。用现代作家兼数学家安德烈·韦伊的话说就是，“……在欧拉（有关数论）的著作中，有相当一部分都是旨在证明费马的猜想。”在取得辉煌的成就之前，他的数论著作在他的《全集》中已占了整整四大卷。人们注意到，在他的科学生涯中，即使没有其他成就，这四卷著作也足以使他跻身于历史上最伟大的数学家之列。

例如，欧拉证明了费马的推测：某些素数可以写成两个完全平方数之和。显然，除 2 以外，其他所有素数都是奇数。当然，如果用 4 去除一个大于 4 的奇数，我们一定会得到余数 1 或 3（因为 4 的倍数或 4 的倍数加 2 都是偶数）。为了使表达更简洁，我们可以说，如果 $p>2$是素数，那么，要么 $p=4k+1$，要么 $p=4k+3$（k 是整数）。1640 年，费马曾猜想，第一种形式的素数（即 4 的倍数加 1）能以一种方式并且只能以一种方式写成两个完全平方数之和的形式，而形如 $4k+3$ 的素数则无论以什么方式都不能写成两个完全平方数之和。

这个定理很奇怪。例如，根据这个定理，素数 $193=(4\times48)+1$ 能以唯一一种方式写成两个平方数之和。在本例中，很容易证明 $193=144+49=12^2+7^2$，而其他任何形式的平方和都不等于 193。另一方面，素数 $199=(4\times49)+3$ 绝对无法写成两个平方数之和的形式，这同样可以通过列出所有可能的形式来证明其不可能性。因此，这两种形式的（奇）素数之间的根本差别，就是能否表达为两个平方数之和。这是一个无法预料或不能凭直觉预测的性质。但欧拉在 1747 年证明了它。

我们再来看另一个展现欧拉数论天才的例子，即我们在第 3 章后记中曾讨论过的所有偶完全数的问题。与这个问题有关的是他对所谓**亲和**

数的研究工作。亲和数是一对具有下列性质的数：第一个数的所有真因子之和恰好等于第二个数，而第二个数的所有真因子之和也同样等于第一个数。亲和数早在古希腊罗马时期就引起了数学家的兴趣，他们认为亲和数具有神秘的“超数学”色彩。即使是今天，亲和数也因其独特的互逆性质盘踞在数字学的伪科学中。

古希腊人已经知道 220 和 284 是亲和数。也就是说，220 的所有真因子 1，2，4，5，10，11，20，22，44，55 和 110，加起来恰好等于 284；同时，284 的所有真因子 1，2，4，71 和 142，加起来等于 220。但遗憾的是，数字学家们很久都找不到其他的亲和数，直至 1636 年，费马才证明出 17 296 和 18 416 构成了第二对亲和数。（实际上，阿拉伯数学家班纳（1256—1321）早就发现了这对亲和数，比费马早 300 多年，但是，在费马时代，西方人还不知道这一对亲和数的存在。）1638 年，笛卡儿骄傲地宣布他发现了第三对亲和数：9 363 584 和 9 437 056，这或许是为了抢他的同胞费马的风头。

不过，在欧拉关注这个问题之前的一个世纪期间，亲和数的研究一直停滞不前。在 1747 年至 1750 年期间，欧拉发现了 122 265 和 139 815 以及其他 57 对亲和数，因而，他单枪匹马就使世界已知的亲和数增加了 2000%！欧拉之所以能够收获这么多亲和数，是因为他找到了生成亲和数的方法，并用这种方法生成了亲和数。

在费马众多的猜想中，其中最重要的一个见于他 1640 年的另一封信中。他在信中说，如果 a 是任意一个整数，p 是素数，并且 p 不是 a 的因数，那么，p 必定是数 $a^{p-1}-1$ 的因数。费马依旧沿袭他那令人厌恶的习惯，宣称他已经发现了这一奇怪事实的证明，但却没有写在这封信中。相反，他告诉他的收信人：“如果不是怕这个证明太长的话，我就邮寄给你了。”

后来，这一定理便以“费马小定理”而知名。例如，对于素数

$p=5$和整数 $a=8$，定理宣称，5 可以整除 $8^4-1=4096-1=4095$。显然，这是正确的。类似地，如果素数 $p=7$，整数 $a=17$，定理宣称，7 能够整除 $17^6-1=24\,137\,569-1=24\,137\,568$。这个情况不是一眼就能看出来的，但却同样是正确的。

至于费马是如何进行证明的，我们只能去猜想了。直到 1736 年，才由欧拉给出了一个完整的证明。我们很快就要讨论欧拉的证明。但是，首先我们应该介绍一下欧拉的证明所需要的数论命题。

（A）如果素数 p 能够整除乘积 $a\times b\times c\times\cdots\times d$，那么，$p$ 就一定能够整除 a，b，c，…，d 这些因数中的（至少）一个因数。用通俗的话说，这就表明，如果一个素数能够整除一个乘积，那么它就一定能够整除其中的一个因数。我们在第 3 章中已经注意到，欧几里得早在欧拉之前 2000 年就已在其《几何原本》的命题Ⅶ. 30 中对此作出了证明。

（B）如果 p 是素数，a 是任意整数，则下述表达式

$$a^{p-1}+\frac{p-1}{2\times 1}a^{p-2}+\frac{(p-1)(p-2)}{3\times 2\times 1}a^{p-3}+\cdots+a$$

也表示一个整数。

我们将不去证明这个论断，而是通过一两个特定的例子来验证其正确性。例如，如果 $a=13$，$p=7$，那么，我们发现，

$$13^6+\frac{6}{2\times 1}\times 13^5+\frac{6\times 5}{3\times 2\times 1}\times 13^4+\frac{6\times 5\times 4}{4\times 3\times 2\times 1}\times 13^3$$

$$+\frac{6\times 5\times 4\times 3}{5\times 4\times 3\times 2\times 1}\times 13^2+\frac{6\times 5\times 4\times 3\times 2}{6\times 5\times 4\times 3\times 2\times 1}\times 13$$

$$=4\,826\,809+1\,113\,879+142\,805+10\,985+507+13=6\,094\,998$$

这的确是一个整数。这里是因为在原表达式中所有以分数形式出现的数都被消掉了，所以只剩下整数的和。当然，这种相消不一定必然存在。实际上，如果取 p 是一个非素数，那么我们就会遇到麻烦。例如，如果 $a=13$，$p=4$，我们得到

$$13^3+\frac{3}{2\times1}\times13^2+\frac{3\times2}{3\times2\times1}\times13=2197+253.5+13=2463.5$$

这当然不是整数。只有 p 是素数，才能保证这一表达式得到整数值。

欧拉需要的另外一个数学武器是应用于 $(a+1)^p$ 的二项式定理。幸运的是，他在牛顿的著作中读到过这个定理，所以这个定理已经在他储藏丰富的武器库中了。我们将分四步介绍他的证明方法，每一步都直接推导出下一步，最后一步将直接得出费马小定理。

【定理】如果 p 是素数，a 是任意整数，那么 p 可以整除 $(a+1)^p-(a^p+1)$。

【证明】应用二项式定理，展开第一个表达式，得到

$$(a+1)^p=\left[a^p+pa^{p-1}+\frac{p(p-1)}{2\times1}a^{p-2}+\frac{p(p-1)(p-2)}{3\times2\times1}a^{p-3}+\cdots+pa+1\right]$$

我们将这一展开式代入表达式 $(a+1)^p-(a^p+1)$，然后合并同类项，并提取公因数 p，得到

$$\begin{aligned}&(a+1)^p-(a^p+1)\\&=\left[a^p+pa^{p-1}+\frac{p(p-1)}{2\times1}a^{p-2}+\frac{p(p-1)(p-2)}{3\times2\times1}a^{p-3}\right.\\&\quad\left.+\cdots+pa+1\right]-(a^p+1)\\&=pa^{p-1}+\frac{p(p-1)}{2\times1}a^{p-2}+\frac{p(p-1)(p-2)}{3\times2\times1}a^{p-3}+\cdots+pa\\&=p\left[a^{p-1}+\frac{p-1}{2\times1}a^{p-2}+\frac{(p-1)(p-2)}{3\times2\times1}a^{p-3}+\cdots+a\right]\end{aligned}$$

根据上述命题（B），我们知道方括号中的项是一个整数。因而，我们证明了 $(a+1)^p-(a^p+1)$ 可以分解因式为素数 p 与一个整数的乘积。换言之，p 可以整除 $(a+1)^p-(a^p+1)$，如定理所称。　**证毕**

我们利用这一结果即可直接导出第二个定理。

【定理】如果 p 是素数，并且 p 可以整除 a^p-a，那么 p 也可以整除

$(a+1)^p-(a+1)$。

【证明】前一个定理保证 p 可以整除 $(a+1)^p-(a^p+1)$，并且，我们已经假设 p 也可以整除 a^p-a。因此，p 显然可以整除这两者的和：

$$\begin{aligned}[(a+1)^p-(a^p+1)]+[a^p-a]&=(a+1)^p-a^p-1+a^p-a\\&=(a+1)^p-(a+1)\end{aligned}$$

而这正是我们所要证明的。 **证毕**

上面的结论为欧拉提供了证明费马小定理的钥匙，而这种证明过程被称作“数学归纳法”。这种称为归纳法的证明技巧非常适合与整数相关的命题，因为这种方法利用了整数一个紧跟一个的“阶梯”性质。归纳法证明很像攀登一个（非常高的）梯子。我们最初的工作就是要登上梯子的第一级。然后，我们必然能从第一级爬到第二级。这两步完成后，我们还需要从第二级爬到第三级，然后再从第三级爬到第四级。如果我们掌握了从梯子的一级爬到更高一级的方法，那么，这个梯子就是我们的了！我们确信，没有我们爬不了的阶梯。欧拉的归纳证明也是如此。

【定理】如果 p 是素数，a 是任意整数，那么 p 能够整除 a^p-a。

【证明】因为这一命题涉及所有的整数，所以欧拉首先对第一个整数，即 $a=1$ 证明。但是这种情况极为简单，因为 $a^p-a=1^p-1=1-1=0$，p 当然可以整除0（事实上，任何正整数都能够整除0）。这使欧拉登上了梯子。

现在，既然证明了 p 是 1^p-1 的因数，欧拉就可以对 $a=1$ 应用前一个定理，据此，欧拉就可以推断，p 同样也能够整除

$$(1+1)^p-(1+1)=2^p-2$$

换言之，欧拉证明了 $a=2$ 时的情况。如果通过前一个定理再循环一次，我们就发现，这表明 p 能够整除

$$(2+1)^p-(2+1)=3^p-3$$

不断重复这个过程，我们就能看出 p 能够整除 4^p-4，5^p-5，等等。这样，欧拉就像从梯子的一级不断爬向更高一级那样，能够一直爬向整数梯子的顶端，从而保证了，对于任意整数 a，p 都是 a^p-a 的因数。 **证毕**

终于，欧拉准备好证明费马小定理了。由于已完成了上述的基础准备工作，他最后一步证明极为轻松。

【费马小定理】如果 p 是素数，a 是任意整数，并且 p 不是 a 的因数，那么 p 能够整除 $a^{p-1}-1$。

【证明】我们已经证明，p 能够整除

$$a^p - a = a(a^{p-1} - 1)$$

根据上述命题（A），由于 p 是素数，p 就一定是要么整除 a，要么整除 $a^{p-1}-1$（或两者都可）。但是，我们已经假设 p 不能整除 a，因而我们只能得出结论，p 能够整除后者，即 p 能够整除 $a^{p-1}-1$。这就是费马小定理。

证毕

欧拉的论证是一粒珍宝。他需要的仅仅是一些比较简单的概念；他融入的却是归纳法这种关于整数的典型证明方法；他运用的定理，一个如欧几里得那样古老，一个如二项式定理那样新鲜。掌握了这些知识后，他又大量注入了自己的天才，这样就出现了费马如先知般提出但未能证明的费马小定理的第一个证明。

顺便说句题外的话，让人惊讶的是，费马小定理最近被应用于一个现实世界中的问题——设计某些高度复杂的密码系统，以发送机密信息。纯数学的抽象定理亦有其非常实际的用途，在这方面，这不是第一例，当然也不是最后一例。

伟大的定理：欧拉对费马猜想的反驳

就我们本章的目的来说，前面的论证只是序曲。费马/欧拉的另一个结论才是本章的伟大定理。毫不奇怪，这个命题能引起欧拉的兴趣正是靠欧拉那位忠实的笔友哥德巴赫。在 1729 年 12 月 1 日的一封信中，哥德巴赫带着几分天真地问道：“费马认为所有形如 $2^{2^n}+1$ 的数都是素数，你知道这个问题吗？他说他没能证明这点，据我所知，也没有其他任何人证明过这个问题。”

费马声称发现了一个始终能生成素数的公式。显然，就 n 的最初几个值而言，他的公式是对的。也就是说，对于 $n=1$，$2^{2^1}+1=2^2+1=5$是素数；对于 $n=2$，$2^{2^2}+1=2^4+1=17$ 是素数；同样，$n=3$ 和$n=4$生成素数 $2^8+1=257$ 和 $2^{16}+1=65\,537$。按序排下去，下一个数$n=5$就生成了一个巨大的数

$$2^{2^5}+1=2^{32}+1=4\,294\,967\,297$$

费马同样认为这是一个素数。看看费马以往的成就，我们就知道，没有理由怀疑他的推测。另一方面，任何数学家如果想要否定费马的猜想，就必须要找到一种方法，将这个 10 位数分解为两个较小的因数。而这种研究可能需要几个月的时间，当然，如果费马对这个数的素数性的推断是正确的话，那么这种探索将是徒劳无益的。总之，我们有种种理由接受费马的推测，转而去忙别的事情。

但这不是欧拉的性格。他开始研究数 4 294 967 297，最后，欧拉成功地将这个数进行因数分解。费马的猜想是错误的。不用说，欧拉发现这个数的因数并非出于偶然。他就像侦探一样，首先从一个案件的真正嫌疑犯中排除无辜的旁观者。按照这种思路，欧拉设计了一个非常巧妙的检验方法，从一开始就排除掉所有无关的数，只留下 4 294 967 297 的几个潜在因数。他的非凡洞察力使摆在他面前的任务变得格外简单。

欧拉首先给出一个偶数 a（然而，如果知道真相的话，那么他心里想的是 $a=2$）和一个素数 p，且 p 不是 a 的因数。然后，他希望能确定，假如素数 p 的确能够整除 $a+1$，a^2+1，a^4+1，或其一般式 $a^{2^n}+1$，那么 p 需要满足哪些限制条件。考虑到费马猜想的性质，欧拉特别注意 $n=5$ 的情况。也就是说，关于 $a^{32}+1$ 的素因数，他能掌握哪些情况呢？

命运似乎跟费马开了一个不大不小的玩笑，欧拉用以否定费马猜想 $a^{2^n}+1$ 的主要武器不是别的，恰恰正是费马小定理。换句话说，费马自

己种下了埋葬自己的种子。的确，当跟随欧拉的脚步一步步推导这个伟大定理时，我们不能不承认，费马小定理起了关键性的作用。

【定理 A】假设 a 是偶数，p 是素数，p 不能整除 a，但是 p 却能够整除 $a+1$。那么，对于某一整数 k，$p=2k+1$。

【证明】这个定理非常简单。如果 a 是偶数，那么 $a+1$ 就是奇数。因为我们假设 p 能够整除奇数 $a+1$，所以 p 自身也一定是奇数。因而 $p-1$ 是偶数，并且对于某一整数 k 来说，$p-1=2k$，即 $p=2k+1$。 **证毕**

我们来看一个具体的数例。如果我们先设偶数 $a=20$，那么 $a+1=21$，并且 21 的两个素因数（即 3 和 7）都符合 $2k+1$ 的形式。

下一步就更具挑战性了。

【定理 B】假设 a 是偶数，p 是素数，p 不能整除 a，但是 p 却能够整除 a^2+1。那么，对于某一整数 k 来说，$p=4k+1$。

【证明】因为 a 是偶数，所以 a^2 也是偶数。根据定理 A，我们知道，a^2+1 的任何素因数（特别是数 p）都一定是奇数。也就是说，p 等于 2 的倍数加 1。

但是，如果我们用 4 去除 p，结果如何呢？显然，任何奇数都一定等于 4 的倍数加 1 或者 4 的倍数加 3。用符号来表示，我们就是说 p 要么形如 $4k+1$，要么形如 $4k+3$。

欧拉想排除后一种可能性，为了造成最终的矛盾，他必须先假定 $p=4k+3$，其中 k 为某一整数。根据假设，p 不能整除 a，因此根据费马小定理，p 能够整除

$$a^{p-1}-1=a^{(4k+3)-1}-1=a^{4k+2}-1$$

另一方面，根据假设，p 是 a^2+1 的因数，因此 p 也能够整除下列乘积：

$$(a^2+1)(a^{4k}-a^{4k-2}+a^{4k-4}-\cdots+a^4-a^2+1)$$

我们可以用代数方法验证，通过乘出上式，然后合并同类项，就可以将这一复杂的乘积简化为 $a^{4k+2}+1$ 的形式。

现在，我们可以断定，p 既能够整除 $a^{4k+2}+1$，也能够整除 $a^{4k+2}-1$。所以，p 一定能够整除这两者的差

$$(a^{4k+2}+1)-(a^{4k+2}-1)=2$$

但是，这是一个明显的矛盾，因为奇素数 p 不能整除2。这表明，p 不能像我们在开始时所假设的那样具有 $4k+3$ 的形式。由于只剩下了一种选择，所以我们得出结论，对于某一整数 k 来说，p 一定具有 $4k+1$ 的形式。

证毕

与前面一样，我们现在来举几个具体的数例。如果 $a=12$，那么，$a^2+1=144+1=145=5\times 29$，5 和 29 都是具有 $4k+1$ 的形式（即 4 的倍数加 1）的素数。同样，如果 $a=68$，那么 $a^2+1=4625=5\times 5\times 5\times 37$，其中的每个素因数都等于 4 的倍数加 1。

接下来，欧拉提出了数 $a^{2^2}+1=a^4+1$ 的素因数问题。

【定理 C】 假设 a 是偶数，p 是素数，p 不能整除 a，但是 p 能够整除 a^4+1。那么，对于某一整数 k 来说，$p=8k+1$。

【证明】 首先注意到，$a^4+1=(a^2)^2+1$。因此，我们可以应用定理 B，将 p 写成 4 的倍数加 1 的形式。然后，欧拉又提出，如果不是用 4，而是用 8 去除 p，结果又会如何呢？起先，我们可能会遇到 8 种可能性：

$p=8k$(即 p 是 8 的倍数)

$p=8k+1$(即 p 等于 8 的倍数加 1)

$p=8k+2$(即 p 等于 8 的倍数加 2)

$p=8k+3$(即 p 等于 8 的倍数加 3)

$p=8k+4$(即 p 等于 8 的倍数加 4)

$p=8k+5$(即 p 等于 8 的倍数加 5)

$p=8k+6$(即 p 等于 8 的倍数加 6)

$p=8k+7$(即 p 等于 8 的倍数加 7)

幸运的是（而这正是欧拉分析的核心），我们可以从中排除 p 的某些可能形式。首先，我们知道，p 一定是奇数（因为 p 是奇数 a^4+1 的因数），所以 p 不可能呈现 $8k$，$8k+2$，$8k+4$ 或 $8k+6$ 的形式，因为它们显然全都是偶数。

此外，$8k+3=4(2k)+3$ 等于 4 的倍数加 3，根据定理 B，我们知道，p 不可能具有这种形式。同样，数 $8k+7=8k+4+3=4(2k+1)+3$ 也等于 4 的倍数加 3，因此也不在考虑之列，应予以排除。

于是，a^4+1 的素因数就只剩下了 $8k+1$ 和 $8k+5$ 这两种可能的形式。但是，欧拉按下述方法成功地排除了后者。

为了造成矛盾，必须先假定 $p=8k+5$，其中 k 为某一整数。那么，因为 p 不能整除 a，所以根据费马小定理，p 能够整除

$$a^{p-1}-1=a^{(8k+5)-1}-1=a^{8k+4}-1$$

另一方面，因为 p 能够整除 a^4+1，所以 p 也肯定能够整除

$$(a^4+1)(a^{8k}-a^{8k-4}+a^{8k-8}-a^{8k-12}+\cdots a^8-a^4+1)$$

这一乘积可以用代数方法简化为 $a^{8k+4}+1$。但是，如果 p 既是 $a^{8k+4}+1$ 的因数，又是 $a^{8k+4}-1$ 的因数，那么 p 也就应该能够整除它们的差

$$(a^{8k+4}+1)-(a^{8k+4}-1)=2$$

这样，就出现了矛盾，因为 p 是奇素数。于是，我们看到，p 不可能具有 $8k+5$ 的形式，因而，正如定理所断定的那样，p 的唯一可能形式只能是 $8k+1$。　**证毕**

我们再来举一个简单的例子。假设偶数 $a=8$。那么，$a^4+1=4097$，这个数可以分解为 17×241，而 17 和 241 都可以分解为 8 的倍数加 1 的形式。

据此，欧拉证明了更多类似形式的情况，但是，为了我们的目的，我们应将这一模式整理一下，使之条理更加清晰。我们可以如下概括前面的所有工作。对于偶数 a 和素数 p，

如果 p 能够整除 $a+1$，则 p 为 $2k+1$ 的形式（定理 A）

如果 p 能够整除 a^2+1，则 p 为 $4k+1$ 的形式（定理 B）

如果 p 能够整除 a^4+1，则 p 为 $8k+1$ 的形式（定理 C）

如果 p 能够整除 a^8+1，则 p 为 $16k+1$ 的形式

如果 p 能够整除 $a^{16}+1$，则 p 为 $32k+1$ 的形式

如果 p 能够整除 $a^{32}+1$，则 p 为 $64k+1$ 的形式

一般地，如果 p 能够整除 $a^{2^n}+1$，那么，对于某一整数 k 来说，$p=(2^{n+1})k+1$。

终于，我们可以回到费马关于 $2^{32}+1$ 为素数的猜想上来。然而，此时的我们已经非常清楚这个数的所有可能素因数的性质。欧拉不是盲目地探索这个数的素因数，相反，他很快就触及到问题的核心。

【定理】$2^{32}+1$ 不是素数。

【证明】由于 $a=2$ 当然是偶数，前面的探索告诉我们，$2^{32}+1$ 的任何素因数都一定具有 $p=64k+1$（为整数）的形式。因此，我们可以一个一个地检验这些极特殊的数，看它们是否（1）是素数，（2）能整除 4 294 967 297（欧拉用长除法检验后者，而现代读者则可能希望使用计算器）：

如果 $k=1$，$64k+1=65$，这当然不是素数，因而无须检验；

如果 $k=2$，$64k+1=129=3\times43$，当然也不是素数；

如果 $k=3$，$64k+1=193$，这是一个素数，但却不能整除 $2^{32}+1$；

如果 $k=4$，$64k+1=257$，这是一个素数，但同样不能整除 $2^{32}+1$；

如果 $k=5$，$64k+1=321=3\times107$，这不是素数，不必检验；

如果 $k=6$，$64k+1=385=5\times7\times11$，跳过；

如果 $k=7$，$64k+1=449$，这是一个不能整除 $2^{32}+1$ 的素数；

如果 $k=8$，$64k+1=513=3\times3\times3\times19$，跳过；

如果 $k=9$，$64k+1=577$，是一个素数，但却不是 $2^{32}+1$ 的因数。

但是，当欧拉试算 $k=10$ 的时候，他就击中了要害。在这种情况下，$p=(64\times10)+1=641$，这是一个素数，（你瞧）恰好能够整除费马的数。即，

$$2^{32}+1=4\,294\,967\,297=641\times 6\,700\,417$$ **证毕**

具有重要意义的是，欧拉仅仅试算了 5 个数，就发现了因数 641。他通过谨慎地排除 $2^{32}+1$ 的潜在因数的方法，穷竭了可疑数，使他的任务变得几乎轻而易举。这是数学的一个辉煌范例。

我们在本章开头曾提到过欧拉证明的一个定理，即 $4k+1$ 形式的素数只能分解为一种形式的两个平方数之和，对此，还有一些有趣的事情需要补充。首先，我们来看，

$$2^{32}+1=(2^2)(2^{30})+1=4\times(1\,073\,741\,824)+1$$

所以，$2^{32}+1$ 的确具有 $4k+1$ 的形式。我们可以直接用数字来检验，

$$2^{32}+1=4\,294\,967\,297=4\,294\,967\,296+1=65\,536^2+1^2$$

同时，

$$2^{32}+1=4\,294\,967\,297=418\,161\,601+3\,876\,805\,696=20\,449^2+62\,264^2$$

这样，我们就用两种不同的方式，将数 $2^{32}+1$ 分解为两个完全平方数之和。根据欧拉的准则，这证明了 $2^{32}+1$ 不可能是素数，因为 $4k+1$ 形式的素数只能有一种分解方式。因此，虽然我们没有找到具体的因数，但我们仍然可以非常巧妙地间接证明，这个巨大的数是合数。

费马的猜想“对所有整数 n 来说，$2^{2^n}+1$ 是素数”，在 $n=5$ 时是错误的。但是，如果取更大的 n 值，结果又会如何呢？例如，如果 $n=6$，那么

$$2^{2^6}+1=2^{64}+1=18\,446\,744\,073\,709\,551\,617$$

这个数是能够被素数 $p=274\,177$ 除尽的。毫不奇怪，按照欧拉发现的模式，p 具有 $128k+1$ 的形式，即 $p=(128\times 2142)+1$。费马又错了。

接下来的情况更糟糕。1905 年，一个非常复杂的论证表明，费马的下一个数——$2^{2^7}+1=2^{128}+1$，也是合数，但是，这个证明没有提供这个巨大数的具体因数。直到 1971 年，人们才发现了这个长达 17 位的因数。

到 1988 年时，数学家已经知道，$2^{2^8}+1$，$2^{2^9}+1$，…，$2^{2^{21}}+1$ 都是

合数。显然，费马关于所有形如 $2^{2^n}+1$ 的数的一概而论的猜想，可以说是以偏概全。尽管他宣称所有这些数都是素数，但当 $n\geqslant 5$ 时，却从来没有发现过这种形式的素数。实际上，现在许多数学家都在猜测，除了费马已发现的当 $n=1$，2，3，4 时的四个素数以外，根本就没有这种形式的素数存在。这样，费马猜想就不仅是错误的，而且是大错特错了。

至此，我们可以就我们对欧拉数论的简要评述作一个总结。如前所述，本章的这些定理最直接地表明了欧拉在数论领域的巨大影响。的确，他站在天才的前辈（特别是费马）的肩膀上。但是，欧拉的研究，不可估量地丰富了这一数学分支，并使他自己跻身于第一流的数论学家之列。

后记

在欧拉逝世那年，卡尔·弗里德里希·高斯刚刚 6 岁。然而，这个德国男孩以其超常的智力已经给其长者留下了深刻的印象。几十年后，他继承欧拉的衣钵，成为世界一流的数学家。

我们在第 3 章曾介绍过高斯早期的重大成就，他在 1796 年发现可以用圆规和直尺作出正十七边形的图形。这个证明在数学界引起了轰动，因为自古以来，没有任何人想到过有可能作出这一图形。我们还是让年轻的高斯自己来说明这一点：

> 每个略通几何的人都清楚地知道，许多正多边形都可以用几何方法作出，即正三角形、正五边形、正十五边形以及它们的 $2n$（n 是正整数）倍的正多边形。远在欧几里得时代，人们就已懂得这一点，而且从那时起，人们似乎就已经相信，初等几何的疆界是不可能再扩展的……然而，我认为，除了这些常规多边形之外，更非凡的是可以同样用几何

方法作出其他一些图形，如正十七边形。

那时，高斯虽然还不满20岁，但是在正多边形的几何作图方面，却比欧几里得、阿基米德、牛顿或其他任何人都看得深远。

然而，高斯所做的还不仅仅是证明了正十七边形几何作图的可能性，他还证明了如果N为形如$2^{2^n}+1$的素数，那么正N边形可用几何方法作图。当然，我们已知道，这种形式的数正是费马所称的素数。由于某种原因，这一数论问题与几何作图有着密切的联系。正如数学史上有时出现的那样，一个数学分支（本例为数论）中的发现和研究会对另一个看来无关的分支（正多边形的几何作图）发挥一定的作用。当然，这里的关键是“看来无关”。事实上，高斯的研究表明，这两者之间的确有着不可否认的关系。

他的发现不仅向世界揭示了正十七边形几何作图的可能性（因为$2^{2^2}+1=17$是素数），而且还证明了正$2^{2^3}+1=257$边形，甚至巨大的正$2^{2^4}+1=65\,537$边形也可以用几何方法作出！当然，这些作图绝对没有任何实际作用，但它们的存在再次表明，在我们所熟悉的欧氏几何下面，隐藏着一个奇怪的、令人意想不到的神秘世界。高斯自己对这一发现也颇感自豪，甚至在他取得了毕生非凡的数学成就之后，还要求将一个正十七边形铭刻在他的墓碑上。（令人遗憾的是，这个遗愿没有实现。）

卡尔·弗里德里希·高斯于1777年出生在德国的不伦瑞克，在很小的时候他聪明过人的特点就显露无遗。三岁时，这个还没有桌子高的小家伙就能够帮助核算他父亲的账目，偶尔还能够改正其中的错误。关于高斯的小学生活，还有一个著名的趣事。一天，他的一个老师显然是上课太累了，想休息一会，就要求全班同学安静地计算前100个（正）整数的和。当然，这会让这些小家伙们花费很长时间。但是，老师刚刚把题目讲完，卡尔就站起来走到老师面前，把答案放在了老师的桌子上，而这时，其他同学几乎刚刚计算出“1+2+3+4+5=15”。面对这一意想不到的情况，人们可以想象老师脸上那种交织着怀疑与沮丧的表情，但当他瞥了一眼高斯的答案时，却发现答案完全正确。高斯是怎样计算的呢?

首先，这不是魔法，也不是那种能够以闪电般的速度累加100个数的能力。而是高斯甚至在如此小小年纪就已表现出来的敏锐的洞察力，这种洞察力伴随了他的一生。据说，他只是想象他所求的和（我们用S表示）可以同时按递升顺序和递减顺序写出：

$$S = 1 + 2 + 3 + 4 + \cdots + 98 + 99 + 100$$

$$S = 100 + 99 + 98 + 97 + \cdots + 3 + 2 + 1$$

高斯没有横向去加这两行数，而是纵向将各列相加。由于每一列的和都恰好等于101，这样，他就得到

$$2S = 101 + 101 + 101 + \cdots + 101 + 101$$

但是，这有100列，因此$2S = 100 \times 101 = 10\,100$，于是前100个整数的和等于

$$S = 1 + 2 + 3 + \cdots + 99 + 100 = \frac{10\,100}{2} = 5050$$

所有这些都是在高斯的小脑袋瓜里瞬间完成的。显然，他将来肯定成名。

高斯年幼时学业进展神速，受到不伦瑞克公爵的赏识，15岁时，他在公爵资助下进入学院学习，三年后，他进入了久负盛名的哥廷根大学深造。就是在哥廷根大学期间，即1796年，他作出了有关正十七边形的非凡发现。显然这是他投身于数学研究的一个决定性因素；他以前曾想成为一个语言学家，但正十七边形的发现使他相信，也许，他命中注定要研究数学。

1799年高斯获得Helmstadt大学的博士学位，他在博士论文中对现在称为代数基本定理的命题作出了第一个合理而完整的证明。仅从

名称我们就能够感受到这一定理的重要性。这个命题涉及解多项式方程问题，显然，这是代数学上的一个基本主题。

虽然早在17世纪就出现关于代数基本定理的论述，但是真正使这个定理著名的是法国数学家让·达朗贝尔（1717—1783），他曾于1748年试图给出证明，不过失败了。他将这个定理论述如下：任何实系数多项式都可以分解为实系数一次因式和/或二次因式的乘积。例如，因式分解

$$3x^4+5x^3+10x^2+20x-8=(3x-1)(x+2)(x^2+4)$$

说明了达朗贝尔所想的分解方式。本例中的实系数多项式已被分解为几个简单的因式：2个一次因式和1个二次因式。

更进一步，我们注意到，如果允许用复数，我们还可以分解这里的二次因式。虽然我们在讨论三次方程时曾接触过许多复数问题，但是复数是在后来确立代数基本定理的过程中才变得非常重要。我们验算下列方程：如果 a，b，c 是实数，并且 $a\neq0$，那么，

$$ax^2+bx+c=\left(ax-\frac{-b+\sqrt{b^2-4ac}}{2}\right)\left(x-\frac{-b-\sqrt{b^2-4ac}}{2a}\right)$$

这样，实系数二次多项式 ax^2+bx+c 就被分解为2个相当难看的一次因式。（敏锐的读者会看到，在这个因式分解过程中应用了二次公式。）

当然，我们不能保证这些一次因式都由实数组成，因为如果 $b^2-4ac<0$，我们就进入了虚数王国。例如，在上述例子中，我们可以进一步分解二次项，以得到完全因式分解：

$$3x^4+5x^3+10x^2+20x-8=(3x-1)(x+2)(x-2\sqrt{-1})(x+2\sqrt{-1})$$

这样，1个四次实系数多项式就完全分解为4个一次因式的乘积，由此可见，任何次的多项式都有希望进行完全因式分解。从这一点出发，代数基本定理称，任何 n 次实系数多项式都可以分解为 n 个（也许是复数的）一次因式的乘积。

如前所述，达朗贝尔意识到了这个命题的重要性，并曾试图作出证明。但遗憾的是，他的努力离目标太远。尽管他实际上未能证明这个定理，然而也许是为了纪念他的努力，这个定理长期以来都被称为“达朗贝尔定理”。这就好比是用拿破仑的名字命名莫斯科，只是因为拿破仑曾试图到达莫斯科。

在18世纪中叶，对这一定理的研究情况也就这些了。关于这一定理是否正确，数学家们产生了分歧——例如哥德巴赫就曾怀疑其正确性——而那些相信其正确的数学家们也未能给出证明。也许最接近于作出证明的人是莱昂哈德·欧拉，他就这个问题于1749年发表了一篇论文。

欧拉的“证明”展示了他特有的机敏和独创性。他论证的开始部分非常精彩，漂亮地证明了实系数四次或实系数五次方程可以分解为实系数的一次或二次因式的乘积。但是，当他继续探索这一费解的定理，论证更高次多项式时，他发现自己陷入了极度复杂的混乱之中。例如，对于他事先引入的一个辅助变量 u，首先要证明 u 是某个特定方程的解。欧拉很遗憾地写道：“确定未知变量 u 的值，必须要解一个12 870次方程。”他试图略施小计，采用间接方法证明这一点，但他未能使他的评论家们信服。总之，他做出了令人钦佩的努力，但代数基本定理最终仍击败了他。即使欧拉也遭遇挫折，这就可能会给那些缺少数学才能的人（实际上就是每一个人）带来某些心灵上的安慰。

代数基本定理——确立了复数为多项式因式分解的终极境界的那个结论——因此一直处于非常不确定的状态。达朗贝尔未能证明它，欧拉也仅仅证明了一部分。显然，需要极大的毅力，才能彻底证明其正确与否。

这就把我们带回到高斯的划时代论文上来，这篇论文有一个长长的、叙述性的题目：《关于任何整有理代数函数（即每一个实系数多项式）都能够分解为一次或二次实因子的定理的一个新证明》。他首先就其前辈对这一定理的研究提出了批判性的评论。在论及欧拉的证明时，高斯认为，欧拉证明的不足在于缺乏“数学所要求的清晰度”。而清晰度正是高斯所努力呈现的，他不仅在这篇论文中，而且还在他 1814 年、1816 年和 1848 年发表的对这个定理的 3 个别证中都满足了这种清晰度的要求。

今天，我们比 19 世纪初叶时更认识到这个重要定理的普遍性。我们现在可以将这个定理在下列意义上完全转化为复数问题：我们不再要求初始的多项式必须具有实系数。一般地，我们认为 n 次多项式既可以有实系数，也可以有复系数，例如，

$$z^7 + (6\sqrt{-1})z^6 - (2 + \sqrt{-1})z^2 + 19$$

尽管这种修改无疑使其变得更加复杂，但基本定理保证了即使是这种类型的多项式也能够分解为 n 个一次因式（当然带有复系数）的乘积。

高斯下一个主要成就是对数论的研究，在这方面，他继承了欧几里得、费马和欧拉的传统。1801 年，他发表了他的数论杰作《算术研究》（Disquisitiones Arithmeticae）。顺便说一句，他在这本书的最后延伸讨论了正多边形的作图（出人意料的是，他将这一问题的讨论与复数密切联系起来）及这种作图与数论的关系问题。终其一生，高斯都特别关注这个问题，他曾断言：“数学是科学的皇后，数论是数学的皇后。”

卡尔·弗里德里希·高斯
（图片由俄亥俄州立大学图书馆提供）

卡尔·弗里德里希·高斯虽然尚不足30岁，但他已在几何、代数和数论领域作出了划时代的发现，因此被任命为哥廷根天文台台长。他后来一直担任这一职务，直至逝世。这份工作要求他必须努力将数学应用于现实世界，这些问题与他所热爱的数论有天壤之别。然而他依然干得十分出色。在确定谷神星的运行轨道时，高斯发挥了很大作用；他还细心地描绘了地球磁场图；高斯与威廉·韦伯一起，是最早研究磁学的人，现在的物理学家将一单位的磁通量称为“高斯”，就是为了纪念他；高斯还与韦伯合作，发明了电磁电报，几年后，美国科学家塞缪尔·F. B. 莫尔斯在此基础上，发明了更大规模的电报通信，并因此声名鹊起。高斯在数学应用方面取得的成就堪比他在纯数学领域的贡献。像牛顿一样，他也在两个领域都获得了辉煌的成就。

高斯与艾萨克爵士不仅在数学方面一样出色，而且在心理上也有许多相似之处。他们两人都以冷淡、孤僻的个性以及甘愿孤立从事研究而著称。他们都是非常不喜欢教学，不过高斯却曾指导过19世纪一些最优秀的数学家进行博士研究。

另外，他们两人都尽力避免学术论争。回想一下，牛顿年轻时似乎宁肯下油锅，也不愿将他的研究成果交给社会评判。高斯同样对与流行的科学观点相左而感到不安，最明显的例子就是他在发现非欧几何时的表现。我们在第2章的后记中曾提到，他担心自己如果在这个问题上提出革命性的见解，会引起“维奥蒂亚人的怒号”。19世纪初叶，高斯已成为世界最优秀的数学家。对此，他似乎特别能够意识到他的思想的影响力及其必将受到的严格评判。对代数基本定理作出绝妙的证明是一回事，但要告诉世界三角形内角和可能会小于180°则又是另一回事。高斯断然拒绝站到这个立场上。他像牛顿那样，把自己精彩的发现收藏起来，锁进了抽屉深处。

然而，高斯这位刻板而内向的数学家还有其另外一面（出人意料的一面）不应被忽略。事情涉及他对法国女数学家索菲·格尔曼（1776—1831）的鼓励，索菲·格尔曼克服了重重障碍，最终成为 19 世纪初的杰出数学家。她的故事明确地揭示了当时的社会态度，即数学学科没有妇女的立足之地。

当还是一个小孩子时，格尔曼在她父亲的书房里发现了一些数学书，这些书深深地迷住了她，尤其是普卢塔克关于阿基米德之死的描述，对于阿基米德来说，数学甚至比生命本身更重要。但是，当她表现出对学习数学的极大兴趣时，却遭到了她父母的反对。他们禁止她读数学书，索菲·格尔曼就只好把书偷偷拿进自己的房间，在微弱的烛光下苦读。后来，家里人发现了她的这些秘密活动，就拿走了她的蜡烛，并且，还拿走了她的衣服，让她无法在阴冷的屋子里读书。但是，这些极端的措施都没有能够使她屈服，这足以证明了格尔曼对数学的热爱，也许还证明了她身体的耐力。

当格尔曼掌握了更多的数学知识后，她就准备向更高级的数学领域进军。但是，她想进入学院或大学学习的想法在当时看来似乎是荒谬可笑的，于是，她就只好在教室门外偷听，尽可能地记住老师讲课的内容，然后向富有同情心的男学生借来课堂笔记。很少有人是经过这样一条崎岖小路进入高等数学世界的。

然而，索菲·格尔曼做到了。1816 年，她的研究已经让人印象深刻，她对弹性片振动性质的透彻分析，为她赢取了法兰西学院奖。在这个过程中，她用假名安托万·勒布朗隐瞒了自己的身份，以免暴露身为女人这一不可宽恕的罪过。并且，她还以这一笔名与当时世界最优秀的一位数学家保持通信联系。

从一开始时，高斯就对他的这位法国笔友的天赋印象深刻。勒布朗显然曾认真读过《算术研究》，并对书中定理进行了概括和推广。

然而1807年，伟大的卡尔·弗里德里希·高斯终于知道了索菲·格尔曼的真实身份。格尔曼显然对这一消息所产生的影响甚为担忧，她写给高斯的信简直就像是一封忏悔书：

> ……我以前曾用勒布朗的名字与您通信，毫无疑问，这些信件不值得您如此慷慨地回复……我希望今天向您吐露的真情不会剥夺您曾经给予我（在借用名下）的荣幸，并恳请您抽出几分钟时间向我介绍一些您的近况。

然而，高斯的回信充满了宽容与理解，这也许让格尔曼感到惊喜。他承认，他在看到勒布朗“变成”索菲·格尔曼的时候，确实感到“吃惊”，然后，他对数学界中的不公正表示了自己深刻的见解：

> 人们很少对一般抽象科学，尤其是对数的奥秘产生兴趣：这一点都不奇怪，因为这门卓越的科学，只向那些有勇气深入探索的人，展现它迷人的魅力。但是由于我们的习惯和性别偏见，作为一位女性，要熟悉这些棘手的研究，必定会遇到比男性多得多的困难。但是当一个女性成功地越过了这些障碍，深入到其中最难解的部分时，那就毫无疑问，她必定具有最崇高的勇气、最非凡的才能和超人的天赋。

高斯以同样的热情称赞了格尔曼的数学著作，称其“给了我无比的快乐”。然后，他又继续写道，“如果我冒昧对你的上封信作过一些点评，请你把这看做是我对你关心的证明”，并且进而指出了她推理中的错误。虽然索菲·格尔曼的数学能够给高斯以无穷的快乐，但这封信无疑表明了，在高斯心目中，究竟谁是大师。

应当指出，即使在身份暴露后，格尔曼依然拥有多产的数学生涯。1831年，在高斯的大力推荐下，哥廷根大学准备授予她名誉博士学位。在 19 世纪初叶的德国，对一个女人来说，这是至高无上的荣耀。但是非常遗憾，未及授予，格尔曼就已辞世。

那么高斯呢？他活到 78 岁高龄，最后死于他任台长近 50 年的哥廷根天文台。到他逝世时，他的声望已达到近乎神话的程度，人们只要一提到数学王子，就知道是指高斯而非他人。

然而，高斯自己却遵循着一句不同的格言："宁缺毋滥。"这句格言是他生活和工作的写照。高斯在有生之年发表的著作比较少。他大量未发表的著作却足以使一打数学家成名。他特别在意他的著作可能产生的巨大影响，直到尽可能达到完美无瑕的程度才予以发表。高斯的著作虽然不如欧拉那样数量巨多，但一旦下笔，便会引起数学界的注意。他留下的成果（从正十七边形的作图，到《算术研究》和辉煌的代数基本定理），具备了任何数学著作所应具备的成熟度。

第11章

Journey Through Genius

连续统的不可数性

（1874年）

19 世纪的数学

以一种奇怪的方式，不同的世纪具有不同的数学重点以及不同的数学思维方向。18 世纪显然是“欧拉的世纪”，因为他在学术领域处于统治地位，没有任何对手，并为后代留下了珍贵的数学遗产。相比之下，19 世纪虽然没有一位特别出类拔萃的数学家，但却有幸拥有许多优秀数学家，他们将数学的疆界推向新的令人意想不到的方向。

既然说 19 世纪不属于单独某位数学家，那么那个时期就确实拥有几个重要的主旋律。19 世纪是抽象与概括的世纪，是对数学的逻辑基础进行深入分析的世纪，这种逻辑基础曾构成牛顿、莱布尼茨和欧拉的理论基础。数学的发展蓝图更加独立于“物理现实”的需求与限制，而在此之前，这种“物理现实”始终明显地将数学束缚于自然科学。

这种脱离现实世界限制的倾向或许是以 19 世纪前 30 年出现的非欧几何作为其独立宣言的。我们在第 2 章的后记中曾说过，当欧几里得的平行线公设被舍弃而被另一命题取代的时候，出现了一个“奇怪的新世界”。突然间，通过直线外一点，可以画多条直线与之平行，相似三角形变成了全等，而三角形的内角和也不再等于 180°。然而，对于非欧几何中所有这些似乎矛盾的性质，没有一个人能够从中找出**逻辑**矛盾。

欧金尼奥·贝尔特拉米证明了非欧几何与欧氏几何在逻辑上是一致的，从而在这两种几何之间架起了一座桥梁。设想一下，例如，数学家 A 致力于研究欧氏几何，而数学家 B 则专攻非欧几何。两人从事的工作具有等效的**逻辑**正确性。然而“现实世界”却不可能既是欧氏几何的又是非欧几何的，因此，必定有一位数学家付出终生努力去探索那并非“实在的”体系，那么，他或她是否在浪费生命呢？

19 世纪，数学家越来越觉得这个问题的答案应该是“No”。当然，物质世界要么是欧氏几何的要么不是欧氏几何的，但是这个问题应留给物理学家去探讨。这是一个经验性问题，是通过实验与密切观察来解决的，但却与这两种相互矛盾的几何体系的逻辑发展无关。对于一个热衷于非欧几何奇特而优美的定理的数学家来说，美就足够了。无需物理学家去告诉数学家哪一种几何是“现实”的，因为在逻辑王国里，两者都是正确的。

所以，几何学的这一根本问题带有一种解放作用，将数学从只依赖于实验室的结果中解放出来。在这个意义上，我们看到，这与当时美术摆脱对现实依赖性的情形十分相似，这一点比较有趣。在 19 世纪初期，画家的画布还像以往一样，仅仅是一扇“窗户”，人们通过这扇窗户，可以看到有趣的人和事。当然，画家可以自由设定基调，选择颜色，确定明暗，强调某些细节而弱化其他部分。但无论如何，画家的作品就像一个屏幕，让大家看到瞬间静止的事物。

到 19 世纪后半期，情况发生了显著变化。在一些像保罗·塞尚、保罗·高庚和文森特·凡高之类的美术大师的影响下，美术作品获得了自己的生命。画家可以把画布当作发挥自己绘画技能的二维战场。例如，塞尚认为，可以任意将静物的梨与苹果变形，以增强整体效果。他批评伟大的印象派画家克劳德·莫奈只是“一只眼睛”，他的意思是说，画家的艺术不仅仅只简单地记录眼睛所看到的事物。

总之，美术宣告了从视觉现实中的独立，同时，数学也显示出脱离物质世界的倾向。这种相似的情况很有趣，当然，以高斯、鲍耶和罗巴切夫斯基为代表的数学，连同以塞尚、高庚和凡高为代表的绘画，都显然具有一种哲学上的推动力，这种推动力意义深远、影响持久。他们的身影至今都伴随在我们的左右。

当然，我们也必须注意到，这种发展方向并没有得到人们的一致认可。在20世纪末，任何一个到美术馆参观的人，随时都能听到贬低的言论，人们对视觉艺术的现状，对在大幅画布上毫无意义地胡乱涂抹，对那些自称并不反映现实的作品（这些作品常常争议很大，而且十分昂贵）颇有微词。艺术家的赞助人则常常抱怨现代艺术家的解放走得太远了。他们渴望看到他们所熟悉的肖像画和令人赏心悦目的风景画。

从这个意义上说，数学与美术也十分相似。在现代数学界中也有一种对当今数学状况不满的情绪。20世纪的数学家一边享受非欧几何革命所带来的学术自由，一边还推动数学越来越远地脱离与现实世界的联系，直到他们的逻辑结构变得如此抽象而神秘，以致物理学家和工程师都无法辨认。在许多人看来，这种趋势已把数学变成了纸面上一种毫无意义的符号游戏。关于这种倾向，有很多声音响亮的批评者，数学史家莫里斯·克兰就是坚决批评者之一，他写道：

> 随着对深奥晦涩的原理进行系统地阐述，数学家已远离了最初的应用领域，而专注于抽象的结构。通过引入上百个分支概念，数学雨后春笋般地扩张为一个个琐细而庞杂的小门类，它们相互之间很少联系，且与最初具体的应用领域很

少关联。

克兰的意思是，数学在争取来之不易的、独立于物理学的自由时，走得太远了，以致成为枯燥、放纵、朝自身定向的学科。对他的严厉批评，数学界的确应该认真考虑。

作为对克兰批评的回应，人们可以找到一个有趣的论据，即数学理论无论有多么抽象，都常常出人意料地应用于非常确实的实际问题。甚至将数学与现实断然分开的革命性的非欧几何，也可以在现代物理书籍中找到它的足迹，因为当今宇宙学中的相对论就在很大程度上依赖于宇宙的非欧几何模型。当然，19 世纪的数学家是不可能预见这种应用的，他们对于非欧几何，只是为了研究而研究，如今，非欧几何已成为应用数学的一部分，并成为物理学家的必要工具。抽象数学有时会在最不可思议的地方出现。

争论还在继续。最后，历史学家可能会看到，今天的数学已远远地脱离了现实世界的桎梏。但令人难以置信的是，数学总能在其他学科的研究与发展中承担不可替代的角色。数学自由将永远是 19 世纪留下的一笔财富。

当这些关于非欧几何发明的争论出现时，也同时出现了另一个主要争论，这是关于微积分的逻辑基础的。我们回想一下，微积分是 17 世纪末由牛顿和莱布尼茨奠定基础，而后在 18 世纪由莱昂哈德 · 欧拉进一步完善的。然而，这些先驱者及其同时代的数学天才，都未能对微积分的基础给予充分注意。这些数学家如履薄冰，虽然他们的表现蔚为壮观，但基础上的裂痕随时可能招致灭顶之灾。

长期以来，人们清楚感到，微积分有其问题。问题存在于对“无穷大”和“无穷小”概念的使用上，而这些概念在牛顿的流数术和莱布尼茨的微积分中，是必不可少的。微积分的一个核心思想是“极限”。无论微分，还是积分（更不要说级数收敛性和函数连续性的问题），都以这种或那种形式依赖这一概念。“极限”一词很有启发性，并有很强的直观感，我们常常说：“我们的耐性或耐力到了极限。”然而，如果我们要从逻辑上准确地说明这一概念，就立刻出现了困难。

牛顿曾经尝试过。为了提出他的流数概念，他需要考虑两个量的比值，然后还要进一步分析，当这两个量同时趋向于零时，这个比值会怎样变化。用现代的术语来说，他所描述的正是这两个量的比值的**极限**，不过他所用的术语更加有趣，叫做“极比”。在牛顿看来，两个趋向于零的量的极比

> ……应当理解为，既不是在两个量消失之前，也不是在它们消失之后，而是正当它们消失时的瞬间比。

当然，作为数学定义，这没有什么意义。牛顿说不应将极限概念基于两个量消失**之前**的比，对于这一观点我们可能会赞同，但他所说两个量消失**之后**的比到底是什么意思呢？牛顿考虑的似乎是当分子和分母刚好同时成为零时的瞬间比。可是在那一瞬间，分数 0/0 是无意义的。牛顿陷入逻辑困境。

莱布尼茨又是如何处理这个问题的呢？他同样需要阐明极限过程中发生的变化，但他倾向于通过对“无穷小量”的讨论来探索这一问题。莱布尼茨所谓的无穷小量尽管不是零，但却小于任意有限量。他的无穷小量，犹如化学中的原子一样，是不可再分的数学单元，是最接近于零的量。但与此相关的哲学问题显然使莱布尼茨陷入困境，他不得不作出如下晦涩的说明：

> 当我们谈及无穷小量（即据我们所知是最小的）时，它可以被看做是……无限小……这就足够了……如果有人想将这些（无穷小）理解为最终的东西……那也可以……不过他

> 们会觉得这样的东西是完全不可能的；一个足够简单的办法就是把它们当作利于计算的工具使用，就像代数保留虚根一样有极大好处。

在这里，除了看到莱布尼茨反对复数的偏见外，还可以看到他关于数学的令人莫名其妙的陈述。显然，概念（特别是构成微积分基础的概念）的含糊不清使莱布尼茨倍感焦虑。

对此已经深感不安的数学家们，又受到来自上帝的仆人——乔治·贝克莱大主教（1685—1753）的强有力的攻击。贝克莱大主教写了一篇刻薄的题为《精神分析学家或神学家致不信教的数学家》的文章，嘲弄那些喜欢批评神学基础是一种虚幻信仰的数学家，攻击他们所信奉的微积分，其逻辑基础同样十分脆弱。贝克莱忍不住要采取以子之矛陷子之盾的策略：

> 可以说，所有这些（数学）观点都是那些对宗教过于苛求的人设想和信奉的，他们自称只相信亲眼所见……可是，既然他们能消化二阶或三阶流数和微分，据我看来，他们就不必对任何神学观点而神经过敏。

似乎这些挖苦还不够刻薄，贝克莱又发出了更加无情的嘲笑：

> 这些流数是什么？数学家们说，是瞬时增量的速度。那么，这些瞬时增量又是什么？它们既不是有限量，也不是无穷小量，然而又不是虚无。我们难道不可以称它们为消失量的幽灵吗……

真够悲哀的，微积分的基础居然成了“消失量的幽灵”。可以想象，在贝克莱的冷嘲热讽下，那数以百计的数学家们是多么焦躁不安。

数学界逐渐认识到，他们必须正视这一令人烦恼的问题。几乎整个18世纪，数学家们都乐此不疲地实现着对微积分在实际应用上的巨大成功，以致无暇驻足来对其基础理论进行研究。但是数学界内部日益增多的关注及外界贝克莱的中伤，已使他们别无选择。这个问题必须解决了。

于是，我们看到一位又一位才华横溢的数学家开始探讨这一基础问题。建立严格的“极限”理论是一个折磨人的过程，因为这个概念的内涵非常深奥，需要精确的推理和对实数系性质的深刻理解，这绝非易事。然而，渐渐地，数学家们对这个问题的研究有所突破。1821年，法国数学家奥古斯坦－路易·柯西（1789—1857）提出了如下定义：

> 当一个变量逐次取的值无限趋近一个定值时，如果最终变量的值与该定值的差要多小就有多小，那么，这一定值就称为所有其他值的极限。

请注意，柯西的定义避免了使用像“无穷小”这样含糊不清的词，他没有将自己束缚于确定变量达到极限时的瞬间会发生什么。因而，这里也就不会出现消失量的幽灵。相反，他只是说，如果我们能够使变量的值与某一定值的差要多小就有多小，那么，这一定值就是该变量的极限。这个柯西的所谓“极限回避”定义绕开了关于达到极限的瞬间会发生什么这一哲学上的障碍。在柯西看来，最后瞬间的结局是完全不相干的，重要的是我们已经尽可能地澄清了极限这一概念，这才是我们所关心的。

柯西的定义之所以会产生如此深远的影响，还在于他利用这个定义继续证明了微积分的许多重要定理。数学家们走过一段很长的路，完善了基于这一极限定义的微积分，有力地反击了贝克莱大主教的

“关心”。然而，即使是柯西的陈述，也需要一些精雕细刻。首先，他讲到，一个变量“趋近”某一极限，仅凭幻想就提出了一个关于运动的不明确的概念。如果我们必须依靠直觉来阐述关于点的**移动**和相互**接近**的概念，那么，难道我们就不能想出比仅仅依赖直觉提出“极限”概念更好的方式吗？其次，柯西使用的“无限”这一术语看起来也有点儿不确定，其意义需要进一步明确。最后，柯西的定义完全是用文字叙述的，太啰嗦，有必要代之以明确定义和毫不含糊的数学符号。

于是，支撑起微积分基础的最终那句话就应运而生了，这是一种读来有些拗口的方法，即“微积分的算术化”。这种方法是德国数学家卡尔·魏尔斯特拉斯（1815—1897）及其追随者提出的。当要表达“当 x 趋近于 a 时，函数 $f(x)$ 以 L 为极限”，魏尔斯特拉斯学派的语言是：

对于任意给定的 $\varepsilon>0$，总存在一个 $\delta>0$，使得如果 $0<|x-a|<\delta$，那么总有 $|f(x)-L|<\varepsilon$ 成立。

即使不能完全理解这一定义，我们也可以清楚地看出，这个定义与柯西的定义显著不同。魏尔斯特拉斯的定义几乎全部使用符号，而且无一处需要某一量向其他一些量移动。总之，这是一个极限的静态定义。另外，魏尔斯特拉斯的定义与上述牛顿和莱布尼茨的含糊不清、几乎引人发笑的陈述相比，大相径庭。魏尔斯特拉斯逻辑严谨的定义虽然缺乏其前辈的某些趣味和魅力，但在数学上却是坚不可摧的。魏尔斯特拉斯在此基础上建立起的微积分大厦一直矗立至今。

康托尔与无穷的挑战

科学中常常会出现这种情况，一个问题的解决只不过打开了解决另一个问题的大门。现在，数学家可以从更加严谨的角度来审视微积分，他们对直观概念的依赖越来越少，对魏尔斯特拉斯数学中的 ε 和 δ 依赖越来越多，于是，他们作出了一些非常奇特和令人不安的发现。

例如，我们来看看有理数与无理数之间的区别。有理数就是全部分数，即可以表示为整数之比的数。如果把有理数化为十进制小数，则很容易确定：它们或为有限小数（如 $3/8=0.375$），或为无限循环小数（如 $3/11=0.272\,727\,27\cdots$）。另一方面，无理数则是不能写成分数形式的实数。最著名的无理数例子就是$\sqrt{2}$和 π。无理数既不是有限小数，也不是循环小数，而是无限不循环小数。

不论有理数还是无理数，在实数轴上的分布都是密密麻麻的，对于它们的分布状态，我们可以说，在任意两个有理数之间，分布着无限多个无理数；反之，在任意两个无理数之间也分布着无限多个有理数。因此，我们很容易就得出结论：实数轴上一定均匀地分布着两个巨大的且基本上旗鼓相当的有理数族与无理数族。

然而，在 19 世纪，随着时间的推移，越来越多的数学发现逐渐表明，与上述认识相反，这两个数族并不相等。这些发现一般需要非常高深的技巧和极其巧妙的推理。例如，他们发现，函数在每一个无理点处是连续（直觉上不间断）的，而在每一个有理点处是不连续（间断）的。然而，数学家也已经证明了，不可能存在在每一个有理点处连续而在每一个无理点处不连续的函数。这显然说明，有理数族与无理数族是不对称、不平衡的。这就表明，从某种根本意义上说，有理数与无理数是不可交换的数族，但那个时代的数学家对这两个数族的根本性质，尚不十分清楚。

基于这种考虑，自然就要对实数系性质进行深层次探索，这就促成了我们本章将要讨论的定理的产生。虽然柯西、魏尔斯特拉斯及其同事们成功地用“极限”这一非常基本的概念建立了微积分大厦，但数学家们越来越清楚地认识到，最重要、最基本的问题是将微积分最终置于**集合**的严密特性之上。攻克这个问题，并单枪匹马地创立了奇妙的集合论的人，是一位时而被人诬蔑，又时而偏执的天才，他的名字叫乔治·费迪南德·路德维希·菲利普·康托尔。

康托尔 1845 年出生于俄国，但在他 12 岁的时候，全家移居到德国。宗教是康托尔家庭的重要组成部分。康托尔的父亲原是犹太教徒，后来皈依了新教，而他的母亲则生来就是罗马天主教徒。既然家中存在这种混合的宗教信仰，那么，小乔治对神学产生一种伴随终生的兴趣，就不足为奇了。一些神学问题，特别是那些与无限性质有关的问题对成年康托尔的数学产生了很大的影响。

此外，康托尔的家庭还展示出明显的艺术气质。在康托尔家庭中，音乐受到特别的尊崇。康托尔有几个亲戚在大交响乐团演奏。乔治本人是一位比较优秀的素描画家，他留给后人一些很能表现他才华的铅笔画。总之，康托尔展示了“艺术家”的天性。

这位敏感的年轻人特别擅长数学，1867 年，他在柏林大学获得博士学位。在柏林大学，他师从魏尔斯特拉斯，并完全接受了前面所介绍的有关微积分的严谨的推理方法。康托尔对数学分析的深入研究使他越来越多地考虑各种数集之间的本质区别。特别是，他意识到，设计一种比较数集大小的方法是十分重要的。

从表面上看，比较数集大小似乎非常简单：只要会数数，就会比较。如果有人问：“你左手与右手的手指一样多吗？”你只要分别数一数每只手的手指，确认每只手都有 5 个指头，然后，就可以作出肯定的回答。很显然，对于确定更复杂的“同样大小”或“等多”概念，原始的“数数”方法似乎也是先决条件。然而，乔治·康托尔以一种貌似天真的方法，颠覆了这种老套观念。

下面就来看看他是怎样做的。首先想象我们生活在一种数学知识非常有限的文化中，人们最多只能数到“3”。这种情况下，我们就无法用数数的方法来比较左手与右手的手指数目，因为我们的数系不能使我们数到“5”。在超出我们计数能力的情况下，是否就无法确定“等多”了呢？完全不是。我们还能够回答这个问题，只不过不再通过数手指，而是将两手合拢，使左手拇指与右手拇指，左手食指与右手食指等一一对齐。这种方法展示了一种完全的一一对应关系，然后，我们可以回答：“是的，我们左手与右手的手指一样多。”

类似地，想象许多观众涌入一个大礼堂。那么，观众与座椅是否一样多呢？要回答这个问题，我们可以分别数一数观众与座椅，然后将最后的数加以比较，只不过这种方法过于繁琐。但是，我们可以请礼堂中的所有观众坐下。如果每个人都有座位，并且每个座位上都有人，那么答案就是肯定的，因为**就座**的过程已显示了一种完全的一一对应关系。

这些例子阐明了一个关键的事实，即我们无须去数每个集合中元素的个数，以确定这些集合是否等多。相反，根据一一对应关系来确定等多的概念已成为一种更原始、更基本的方法。相比之下，数数的方法却成了更复杂、更高级的方法。

乔治·康托尔对这一概念作出了如下定义：

> 如果能够根据某一法则，使集合 M 与集合 N 中的元素建立一一对应的关系……那么，集合 M 与集合 N 等价。

如果集合 M 与集合 N 符合上述康托尔的等价定义，那么，现代数学家就说集合 M 与集合 N“等势”或具有“相同基数”。然而，暂且抛开这些术语不谈，我们发现这一定义之所以重要，就在于它根本没

有限定集合 M 与集合 N 必须包含有限个元素；相反，它同样适用于那些包含无限多个元素的集合。

据此，康托尔进入了一个未知领域。在数学发展的历史中，人们始终以一种怀疑的（甚至有些敌对的）眼光看待无穷，并尽可能回避这一概念。从古希腊时期直到康托尔时代，哲学家和数学家们都只承认“潜无穷”（potential infinite）的存在。也就是说，他们当然会同意整数集是无穷的；我们绝不可能穷举所有整数，因为对于整数集中的任何一个数，我们都能找到下一个比它更大的整数。比如说，我们想要把每一个整数都写在一张纸条上，然后把这些纸条放进一个（非常大的）袋子里，那么，我们的工作将永远继续，没有完成的时候。

但是，康托尔的前辈们反对“实无穷”（completed infinite）的概念，也就是说，他们反对认为这一过程能够结束或袋子能够装满的观点。用卡尔·弗里德里希·高斯的话说：

> ……我首先反对将无穷量看做是一个实在的量，这在数学中是从来不允许的。所谓无穷，只是一种说话的方式……

康托尔不同意高斯的观点。他非常希望将这个装有所有整数的袋子看做是一个独立的和完整的实体，可与其他无穷集相比。与高斯不同，他不希望将“无穷”仅仅看作一种说话的方式而不予考虑。对于康托尔来说，“实无穷”是一个应予以高度重视的确实的数学概念，值得我们对其进行最深刻的理性论证。

这样，乔治·康托尔仅仅依据这两个基本前提（可以通过一一对应的方法来确定相同基数，以及实无穷是一个确实的概念），就开始了一段空前的知识旅程，这段旅程给人带来了无比的欢欣，同时也需要付出最大的努力。这一理论将他领进一个奇特的世界，虽然其中取得的一些数学成就实在是太好笑了，让人不免要嘲笑他所付出的努力，但康托尔没有因此而气馁。终于，凭着天才和勇气，康托尔以绝对前所未有的方式，正面探讨无穷。

我们首先设自然数集为 **N** = {1，2，3，…}，并设偶数集为 **E** = {2，4，6，…}。请注意，这两个数集都是完全集，不必顾忌它们的无穷性质。根据康托尔的定义，我们可以很容易看出集合 **N** 与集合 **E** 具有“相同基数”，因为我们可以列出这两个数集之间简单的一一对应关系：

N：	1	2	3	4	5	…	n	…
	↕	↕	↕	↕	↕		↕	
E：	2	4	6	8	10	…	$2n$	…

这种对应关系清楚地表明，**N** 集中的每一个元素都与一个且仅与一个偶数（即其 2 倍）相对应；反之，每一个偶数也都与一个且仅与一个自然数（即其一半）相对应。康托尔认为，这两个无穷数集的大小显然相等。当然，乍一看，似乎很矛盾，因为人们通常会以为，偶数的个数应该是整数个数的一半。可是，我们有什么依据来指责康托尔的演绎推理呢？我们要么抛弃实无穷的概念，甚至否认自然数集是一个独立的实体；要么拒绝承认简单至极的相同基数定义。但只要我们承认这两个前提，那么就不可避免地会得出结论：偶数绝不比自然数少。

同样，如果设 Z = {…，−3，−2，−1，0，1，2，3，…} 为所有整数（正数、负数和零）的集合，那么，我们会看到，N 与 Z 也有相同的基数，因为它们有如下一一对应关系：

N：	1	2	3	4	5	6	7	8	9	…
	↕	↕	↕	↕	↕	↕	↕	↕	↕	
Z：	0	1	−1	2	−2	3	−3	4	−4	…

对于这一对应关系，我们可以进行检验，集合 **N** 中的每一个自然数 n 都与集合 **Z** 中的

$$\frac{1+(-1)^n(2n-1)}{4}$$

相对应。

这时候，康托尔已准备好迈出大胆的一步。他说，任何能够与集合 **N** 构成一一对应关系的集合都是**可列集**或**可数无穷集**。更突出的是，他引入了“超限”基数的新概念，用以表示可数集中元素的个数。他选用希伯来文的第一个字母$\aleph_0$（读作“阿列夫零”）来表示超限基数。

康托尔通过对无穷集的研究，创造了一个新数字和一种新的数字**类型**。我们可以想象，他的许多同时代人都会对这个异想天开的可怜虫摇头叹息。然而，不要忘记在我们所假设的原始数学文化中，人们只能数到 3。在这种文化中，一个富有革新精神的天才也许会灵感爆发，通过引入一个新的基数 5 来扩大原有数系：如果一个集合的元素能够与她右手的手指一一对应，那么，她就可以说，这个集合包含了 **5** 个元素。

这样一个定义是非常有效的。它提供了一个明确的方法，以确定一个集合在什么情况下具有 5 个元素（只要她的手指一个不少）。在这个意义上，她的手指就成为确定集合是否具有 5 个元素的标准参考点。这一切看起来是非常合理的。

而这恰好就是康托尔的做法，所不同的只是他采用自然数集合 **N** 作为扩大我们数系的基准。对于他来说，**N** 是包含$\aleph_0$ 个元素的原型集合。引入符号 $\overline{\mathbf{M}}$ 表示“集合 **M** 的基数”，我们看到，

$$\overline{\mathbf{N}}=\overline{\mathbf{E}}=\overline{\mathbf{Z}}=\aleph_0$$

如果我们接下来讨论有理数集合 **Q**，情形又会如何呢？如前所述，有理数是密密麻麻分布的。在这个意义上，有理数与整数不同，整数是一个紧跟一个，循规蹈矩地分布在数轴上的，其中的每一个数都与它前面的数保持相同的距离。实际上，在任何两个整数之间（比如在 0 与 1 之间），都有无限多的有理数。因此，任何人都会猜想，有理数比自然数更为丰富。

但是，康托尔证明，有理数集是可数的，也就是说，$\overline{\mathbf{Q}} = \aleph_0$。他的证明方法非常简单，只是在有理数集与自然数集之间建构一一对应的关系。为了弄清他是怎样建构这种对应关系的，我们把有理数排列成如下形式：

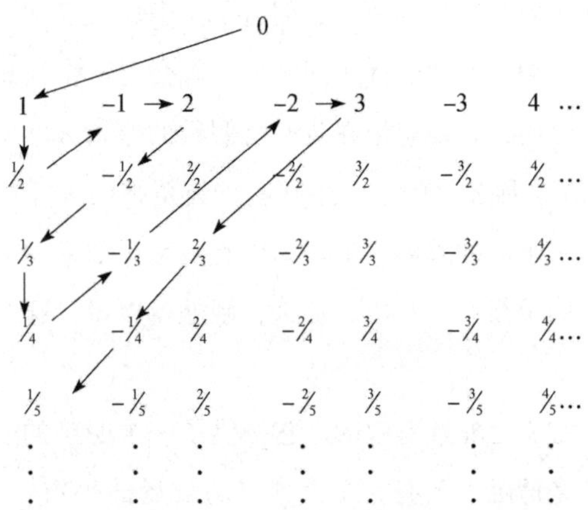

注意第一列中所有数的分子是 1，第二列中所有数的分子是 -1，依此类推；而第一行中所有数的分母是 1，第二行中所有数的分母是 2，依此类推。总之，任何分数，都能够在这一排列中找到它的位置，例如分数 133/191 就位于第 191 行，第 265 列（包括正数和负数）。于是，这一排列包含了集合 **Q** 的所有元素。

但是现在，为了配对，我们按照这一排列中箭头所示方向，列出

集合 **Q** 的元素。这就产生了以下对应关系：

N:	1	2	3	4	5	6	7	8	9	10	11	12	13	14	…
	↕	↕	↕	↕	↕	↕	↕	↕	↕	↕	↕	↕	↕	↕	
Q:	0	1	1/2	−1	2	−1/2	1/3	1/4	−1/3	−2	3	2/3	−1/4	1/5	…

请注意，这里我们跳过了重复的分数（如 1 = 2/2 = 3/3，等等）。于是，这一方案提供了一种配对方法，使得每一个自然数都与一个且仅与一个有理数相对应，更令人吃惊的是，每一个有理数也都与一个且仅与一个自然数相对应。根据康托尔的定义，我们可以直接得出结论：有理数与自然数一样多。

至此，似乎所有的无穷集都是可数的，也就是说，每一个无穷集都能与正整数构成一一对应的关系。但是，在看到康托尔 1874 年的一篇论文后，数学界彻底放弃了这个一厢情愿的念头。这篇论文有一个朴实无华的标题：《论所有代数数集合的性质》。在这篇论文中，康托尔明确地指出，他找到了一个不可数的无穷集。

仅从不起眼的标题页（如下所示）来看，人们丝毫不会感到这篇论文的革命性。这恰恰与美术界的根本变革形成了鲜明的对照，因为美术作品常常很显著地表现出它的革新。1874 年，任何人，即便是门外汉，只要在巴黎看到过莫奈的作品，都会对他开创的“印象派”的绘画方法感到震惊。只需随意看一眼，也会从莫奈表现光的手法中看出他的作品与其前辈（如德拉克洛瓦或安格尔）有着明显的区别。显然，莫奈作了某些根本的变革。同样是1874 年，乔治·康托尔在其划时代的数学论文中，开创了同样不乏革命性的事业。然而，印刷书页上所承载的这一惊人数学思想恰恰缺乏激进的美术作品那种**直接**冲击力。

Ueber eine Eigenschaft des Inbegriffes aller reellen algebraischen Zahlen.

(Von Herrn *Cantor* in Halle a. S.)

Unter einer reellen algebraischen Zahl wird allgemein eine reelle Zahlgrösse ω verstanden, welche einer nicht identischen Gleichung von der Form genügt:

$$(1.)\ a_0\omega^n+a_1\omega^{n-1}+\cdots a_n=0,$$

wo $n, a_0, a_1, \cdots a_n$ ganze Zahlen sind; wir können uns hierbei die Zahlen n und a_0 positiv, die Coefficienten $a_0, a_1, \cdots a_n$ ohne gemeinschaftlichen Theiler und die Gleichung (1.) irreductibel denken; mit diesen Festsetzungen wird erreicht, dass nach den bekannten Grundsätzen der Arithmetik und Algebra die Gleichung (1.), welcher eine reelle algebraische Zahl genügt, eine völlig bestimmte ist; umgekehrt gehören bekanntlich zu einer Gleichung von der Form (1.) höchstens soviel reelle algebraische Zahlen ω, welche ihr genügen, als ihr Grad n angiebt. Die reellen algebraischen Zahlen bilden in ihrer Gesammtheit einen Inbegriff von Zahlgrössen, welcher mit (ω) bezeichnet werde; es hat derselbe, wie aus einfachen Betrachtungen hervorgeht, eine solche Beschaffenheit, dass in jeder Nähe irgend einer gedachten Zahl α unendlich viele Zahlen aus (ω) liegen; um so auffallender dürfte daher für den ersten Anblick die Bemerkung sein, dass man den Inbegriff (ω) dem Inbegriffe aller ganzen positiven Zahlen ν, welcher durch das Zeichen (ν) angedeutet werde, eindeutig zuordnen kann, so dass zu jeder algebraischen Zahl ω eine bestimmte ganze positive Zahl ν und umgekehrt zu jeder positiven ganzen Zahl ν eine völlig bestimmte reelle algebraische Zahl ω gehört, dass also, um mit anderen Worten dasselbe zu bezeichnen, der Inbegriff (ω) in der Form einer unendlichen gesetzmässigen Reihe:

$$(2.)\ \omega_1, \omega_2, \cdots \omega_\nu \cdots$$

康托尔 1874 年论文中关于连续统不可数性的最初证明

（图片由俄亥俄州立大学图书馆提供）

康托尔发现的不可数集是所有实数的集合。实际上，他 1874 年的论文指出，没有任何实数区间（不论其长度多么小）能够与自然数

集 **N** 构成一一对应的关系。他最初的证明使他进入了分析的王国，同时，这一证明需要借助某些相对高级的数学工具。然而，1891 年，康托尔再次回到这个问题上来，并提出了一个非常简单的证明。我们下面就来看看这个证明。

伟大的定理：连续统的不可数性

这里的“连续统”一词意指某一实数区间，我们可以用符号（a，b）来表示（图 11-1），

$$(a,b) = 满足不等式\ a < x < b\ 的一切实数\ x\ 的集合$$

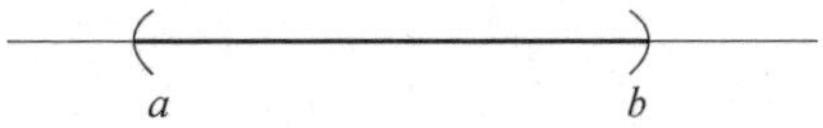

图　11-1

在以下的证明中，我们将要证明的不可数区间是（0，1），即所谓“单位区间”。这一区间（0，1）内的实数都可以写成无穷小数。例如，

$$\frac{1}{2} = 0.500\,000\,00\cdots, \frac{3}{11} = 0.272\,727\,27\cdots, \frac{\pi}{4} = 0.785\,398\,16\cdots$$

出于技术上的原因，我们还必须谨慎地避免同一个数的两种不同的小数表示。例如 0.500 00⋯ = 1/2，还可以写成 0.499 999 99⋯。在这种情况下，我们选择以一连串 0 结尾的小数表示，而不选择以一连串 9 结尾的小数表示，这样，在（0，1）区间中的任何实数都只有一种小数表示。

我们现在来看一看康托尔关于区间（0，1）不可数性的证明。康托尔的证明采用了反证法，他从假定自然数集合 **N** 与区间（0，1）内的实数存在一一对应关系这一前提出发，然后，由此推导出逻辑矛盾。这一巧妙的证明可以当之无愧地排在伟大的定理之列。

【定理】0 与 1 之间的所有实数组成的区间是不可数的。

【证明】我们首先假定区间（0，1）内的实数能够与自然数一一对应，然后，从这一假定出发最终导出逻辑矛盾。为了讲清楚康托尔的推理，我们将假定存在的对应关系按下列方式展现出来：

N		(0,1) 中的实数
1	$\leftrightarrow$	$x_1 = 0.371\,652\cdots$
2	$\leftrightarrow$	$x_2 = 0.500\,000\cdots$
3	$\leftrightarrow$	$x_3 = 0.142\,678\cdots$
4	$\leftrightarrow$	$x_4 = 0.000\,819\cdots$
5	$\leftrightarrow$	$x_5 = 0.987\,676\cdots$
⋮		⋮ ⋮
n	$\leftrightarrow$	$x_n = 0.a_1a_2a_3a_4a_5\cdots a_n\cdots$
⋮		⋮ ⋮

如果这是真正的一一对应关系，那么，区间（0，1）内的每一个实数都应该出现在右边一列中，且唯一地与左边一列中的一个自然数相对应。

康托尔定义了区间（0，1）内的一个实数 b，它的小数表示是 $b=0.b_1b_2b_3b_4b_5\cdots b_n\cdots$，他的定义方法如下：

选择 b_1（b 的第一位小数）为与 x_1 的第一位小数不同且不等于0或9的任何数。

选择 b_2（b 的第二位小数）为与 x_2 的第二位小数不同且不等于0或9的任何数。

选择 b_3（b 的第三位小数）为与 x_3 的第三位小数不同且不等于0或9的任何数字。

总之，选择 b_n（b 的第 n 位小数）为与 x_n 的第 n 位小数不同且不等于0或9的任何数字。

为便于理解这一过程，我们可以参照上述的对应表。x_1 的第一位小数是“3”，因此我们可以选择 $b_1=4$；x_2 的第二位小数是“0”，因此我们可以选择 $b_2=1$；x_3 的第三位小数是“2”，因此可以选择 $b_3=3$；x_4 的第四位小数是“8”，因此选择 $b_4=7$；等等，依此类推。所以，我们的数字 b 就是

$$b = 0.b_1b_2b_3b_4b_5\cdots = 0.413\,78\cdots$$

现在，我们只需要来看两个十分简单但却是相互矛盾的事实：

（1）因为 b 是一个无穷小数，所以 b 是实数。由于我们禁止选择0或9，因而，数字 b 既不可能是 $0.000\,00\cdots=0$，也不可能是 $0.999\,99\cdots=1$。换言之，b 一定**严格地**位于0与1之间。因此，b 必定在我们上述对应表的右边一列中某处出现。

但是，

（2）b 不可能出现在数字 x_1，x_2，x_3，…，x_n，…的任何位置，因为 b 与 x_1 的第一位小数不同，所以 $b\neq x_1$；b 与 x_2 的第二位小数不同，所以 $b\neq x_2$；总之，b 与 x_n 的第 n 位小数不同，所以 $b\neq x_n$。

于是，（1）就告诉我们 b 一定位于上表的右列，而同时（2）又告诉我们，b **不可能**列入上表，因为它已被明确地“设计”为不与 x_1，x_2，x_3，…x_n，…中的任何一个数字相同。这一逻辑矛盾说明，我们最初的假定，即单位区间内的所有实数与自然数之间存在一一对应的关系是不正确的。根据反证法，我们只能得出结论，这种对应关系是根本**不可能的**，因此0与1之间的所有实数是不可数的。　　**证毕**

我们在选择 b 的各数字时之所以避免采用“9”，还有一个原因。我们再来看看上述对应关系，但这一次我们选用9作为 b_n 的数字（当然，根据假设，它们必须与 x_n 的第 n 位小数不同）。那么，我们可以选择 $b_1=4$，$b_2=9$，$b_3=9$，$b_4=9$，等等。因此，我们最后选定的数是 $b=0.499\,99$。然而，这个数恰好等于1/2，是在表的右列中已经存

在的一个数 x_2。这样，我们所寻求的矛盾（即找到一个不能列入表右列的实数 b）就消失了。但是，如果我们在构造 b 时避免采用“9”，我们就可以消除因无穷小数的双重表示所造成的技术陷阱，从而使证明有效。

康托尔自己显然对这个证明非常满意，他称这一证明“……很不寻常……因为它极其简单。”证明中他所关注的小数位恰好连成这个阵列中一条下降的对角线——第一个实数的第一位小数，第二个实数的第二位小数，等等。这一方法因此被称为康托尔的“对角线法”。

需要特别注意的是，在证明中，我们并没有依赖上述假定的对应关系中的具体某个关系去说明问题。不过，就算用这些具体的对应关系进行推理，我们依然能够证明这种一一对应的关系是不可能存在的。

持怀疑态度的学生常常一方面承认康托尔找出的数 b 不能出现在原始对应表中，一方面又提出以下补救方法：为什么不将 b 与自然数 1 对应，并将表中的每一个数都下移一个位置呢？这样，2 将与 x_1 对应，3 与 x_2 对应，等等。这样，康托尔所推出的矛盾似乎也就消失了，因为 b 出现在表中右边一列的最上端。

遗憾的是，对于这些怀疑论者来说，康托尔可以悠闲地坐等他们将最初的对应表调整完毕，然后再次应用对角线法找出一个新表中没有的实数 b'。如果这些怀疑论者又将 b' 插入了表的最上端，那么，我们可以如法炮制，得出一个表中不存在的 b''。总之，在 **N** 与（0，1）之间是不可能存在一一对应关系的。至此，这些持怀疑态度的人就必将成为忠实的信徒。

这样，康托尔就证明了，许多无穷集合（特别是有理数集合）都具有基数$\aleph_0$，然而，尽管同样是无穷，0 与 1 之间的实数组成的区间似乎是“更高一级的”无穷。这个区间（0，1）内的点如此之多，其数量绝对超过了正整数。

在这一意义上，单位区间（0，1）不失一般性。对于任意给出的有限区间（a，b），我们可以引进函数 $y=a+(b-a)x$，使区间（0，1）内的点（x 轴上的点）与区间（a，b）内的点（y 轴上的点）之间建立起一一对应的关系，如图11-2所示。这种一一对应的关系保证了区间（0，1）与（a，b）具有相同的（不可数）基数。也许令人感到吃惊的是，区间的基数与其长度无关；0与1之间的所有实数并不比2与1000之间的所有实数少（在这种情况下，函数 $y=998x+2$ 提供了理想的一一对应关系）。乍一看，这似乎是违反直觉的，但当人们熟悉了无穷集合的性质后，便不再相信幼稚的直觉。

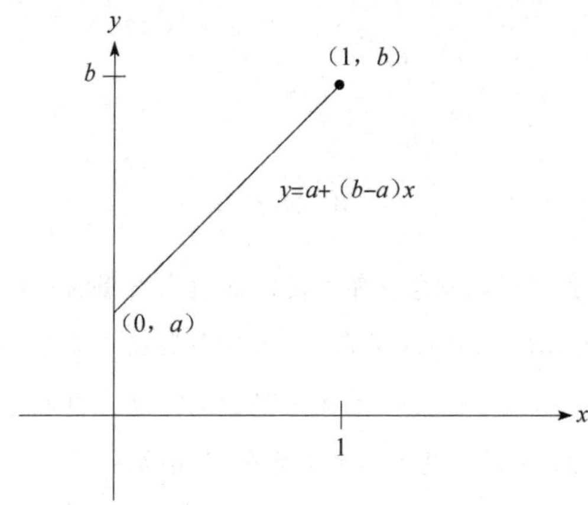

图　11-2

在此基础上，再向前迈一小步，我们便可以证明，所有实数的集合同样具有与区间（0，1）相同的基数。这一次，确定一一对应关系的函数是

$$y=\frac{2x-1}{x-x^2}$$

如图 11-3 所示，区间（0，1）内的每一个点 x 都有唯一的一个实数 y 与它相伴，反之，每一个实数 y，也都有区间（0，1）内的一个且仅有一个点与之相对应。总之，这就是必要的一一对应关系。

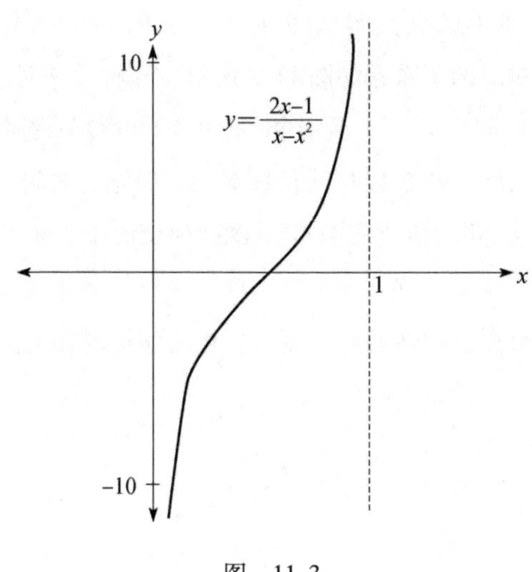

图 11-3

现在，我们可以跟随康托尔，再向前迈出大胆的一步。正像我们曾把 **N** 作为基本集合而引入了第一个超限基数$\aleph_0$一样，区间（0，1）也将作为定义一个新的、更大的无限基数的标准。也就是说，我们可以定义这个单位区间的基数为 **c**（英文“连续统”一词的第一个字母）。我们前面的讨论表明，不仅区间（0，1）有基数 **c**，任何有限长的区间，以及所有实数集合本身，都具有这一相同的基数。另外，区间（0，1）的不可数性说明，**c** 是一个与$\aleph_0$不同的基数。这样，康托尔就要开始创建超限数的等级制度了。

根据上述这些讨论，我们逐渐能够理解有理数集与无理数集的内在区别。有理数集与无理数集的区别绝不仅仅是前者可以写成有限小数或无限循环小数而后者则不能。为了更清楚地说明这个问题，康托尔只需要再证明一个定理。

【定理 U】如果集合 **B** 与 **C** 是可数的，而集合 **A** 的所有元素要么属于 **B**，要么属于 **C**（或者属于两者），那么，集合 **A** 是可数的。（在这种情况下，我们说 **A** 是 **B** 与 **C** 的并集，记作 $\mathbf{A}=\mathbf{B}\cup\mathbf{C}$。）

【证明】所设的 **B** 与 **C** 的可数性保证了它们各自与自然数的一一对应关系：

$$\begin{array}{lccccc}
\mathbf{N}: & 1 & 2 & 3 & 4 & \cdots \\
 & \updownarrow & \updownarrow & \updownarrow & \updownarrow & \\
\mathbf{B}: & b_1 & b_2 & b_3 & b_4 & \cdots
\end{array}
\quad \text{和} \quad
\begin{array}{lccccc}
\mathbf{N}: & 1 & 2 & 3 & 4 & \cdots \\
 & \updownarrow & \updownarrow & \updownarrow & \updownarrow & \\
\mathbf{C}: & c_1 & c_2 & c_3 & c_4 & \cdots
\end{array}$$

在集合 **B** 的元素中一一插入集合 **C** 的元素，我们可以在 **N** 与 $\mathbf{A}=\mathbf{B}\cup\mathbf{C}$ 之间建立起一一对应的关系：

$$\begin{array}{lccccccccc}
\mathbf{N}: & 1 & 2 & 3 & 4 & 5 & 6 & 7 & 8 & \cdots \\
 & \updownarrow & \updownarrow & \updownarrow & \updownarrow & \updownarrow & \updownarrow & \updownarrow & \updownarrow & \\
\mathbf{A}: & b_1 & c_1 & b_2 & c_2 & b_3 & c_3 & b_4 & c_4 & \cdots
\end{array}$$

所以，集合 **A** 也是可数的。由此证明，两个可数集的并集也是可数的。　**证毕**

现在我们可以证明有理数集与无理数集的一个重大区别：我们已证明前者是可数的，对于后者，我们将断定它不可数。首先，假设无理数集是可数无限的。那么，根据定理 **U**，所有有理数（我们已证明其可数性）与所有无理数（我们假设其可数）的并集也应该同样是可数集。但是，这个并集恰恰是全部实数的集合，是一个不可数集。根据反证法，我们可以断定，无理数过于丰富，以致无法与集合 **N** 构成一一对应关系。

通俗一点说，这意味着无理数在数量上大大超过有理数。实数远比有理数多的原因恐怕只能归于多得漫无边际的无理数。数学家有时说实数中的“大部分”都是无理数；至于有理数集，虽然被公认为一个由非常重要的、密密麻麻分布的数组成的无穷集，但与无理数相比不过是沧海一粟。突然间，可数集在实数集中似乎无足轻重了，尽管就无理数集来说，它们当初是如此丰富。其实，有理数果真那样丰富吗？康托尔的回答是并非如此。从基数的意义上讲，有理数的确非常稀少，而无理数则占据着统治地位。

为深入探索微积分的奥秘，康托尔证明了这些奇特的定理。无疑，他的研究已经让我们清楚地认识到实数集之间的内在区别，并有助于解释某些迄今为止尚不能解释的现象。如果说康托尔的研究工作追根溯源是来自微积分的算术化而引发的问题，那么，他由此创立的集合论则呈现出属于自己的惊人的生命力，对此，我们将在下章进行讨论。

后记

所有这一切都足以令人震惊，但康托尔 1874 年的论文中还包含着一个更加令人震惊的结果。康托尔证明了区间的不可数性之后，又把这一性质应用于一个长期困扰数学家的难题——超越数的存在。

我们已经看到，所有实数的集合可以再细分为相对稀有的有理数集和比较丰富的无理数集。然而，正如我们在第 1 章的后记中曾提到的，实数还可以详尽无遗地细分为两个相互排斥的数系——代数数和超越数。

代数数似乎可以构成一个庞大的集合。所有有理数都是代数数，所有的可构造数以及大量无理数（诸如$\sqrt{2}$或$\sqrt[3]{5}$）也属于这一集合。相比之下，超越数就极难得到。虽然欧拉最早猜测超越数的存在（即并非所有实数都是比较驯顺的代数数），但第一个特定的超越数实例却是由法国数学家约瑟夫·刘维尔于 1844 年给出的。1874 年，当康托尔开始研究这个问题的时候，还没有林德曼关于 π 是超越数的证明，直到将近 10 年以后，这个证明才问世。换言之，在康托尔发展他的无穷论时，人们还只发现了非常少的超越数。也许，这些超越数只是实数中的一种例外，而不是一种常规。

然而，乔治·康托尔已习惯于将例外转变为常规，在超越数问题上，他又一次成功地实现了这种转变。他首先证明了全部代数数的集合是**可数的**。基于这一事实，康托尔开始考虑看似稀有的超越数问题。

他从任意区间（a，b）开始探索。他已证明在这一区间中的代数数构成了一个可数集；如果超越数也同样可数，那么，根据定理 **U**，（a，b）本身也应该可数。但是，他已经证明，区间是不可数的。这就意味着，无论在任何区间，超越数在数量上都一定大大超过代数数！

换句话说，康托尔认识到，在区间（a，b）内实数远远多于代数数，这也许就是代数数相对比较少的原因。然而，所有这些额外的实数是从哪里来的呢？它们必定是超越数，其丰富性压倒一切。

这是一个真正引起争论的定理。毕竟，在这个时候，人们只知道极少数几个非代数数的存在。而康托尔却十分自信地说，绝大多数实数是超越数，但是他在作出这种推断的时候却没有展示出任何一个具体的超越数实例！相反，他只是“数”区间中的点，并由此认为，区间中的代数数只占很小一部分。这种证明超越数存在的间接方法真是令人吃惊。一位受人欢迎的数学史作家埃里克·坦普尔·贝尔以充满诗意的语言概述了这种情况：

> 点缀在平面上的代数数犹如夜空中的繁星，而沉沉的夜空则由超越数构成。

这就是康托尔 1874 年划时代的杰出论文所留下的宝贵遗产。许多数学家看到康托尔的结论，都惊异地摇头或者干脆表示怀疑。在保守的数学家看来，比较无穷的大小简直就像是这位有点儿神秘兮兮的年轻学者搞的一场浪漫而骇人的恶作剧；断言有大量的超越数存在，却又举不出一个具体的例子，真是愚蠢至极。

乔治·康托尔听到了这些批评。但是，他绝对坚信他的推理过程是正确的，而他所做的这一切还仅仅是开始。与他后来的成就相比，他此时的这些发现确实很苍白。

第12章

Journey Through Genius

康托尔与超限王国

（1891年）

无限基数的性质

乔治·康托尔究竟要走向哪里呢？在他1874年的论文发表之后，康托尔对无穷点集的性质进行了更深入的研究。他从很多方向进行研究，并打开了完全出人意料的新大门，但是，他在关于无穷这一无人回答（事实上，是**无人提出**）的问题的探索中，将他那特有的大胆和想象力表露无遗。

康托尔意识到他能够成功确定的超限基数不止一个时，就立即感到为了这种新基数，他有必要使“小于”概念形式化。为此，他再次依靠一一对应关系是合乎情理的，但是，很显然，这次必须特别谨慎。

在抽象地探索这个问题之前，我们应该再次回想一下，在我们生活的原始社会里，人们只能数到3。而正如前文所述，在这个原始社会里，有一位天才引入了5作为新基数，它是任何能够与她右手的手指构成一一对应关系的集合所具有的基数。那么，她怎样证明3小于5呢？（在我们看来，这是小菜一碟，因为我们惯于数到3以上。）假设在经过认真思考和艰苦寻觅之后，她找到了一个右手只有3个手指

（比如说，只有拇指、食指和无名指）的人。这样，她就能够让那个人右手的全部手指与她右手的部分手指构成一一对应的关系，即，使两人的拇指、食指和无名指一一相对。最后，她的右手还剩下两个没有配对的手指，这多出来的两个手指就证明了5大于3。

人们试图将这个定义扩展到一般集合，解释说，如果集合**A**的全部元素能够与集合**B**的部分元素构成一一对应的关系，那么就称集合**A**的基数小于集合**B**的基数，记作$\overline{\mathbf{A}}<\overline{\mathbf{B}}$。也就是说，如果**A**能够与**B**的子集构成一一对应关系，那么，**A**的元素就一定少于**B**的元素。

遗憾的是，尽管这个定义在证明$3<5$时十分完美，而当应用于无穷集时，就不能令人满意了。例如，考虑自然数集**N**和有理数集**Q**。我们可以很容易地写出**N**的全部元素与**Q**的某一子集（即那些分子为1的正分数）之间的一一对应关系：

$$\begin{array}{lcccccccccc} \mathbf{N}: & 1 & 2 & 3 & 4 & 5 & 6 & \cdots & n & \cdots \\ & \updownarrow & \updownarrow & \updownarrow & \updownarrow & \updownarrow & \updownarrow & & \updownarrow & \\ \mathbf{Q}: & 1 & \frac{1}{2} & \frac{1}{3} & \frac{1}{4} & \frac{1}{5} & \frac{1}{6} & \cdots & \frac{1}{n} & \cdots \end{array}$$

我们一定不希望利用这种对应关系推断出$\overline{\mathbf{N}}<\overline{\mathbf{Q}}$。事实上，我们已经知道，在集合**N**的所有元素与集合**Q**的所有元素之间存在着与此不同的另一种一一对应关系，所以，这两个集合具有相同的基数。乍一看，我们似乎陷入了令人很不爽的困境。

康托尔敏锐地发现，如果在开始时引入的不是“小于”，而是“小于或等于”的概念，那么就能巧妙地摆脱这种困境。

□ 定义　设有集合**A**和**B**，如果集合**A**的所有点与集合**B**的某一子集之间存在一一对应关系，那么，我们就说$\overline{\mathbf{A}}\leqslant\overline{\mathbf{B}}$。

请注意，集合**B**的某一“子集”可能包括集合**B**的所有点，在这种情况下，我们就得到$\overline{\mathbf{A}}=\overline{\mathbf{B}}$。当然，这与广义的$\overline{\mathbf{A}}\leqslant\overline{\mathbf{B}}$完全一致。

此外，上述集合 **N** 的全部元素与集合 **Q** 的部分元素之间的一一对应关系也不过是证明了 $\overline{\mathbf{N}} \leqslant \overline{\mathbf{Q}}$，这并不矛盾，因为两个集合都有基数$\aleph_0$。

现在，康托尔可以用一个严格不等式给出一个定义来描述两个集合之间的基数性质。

□ 定义　如果 $\overline{\mathbf{A}} \leqslant \overline{\mathbf{B}}$（如前一个定义所述），并且 **A** 与 **B** 之间不存在一一对应关系，那么，$\overline{\mathbf{A}} < \overline{\mathbf{B}}$。

从表面上看，这个定义似乎微不足道，但若仔细思考一下就会发现，这个定义主要依靠的是一一对应关系的重要性质。因为，如果要证明 $\overline{\mathbf{A}} < \overline{\mathbf{B}}$，我们就必须首先在集合 **A** 的所有点与集合 **B** 的部分点之间找到一个一一对应关系（因而证明 $\overline{\mathbf{A}} \leqslant \overline{\mathbf{B}}$），然后，我们还必须证明，集合 **A** 的所有点与集合 **B** 的所有点之间不存在一一对应的关系。问题很快就变复杂了，远非不证自明。

尽管如此，这个定义依然行之有效。例如，它为我们的原始朋友证明了 $3<5$。也就是说，拇指、食指和无名指与右手 5 个手指中的 3 个手指所构成的一一对应关系证明了 $3 \leqslant 5$；然而，却没有办法将她的全部 5 个手指与她伙伴的 3 个手指一一相对，所以，基数 3 与 5 不相等，结论只能是 $3<5$。

至于无限基数，应用同一逻辑方法足以证明$\aleph < \mathbf{c}$，因为我们可以很容易地找到集合 **N** 的全部点与区间（0，1）某一子集之间的一一对应关系：

$$
\begin{array}{lccccccccc}
\mathbf{N}: & 1 & 2 & 3 & 4 & 5 & \cdots & n & \cdots \\
 & \updownarrow & \updownarrow & \updownarrow & \updownarrow & \updownarrow & & \updownarrow & \\
(0,1): & \frac{1}{\pi} & \frac{1}{2\pi} & \frac{1}{3\pi} & \frac{1}{4\pi} & \frac{1}{5\pi} & \cdots & \frac{1}{n\pi} & \cdots
\end{array}
$$

于是，$\overline{\mathbf{N}} \leqslant \overline{(0,\ 1)}$。但是，康托尔的对角线法证明，在这两个集合之间不存在一一对应关系。因而，$\overline{\mathbf{N}} \neq \overline{(0,\ 1)}$。综合这两个方面，我们

得出结论 $\overline{\mathbf{N}} < \overline{(0,\ 1)}$，即$\aleph_0 < \mathbf{c}$。

至此，康托尔已经构想出一个比较基数大小的方法。请注意，这个定义的直接后果是一个很直观的令人愉悦的事实，即如果 **A** 是 **B** 的**子集**，那么 $\overline{\mathbf{A}} \leqslant \overline{\mathbf{B}}$。也就是说，我们肯定能够使集合 **A** 的每个点与它自己配对，在集合 **A** 的所有元素与集合 **B** 的某一子集之间建立起一一对应的关系。因此，一个集合的基数大于或等于其任何子集的基数。当周围尽是违背直觉的命题时，看到这一命题似乎还算令人欣慰。

既然已经有能力比较基数的大小，康托尔不妨顺水推舟，于是又提出了一个非常重要，而且，在他看来，是一个非常关键的论断：

$$\text{如果 } \overline{\mathbf{A}} \leqslant \overline{\mathbf{B}} \text{ 并且 } \overline{\mathbf{B}} \leqslant \overline{\mathbf{A}}, \text{那么 } \overline{\mathbf{A}} = \overline{\mathbf{B}}$$

如果我们的注意力只限于有限基数，那么这个论断看来就十分平常。但是，如果我们将其应用于超限基数，就不是那么显而易见了。让我们仔细思考一下康托尔提出的问题：如果在集合 **A** 的全部点与集合 **B** 的部分点之间存在着一一对应关系（即 $\overline{\mathbf{A}} \leqslant \overline{\mathbf{B}}$），并且，在集合 **B** 的全部点与集合 **A** 的部分点之间同样也存在着一一对应的关系（即 $\overline{\mathbf{B}} \leqslant \overline{\mathbf{A}}$），那么，我们就能得出结论，在集合 **A** 的全部点与集合 **B** 的全部点之间必然存在着一一对应的关系（即 $\overline{\mathbf{A}} = \overline{\mathbf{B}}$）。但是，人们从哪里得出这最后的对应关系呢？稍加思考，我们会发现这个论断的确具有深远的意义。

乔治·康托尔确信这个命题是正确的，或许这表明了他对他开创的集合论的“合理性”始终抱有坚定的信念，然而他从未能够给出对这个命题的令人满意的证明（足以说明其复杂性）。幸运的是，这个定理由两位数学家——恩斯特·施罗德（于 1896 年）和费利克斯·伯恩斯坦（于 1898 年）——各自独立地证明了。由于这个定理有多个起源，所以，我们今天称之为“施罗德－伯恩斯坦定理”，但有时也称作“康托尔－伯恩斯坦定理”或“康托尔－施罗德－伯恩斯坦定理”，或把这些名字按其他方式排列。暂且抛开这些名称不谈，这个定理对于研究超限基数，是一个十分有用的工具。

尽管这个定理的证明超出了本书的范围，不过我们可以领略一下这个定理的威力，看看它是如何确定所有无理数的集合 **I** 的基数的。我们在前一章中已看到，无理数集是不可数的；也就是说，无理数集的基数大于$\aleph_0$。但是，我们并没有精确地确定这个基数。要确定这个基数，我们就可以应用施罗德－伯恩斯坦定理。

首先，无理数集是实数集的一个子集，根据上文推断，我们知道$\overline{\mathbf{I}} \leqslant \mathbf{c}$。另一方面，对于实数与无理数之间的一个对应关系，我们定义如下：如果 $x = M.b_1b_2b_3b_4\cdots b_n\cdots$是一个小数形式的实数，$M$ 是这个小数的整数部分，那么，我们可以定义与 x 相对应的实数为

$$y = M.b_10b_2\,11b_3\,000\,b_411\,11b_5\,000\,00b_6\,111\,111\cdots$$

也就是说，我们在第一位小数后面插入 1 个 0，在第二位小数后面插入 2 个 1，在第三位小数后面插入 3 个 0，等等，依此类推。例如，与实数 $x = 18.123\,456\,7\cdots$对应的是

$$y = 18.102\,113\,000\,411\,115\,000\,006\,111\,111\,7\cdots$$

而与实数 $x = -7.25 = -7.250\,00\cdots$相对应的则是

$$y = -7.205\,110\,000\,011\,110\,000\,000\,111\,111\cdots$$

无论我们选择哪个实数 x，与之相对应的都有一个既不终止，也不循环的小数展开式，因为我们在这个小数展开式中会得到越来越长的连续 0 或连续 1 的数组。因此，每一个实数 x 都与一个无理数 y 相对应。

并且，这种对应是一一的。因为，如果我们已知一个根据上述规律得出的 y 值，比如 5.304 114 000 711 111 000 002…，我们就能够从中“分解”出一个且只有一个可能与之对应的 x 值，就本例而言，$x = 5.344\,712\cdots$。我们应该注意到，并不是每一个无理数最终都能够与一

个实数对应。如无理数 $y=\sqrt{2}=1.414\ 159\cdots$，在其小数展开式中就没有这种形式的 0 和 1 数组能够与任何实数 x 相对应。

在全部实数与部分无理数之间的这种一一对应关系表明 $\mathbf{c}\leqslant\bar{\mathbf{I}}$。但是，我们已经讲过，$\bar{\mathbf{I}}\leqslant\mathbf{c}$，因而，根据施罗德－伯恩斯坦定理，我们可以断定，无理数集的基数是 **c**，与全部实数集的基数相同。

由康托尔提出，并由施罗德和伯恩斯坦证明的这个定理，成功解决了有关超限基数的一大难题，但是，康托尔的奇妙问题层出不穷。另一个问题是，是否存在大于 **c** 的基数。根据他以前的对应关系，康托尔感觉这个问题的答案应该是肯定的，并且认为他知道如何得到一个更丰富的点集。

在康托尔看来，要发现一个比一维区间（0，1）更大的基数，关键是要在一个由 x 轴上的区间（0，1）与 y 轴上的区间（0，1）所构成的二维正方形中去寻觅，如图 12-1 所示。在 1874 年 1 月写给朋友理查德·戴德金的信中，康托尔问道，区间和正方形这两个集合是否能够构成一一对应的关系？他近于肯定地认为，在二维正方形与一维线段之间不可能存在这种对应关系，因为前者似乎显然具有更多的点。尽管构造一个证明可能十分困难，但康托尔却认为证明也许是“几乎多余”的。

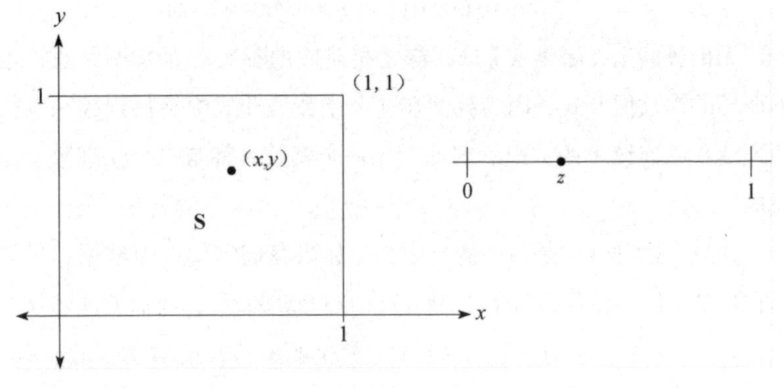

图 12-1

有趣的是，这个几乎多余的证明却从未能够作出。康托尔尽管尽了最大努力，但始终未能证明在区间与正方形之间不可能存在一一对应的关系。然后，到了 1877 年，他发现他原来的直觉是完全错误的。这种一一对应的关系确实存在！

为了证明这个令人吃惊的事实，我们令 **S** 表示由全部有序对（x, y）构成的正方形，在这里，$0 < x < 1$，$0 < y < 1$。我们只要简单地将区间（0，1）中的点 z 与 **S** 中的有序对（z，1/2）相配，就可以很容易地构造出单位区间的全部点与正方形 **S** 的部分点之间的一一对应关系。根据前面的定义，我们得出结论，$\overline{\overline{(0,\ 1)}} \leqslant \overline{\overline{\mathbf{S}}}$。

另一方面，对于 **S** 中的任何点（x，y），设其横坐标 x 与纵坐标 y 都是无穷小数。即 $x = 0.\,a_1a_2a_3a_4\cdots a_n\cdots$ 和 $y = 0.\,b_1b_2b_3b_4\cdots b_n\cdots$。与在第 11 章一样，我们认为，这些小数展开式是唯一的——对于一个结尾既可以用一串 0 也可以用一串 9 表示的数，我们采用前一种表示方法，而不采用后者，所以，我们用小数 0. 200 0…，而不用其等价小数 0. 199 9 来表示 1/5。

在遵守这一约定的基础上，我们按照以下方式建立 **S** 中的每一个点（x，y）与（0，1）中的点 z 相对应的关系：

$$z = 0.\,a_1b_1a_2b_2a_3b_3a_4b_4\cdots$$

例如，按上面的规律对 x 和 y 的小数位重新组合，就可以使单位正方形中的一个有序对（2/11，$\sqrt{2}/2$）=（0. 181 818 18…，0. 707 106 78…）与单位区间中唯一的一个点 0. 178 017 811 086 178 8…相对应。没有比这更简单的了。同样，如果已知区间中的一点对应于 **S** 中的某一点，那么，我们就可以通过简单地分解小数位，使之回到唯一的有序对。也就是说，如果 $z = 0.\,934\,401\,25\cdots$，那么，在正方形中一定有一对能够按照上述规律产生 z 的有序对

$$(x, y) = (0.\,940\,2\cdots, 0.\,341\,5\cdots)$$

我们注意到，根据这种对应关系，并不是单位区间中的每一个点都

能够与正方形中的某一点对应。例如，（0，1）区间中的点 $z=6/55=0.109\,090\,909\cdots$可以分解为有序对（0.199 9…，0.000 0…）。但是，我们已完全排除了使用 0.199 9…这种表达方式，而代之以与其等价的小数 0.200 0…。更糟糕的是，第二个坐标 0.000 0…=0，严格地说，并不位于 0 与 1 之间，所以，分解这个小数的过程使我们超出了 **S** 的范围。换言之，6/55=0.109 090 909…不对应于正方形内的任何一点。

然而，我们毕竟在 **S** 的全部点与（0，1）的部分点之间构成了一一对应关系，因此，我们得出结论，$\overline{\mathbf{S}}\leqslant\overline{(0,1)}$。将这一事实与前面的不等式$\overline{(0,1)}\leqslant\overline{\mathbf{S}}$联系起来，就可以应用施罗德－伯恩斯坦定理，推断出$\overline{\mathbf{S}}=\overline{(0,1)}=\mathbf{c}$。

由此可以证明，尽管维数不同，但正方形中的点并不比区间（0，1）内的点多。这两个集合都有基数 **c**。至少可以说，这个结果让人惊讶。在 1877 年写给戴德金的信中，康托尔报告了这一发现，并惊呼：“我发现了它，但简直不敢相信！”

那么，我们到哪里寻找大于 **c** 的超限基数呢？康托尔可以很容易地证明，一个更大的正方形，甚至整个平面中的全部点，都具有与单位区间（0，1）相同的基数。即使进入三维立方体中，也不能使基数增加。这样看来，**c** 似乎是最高一级的超限基数。

但是，事实证明，情况却并非如此。1891 年，康托尔成功地证明了存在更大的超限基数，而且，是令人难以置信地大量存在。他的这项研究结果，我们今天通常称为康托尔定理。虽说他一生中证明了许多重要定理，但看看这个定理的名称，我们就能想到它所得到的高度评价。这个定理像集合论的任何定理一样辉煌。

伟大的定理：康托尔定理

要讨论这个证明，我们还需要引入另一个概念。

□ 定义 给定集合 **A**，**A** 的所有子集的集合称为 **A** 的幂集，记作 $P[\mathbf{A}]$。

这个定义看似非常简单。例如，如果 $\mathbf{A}=\{a, b, c\}$，那么，**A** 有8个子集，因而，**A** 的幂集就是包含这8个子集的集合，即

$$P[\mathbf{A}]=\{\{\},\{a\},\{b\},\{c\},\{a,b\},\{a,c\},\{b,c\},\{a,b,c\}\}$$

请注意，空集 $\{\}$ 和集合 **A** 本身是 **A** 的幂集的两个元素，无论集合 **A** 是什么样子的，这一点都是毋庸置疑的。还请注意，幂集本身也是一个集合。这个基本事实有时容易被忽视，但在康托尔的思想中，这个事实却起着关键作用。

显然，就我们的上述例子而言，幂集的基数大于集合本身的基数。也就是说，集合 **A** 包含3个元素，而它的幂集则包含 $2^3=8$ 个元素。我们不难证明，一个包含4个元素的集合有 $2^4=16$ 个子集；一个包含5个元素的集合有 $2^5=32$ 个子集；总之，一个包含 n 个元素的集合 **A** 有 2^n 个子集。我们可以用符号来表示，即 $\overline{\overline{P[\mathbf{A}]}}=2^n$。

但是，如果 **A** 是一个无穷集，又将如何？无穷集的幂集基数是否同样大于集合本身的基数呢？这正是康托尔定理所要回答的争论性的问题。

【定理】如果 **A** 是**任意**集合，那么 $\overline{\overline{\mathbf{A}}}<\overline{\overline{P[\mathbf{A}]}}$。

【证明】要证明这个结论，我们就必须依据本章前面所介绍的康托尔关于超限基数之间严格不等式的定义。显然，在 **A** 的全部与 $P[\mathbf{A}]$ 的**部分**之间，我们可以很容易地找到一一对应关系，因为如果 $\mathbf{A}=\{a, b, c, d, e, \cdots\}$，我们就可以使元素 a 对应于子集 $\{a\}$，使元素 b 对应于子集 $\{b\}$，等等。当然，这些子集 $\{a\}$，$\{b\}$，$\{c\}$，…仅仅是 **A** 的**全部**子集中微不足道的一小部分，因此这种一一对应关系就保证了 $\overline{\overline{\mathbf{A}}}\leqslant\overline{\overline{P[\mathbf{A}]}}$。

目前为止，一切都很简单。剩下的就是要证明 **A** 与 $P[\mathbf{A}]$ 没有相

同的基数。我们采用间接证明方法，首先假定它们的基数相同，然后从中导出逻辑矛盾，即我们假设在**A**的全部与P[**A**]的**全部**之间存在着一一对应关系。为便于论证，我们最好展示一下所假定的这种对应关系，以备后面参照：

A的元素		P[**A**]的元素（即**A**的子集）
a	⟷	$\{b,c\}$
b	⟷	$\{d\}$
c	⟷	$\{a,b,c,d\}$
d	⟷	$\{\ \}$
e	⟷	**A**
f	⟷	$\{a,c,f,g,\ldots\}$
g	⟷	$\{b,i,j,\ldots\}$
.		.
.		.
.		.

于是，这就表明在**A**的全部元素与P[**A**]的全部元素之间存在着假定的一一对应关系。请注意，在这种对应关系中，**A**的某些元素同时属于它们所对应的子集，例如，c是与之相对应的集合$\{a, b, c, d\}$的元素。而另一方面，**A**的某些元素则不属于它们所对应的子集，例如，a就不是其对应子集$\{b, c\}$的元素。

奇怪的是，这种二分法提供了导致本证明逻辑矛盾的线索，因为我们现在可以按如下方式定义集合**B**：

> **B**是原集合**A**中每一个不属于它所对应的子集的元素的集合。

参照上述展示的对应关系，我们看到，a、b（因为b不是$\{d\}$

的元素)、d（d 当然不属于空集）和 g（不是 $\{h, i, j, \cdots\}$ 的元素）都属于集合 **B**。但是 c, e, f 就不是集合 **B** 的元素，因为它们分别属于 $\{a, b, c, d\}$、**A** 本身和 $\{a, c, f, g, \cdots\}$。

用这种方式，集合 $\mathbf{B}=\{a, b, d, g, \cdots\}$ 就产生了。当然，从根本上说，这样构造的 **B** 是原集合 **A** 的子集。因此，**B** 属于 **A** 的幂集，于是 **B** 必然会出现在上述对应关系右边一列的某个位置。但是，按最初假定的一一对应关系，我们同样断定，在左边一列一定有 **A** 的某一元素 y 对应于 **B**：

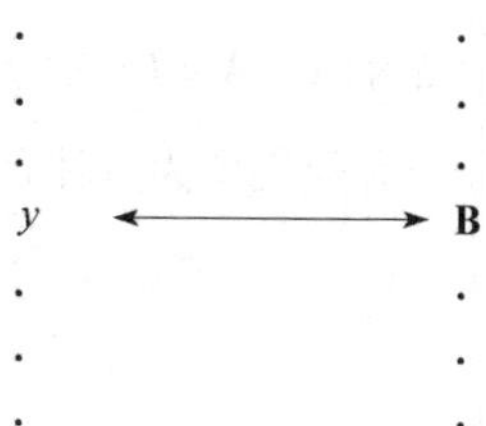

到目前为止，一切顺利。但是现在我们提出一个致命的问题："y 是 **B** 的元素吗?"当然，有两种可能。

情况1 假设 y **不是 B** 的元素。

那么根据我们最初对 **B** 所作的定义，即"……原集合 **A** 中每一个不属于它所对应的子集的元素的集合"，我们看到，y 必定是 **B** 的成员，因为在这种情况下，y 不是它所对应的集合的元素。

换句话说，如果我们首先假定 y 不属于 **B**，那么，我们就被迫得出结论，y 应当是 **B** 的元素。显然这是自相矛盾的，所以情况1是不可能的，予以排除。

情况2 假设 y **是 B** 的元素。

我们再次求助于 **B** 的定义。因为情况2假定 y 属于 **B**，那么，y 应当符合 **B** 的定义，即 y 不是它所对应的集合的元素。唉，与 y 对应的集合恰恰是 **B**，所以，y 不可能是集合 **B** 的元素。

也就是说，情况2先假定y属于**B**，但我们随即又得出结论，y不是**B**的元素。逻辑矛盾又一次出现了。

一定是什么地方出了严重的问题。情况1与情况2是仅有的两种可能，但这两种可能都导致了逻辑矛盾。我们断定，论证的过程中一定有一个假设是错误的。当然，问题正是出现在开始时我们所假定的在**A**与$P[\mathbf{A}]$之间存在着一一对应关系。我们的矛盾显然摧毁了这一假设：不可能存在这种对应关系。

最后，综上所述，$\overline{\overline{\mathbf{A}}} \leqslant \overline{\overline{P[\mathbf{A}]}}$，但$\overline{\overline{\mathbf{A}}} \neq \overline{\overline{P[\mathbf{A}]}}$，至此，我们已证明了康托尔定理：对于任意集合**A**，$\overline{\overline{\mathbf{A}}} < \overline{\overline{P[\mathbf{A}]}}$。 **证毕**

也许，我们可以用一个有限集作为具体例子，从而来欣赏康托尔的天才。令$\mathbf{A}=\{a, b, c, d, e\}$，并在集合**A**的元素与其幂集的某些成员之间建立对应关系：

A的元素		**A的幂集的元素（即A的子集）**
a	⟷	$\{a,c\}$
b	⟷	**A**
c	⟷	$\{a,e\}$
d	⟷	$\{d\}$
e	⟷	$\{a,b,c,d\}$

回忆一下**B**的定义，即集合**A**中那些不属于它所对应的集合的元素，我们看到，$\mathbf{B}=\{c, e\}$。

康托尔注意到问题的关键是，**B不可能出现在上述对应关系的右列**，因为根据逻辑推理，不存在可能与之对应的元素。康托尔的证明令人击节称赞之处在于，对于**A**与$P[\mathbf{A}]$之间任何假设的对应，他巧妙地描述了**A**的幂集的一个成员（也就是**B**）不可能对应于**A**的任何一个元素。这就直接否定了任何一个集合与其幂集之间存在着一一对应关系的可能。

我们有必要停下来思考一下康托尔定理更深一层的含义。康托尔证明，无论我们最初选定什么样的集合，其幂集一定具有更大的基数。用他自己的话说：

> ……可以用另一集合 **M** 置换任何已知集合 **L**，并使其基数大于 **L** 的基数。

这样，为了找到我们寻觅已久的、其基数大于 **c** 的集合，我们不用管平面中的正方形或三维空间的立方体，而是看看 $P[(0,1)]$，即区间 (0，1) 内点的所有子集的集合。根据康托尔定理，$\mathbf{c}=\overline{\overline{(0,1)}}<\overline{\overline{P(0,1)}}$，于是我们找到了更大的超限基数。

然而现在，我们来回忆一个基本事实，从根本上来说，幂集也是一个集合。因此，我们可以构造 $P[(0,1)]$ 的幂集，即构造 (0，1) 的所有子集的集合的所有子集的集合。尽管这个集合的描述复杂得令人难以置信，但根据上述证明，可以得出结论 $\overline{\overline{P[(0,1)]}}<\overline{\overline{P[P[(0,1)]]}}$。

精灵既然跳出了魔瓶，乔治·康托尔的脚步就不会停止了。我们显然能够无限地重复这个过程，并由此生成一个越来越长的不等式链：

$$\aleph_0<\mathbf{c}<\overline{\overline{P[(0,1)]}}<\overline{\overline{P[P[(0,1)]]}}<\overline{\overline{P[P[P[(0,1)]]]}}<\cdots$$

几乎没有喘息的时间。乔治·康托尔不仅打开了大门迎接第一个超限基数（$\aleph_0$），还发现了甚至更大的无穷基数（**c**），而且通过反复应用康托尔定理，还给出了一个不断生成更大超限数的永无尽头的不等式链。这是一个没有结尾的故事。

毫不夸张地讲，这个定理，以及康托尔所有关于无穷的深奥理论，都引起了一片反对之声。的确，他推动数学进入一个未知领域，在那里，数学开始并入哲学和玄学的王国。值得注意的是，乔治·康托尔并没有忽略他的数学所表现的玄学含义。据现代康托尔的权威传记作家约瑟夫·多邦记载，康托尔在他的超限理论中发现了一种宗教意义，认为自己"不仅是上帝的信使，准确地记录、转述和传送新发现的超限数理论，而且也是上帝的使节"。康托尔自己写道：

> 我毫不怀疑超限数的正确性，因为我得到了上帝的帮助，而且我曾用了二十多年的时间研究超限数的多样性；每一年，甚至每一天，我在这一学科中都有新的发现。

这段话表明，宗教在很大程度上已成为康托尔思想的中心。我们只要回想一下他父母的不同宗教背景，就可以想象出康托尔家庭中必定不乏各种各样的神学讨论。也许，这更增强了他对神学的兴趣。无论如何，不管是在数学，还是在其他领域，他的思想都显示出宗教色彩。

这种态度并不能让这位神秘的怪人被他的批评者喜爱。康托尔声称他的数学乃是上帝的信息，无怪那些对他激进的无穷论持反对意见的人可以对人不对事地进行反驳。康托尔不仅迷恋神学，而且热衷于证明莎士比亚的剧作乃是由弗朗西斯·培根捉刀，这不免更加损害了他的形象。这一切或许已经让他的同仁把他看做是一个怪人，而当他声称发现了有关第一位不列颠国王的资料，并且，"只要这些资料一公布，必然会使英国政府感到恐惧"时，许多人就目瞪口呆了。这让人很难不把乔治·康托尔看做是某种怪人。

还有他的数学。在他的祖国德国和其他一些地方，都有许多保守分子大叫大喊地反对他的理论，康托尔与某些很有影响的数学家也逐渐交恶。当然，这些反对意见并非都是盲目的反动，因为康托尔的数学确实提出了一些令人莫名其妙的问题，即使那些善意的数学家也深感困惑。我们在后记中将讨论这样一个问题。

列奥波德·克罗内克（1823—1891）也在批评康托尔的人之列，他是德国数学界很有影响的人物，并在颇具声望的柏林大学拥有终身执教的职位。这所大学曾培养出著名的魏尔斯特拉斯和他的出色的学生（包括康托尔自己在内）。康托尔在哈雷大学执教，而哈雷大学的名气远远不如柏林大学，因此，康托尔渴望能在柏林大学任职。他对于被放逐到二流大学，总有一种强烈的怀才不遇感，并常常把造成这种情况的原因归结为克罗内克的迫害。康托尔在与其对手间的相互攻击中，明显地表现出一种偏执倾向。在这个过程中，康托尔既攻击敌人又得罪朋友，也就更难有机会在柏林大学谋职。

毫不奇怪，乔治·康托尔由于生活的失意和对最神秘的无穷概念的拼命钻研，多次受到精神病的折磨。他第一次发病是在1884年，当时他正在狂热地研究一个称为“连续统假设”的定理，我们稍候就会对这个问题加以探讨。大家普遍认为，除了克罗内克及其他人的迫害以外，数学的压力也是造成他精神崩溃的原因。对康托尔医学资料的现代分析认为这种看法夸大其词，因为有迹象表明，康托尔表现出一种双相（即狂郁性）精神病的症状，在任何情况下都有可能使他精神崩溃。也就是说，他在受到人身攻击或遇到数学困难时，都有可能发病，但他的疾病似乎还有更深层更基本的原因。

不管怎样，他的病不断发作，而且变得日益频繁。1884年，康托尔经过一段时间的住院治疗之后，虽然情况好转，但仍有复发的可能。他除了在数学与职业方面颇感失意以外，1899年，他的爱子鲁道夫的意外死亡又给他一次沉重的打击。1902年，康托尔再次住进了哈雷的神经病医院，后来，1904年、1907年和1911年，又多次住院治疗。然而，他出院后，又周期性地出现抑郁症状，他常常一动不动，静静地坐在家中。

康托尔的一生无疑是坎坷的。1918年1月6日，他在因精神病发作再次住院期间，与世长辞。对于一位伟大的数学家来说，这真是一个悲惨的结局。

回顾乔治·康托尔的生活和工作，人们不禁将他与其同时代的美术大师文森特·凡高相比。他们二人的外貌颇有一些相似之处。康托尔的父亲笃信宗教，而凡高的父亲则是一位荷兰牧师。他们两人都深爱艺术，热衷文学，并喜欢写诗。我们知道，凡高像康托尔一样，也有一种古怪而反复无常的个性，最后，他甚至疏远了像保罗·高庚这样的朋友。他们对自己的工作都有一种极强烈的献身精神。当然，他们两人也都患有精神疾病，因此住院治疗，而且这给他们造成了沉重的思想负担，因为他们时时担心疾病的再次发作。

乔治·康托尔

（图片由俄亥俄州立大学图书馆提供）

最重要的是，凡高和康托尔二人都是革命者。凡高在短暂而辉煌的生涯中，使美术超越了印象主义的范畴，同样，康托尔也推动数学沿着意义深远的新方向发展。无论人们对这位伟大而坎坷的数学家作何评说，我们都不禁佩服他以一种绝对原创的方法探索无穷性质的这种勇气。

尽管面对生活和工作中的重重困境，但康托尔却从未对他工作的价值丧失信心。在谈到争议很大的有关无穷的观点时，他写道：

> 我认为是唯一正确的这种观点，只有极少数人赞同。虽然我可能是历史上如此明确坚持这种观点的第一人，但看看

> 由它推导而出的所有合理的结论，我确信我将不是最后一人！

的确，他不是最后一人。虽然多少代的数学家都曾探索过古老的几何、代数和数论的问题，但乔治·康托尔却开创了全新的意想不到的境界。因为他既提出又回答了前人不曾想到的问题，所以，将他的著作称为自古希腊以来第一部真正具有独创性的数学，也许是最恰当不过的了。

后记

我们曾经提到过集合论的某些即使像康托尔这样的伟大天才也未能解决的问题。其中一个最令人困惑的问题来自康托尔的发现中一些莫名其妙的矛盾——逻辑学家称之为“悖论”。这些逻辑困境中，也许最简单的就直接来自康托尔定理。

假设我们构造一个一切集合的集合，并称之为 **U**（即“泛集”）。这是一个令人难以置信的巨大集合。它包含一切概念集、全部数集、所有数集的子集的集合，等等。在集合 **U** 中，我们可以找到每一个存在的集合。从这个意义上说，**U** 不可能再被扩大，因为它已经包含了全部可能存在的集合。

但是，现在我们把康托尔定理应用于 **U**。康托尔已经证明，$\overline{\mathbf{U}} < \overline{P[\mathbf{U}]}$，这显然表明 $P[\mathbf{U}]$ 远远大于 **U** 本身。这样，恰恰就在康托尔集合论的核心出现了矛盾。

1895 年，康托尔发现了这一悖论，其后几十年间，数学界一直在努力寻求一种方法，以弥补这一悖论所造成的逻辑缺陷。为了最终解决这个问题，看来需要正式建立集合论的公理系统（正如欧几里得建立了几何学的公理化方法），通过精心地选择公理，合法地将上述悖论排除在外。从逻辑上说，这并非易事。但是，最终，“公理化的集合论”出现了，这一新体系用更加谨慎的控制方法明确规定了什么是“集合”、什么不是。在这一体系中，“泛集”在任何意义上不再是集合；一切集合的集合就被排除在外，不再属于集合论公理所研究的对象。于是，悖论也就魔术般地消失了。

这一解决方法显然是削足适履，即用一个公理，像外科手术一样，精确地切除集合论中使人困惑的部分，而保留康托尔理论中所有完美的部分。康托尔的集合论相比而言就不太正式，现在被称为“朴素集合论”，以区别于公理化的集合论中合乎逻辑的上层建筑。后者尽管非常艰深，并具有很高的技术含量，但如今已成为集合论的坚实基础。它代表着一种胜利，数学家大卫·希尔伯特这样描述了这种胜利之情，他曾大声疾呼：“没有人能把我们从康托尔为我们创造的乐园中赶走。”

但是，还有另外一个问题，康托尔也未能令人满意地解决，这一问题至少像悖论的出现那样使他忧心忡忡。实际上，一些人认为，康托尔对这个问题年复一年地刻苦钻研，也是造成他精神崩溃的重要因素。这个结果现在称为康托尔的“连续统假设”。

这个结果说起来非常简单。连续统假设断定，在$\aleph_0$与 **c** 之间（不包含$\aleph_0$和 **c**）不存在超限基数。在这个意义上，基数$\aleph_0$与 **c** 的性质很像整数 0 与 1。0 与 1 是排在最前面的两个有限整数，在它们两者之间不可能插入任何其他整数。连续统假设认为，$\aleph_0$与 **c** 这两个超限基数也有相似的性质。

从另一个角度讲，连续统假设表明，实数的任何无穷子集要么可数（在这种情况下，它有基数$\aleph_0$），要么能够与（0，1）构成一一对应的关系（在这种情况下，它有基数 **c**）。没有介乎两者之间的可能性。

康托尔在他的数学生涯中不停地钻研这个问题。1884 年，即他的精神病第一次发作的那一年，他作出了一次重大努力。这年 8 月，康托尔觉得他的努力已获成功，便写信给他的同事古斯塔夫·米塔格－列夫勒，说他已经证明了这个问题。然而，3 个月之后，他在随后的信中不仅收回了他 8 月份的证明，而且还声称他现在已证明出连续统假设是错误的。这种观点的根本改变仅仅持续了短暂的一天，之后，他又再次写信给米塔格－列夫勒，承认他的两个证明都有错误。康托尔不是一次，而是两次承认他所犯的数学错误，却仍然搞不清他的连续统假设究竟是否正确。

我们在前一章的后记中曾讲过，如果康托尔证明了他的假设，那么，他就能够，比如，很容易地确定超越数的基数。如本章所述，超越数构成了实数的不可数子集，因此，它一定具有基数 **c**。只要康托尔能够证明他的连续统假设，一切都会变得如此简单。

然而，他却始终没有成功。尽管他几十年来付出了艰辛的努力，但是，直到他走进坟墓时，也未能取得任何进展。这也许是他一生中遇到的最大困扰和最大挫折。

并不是只有乔治·康托尔一人在探索这个问题的答案。1900 年，希尔伯特审视了大量未解决的数学问题，并从中选出 23 个问题作为对 20 世纪数学家的重大挑战。在这 23 个问题中，第一个就是康托尔的连续统假设，希尔伯特称之为一个“……貌似非常合理的定理，然而，尽管付出最艰苦卓绝的努力，却没人能够作出证明。”

数学家们还需要殚精竭虑并付出更大的努力，才能对这一貌似简单的猜想有所领悟。1940 年，一个重大的突破在 20 世纪最非凡的数学家库特·哥德尔（1906—1978）的笔下产生。哥德尔运用公理化的集合论，证明连续统假设在逻辑上与该理论的其他公理彼此相容。也就是说，不可能用集合论公理系统证明连续统假设不成立。如果康托尔还活着的话，他一定会对这一发现感到无比的振奋，因为这似乎证明了他的猜想是正确的。

果真如此吗？哥德尔的结果当然并没有证明这一假设。这个问题依然悬而未决，直到1963年，美国斯坦福大学的数学家保罗·科恩（1934—2007）证明，我们同样不能用集合论公理系统证明连续统假设成立。综合哥德尔和科恩的工作，连续统假设以一种最奇特的方式得到了解决：这一假设独立于集合论中的其他原理。

这似乎敲响了那遥远而熟悉的钟声。两千多年前，欧几里得引入了平行线公设，随后数代人绞尽脑汁，试图从其他几何公设中推出这一公设。后来我们认识到，这是根本不可能的，因为平行线公设完全独立于其他几何原理，我们不能证明它是对的，也无法证明它是错的，它就像一个离开海岸的孤岛，形单影只地自成体系。

康托尔的连续统假设在集合论领域中处于类似的地位。是否采用连续统假设完全是一种个人选择的问题，取决于数学家的口味，我们不一定非得采用它。如果我们所希望的集合论是在$\aleph_0$与**c**之间不存在其他超限基数，那么，我们毫无疑问会非常愿意接受连续统假设作为公设，从而实现我们的愿望。相反，如果我们更喜欢另一种不同的集合论，我们同样可以抵制连续统假设。平行线公设与欧氏几何和非欧几何的关系令人瞩目。而连续统假设的处境，这个当代最著名的疑难问题，却不由让我们想到了古希腊的一个经典难题。这表明，即使在数学中，也是事物千变万化，却不离其宗。

那么，康托尔连续统假设的证明这一悬而未决的问题究竟如何呢？根据20世纪哥德尔和科恩的研究结果，我们看到，康托尔所面对的不是一项困难的工作，而是一项完全没有希望的工作。这一事实就像是对这位坎坷的数学家一生的辛辣写照。

然而，乔治·康托尔的失败丝毫没有降低他数学遗产的重要性。我们还是让他自己来评价吧，1888 年，他对自己大胆闯入超限王国作出了如下评价：

> 我的理论坚如磐石，射向它的每一枝箭都会迅速反射回去。我如何得知呢？因为我耗费很多年时间，从各个方面研究了它；我还研究了针对无穷数的所有反对意见；最重要的是，因为我曾穷究它的根源，可以说，我探索了一切造物的最原始而可靠的起因。

结 束 语

Journey Through Genius

随着康托尔的超限基数轰鸣着走向无限的无穷大，我们结束了欣赏伟大数学杰作的旅程。这是一个漫长的旅程——从希俄斯的希波克拉底一直到20世纪，我希望这个旅程能够以强大的演员阵容和出色的表演给读者留下深刻的印象。这是一段非常值得讲述的故事。

我们在第4章讨论拉马努金时曾提到过G. H. 哈代，他对数学证明中的美学有一种敏锐的嗅觉。哈代认为，真正伟大的定理应该具有三个特点，即**精练**、**必然**和**意外**。我认为，我们在本书所讨论的这些定理恰恰就能代表这些性质。欧几里得对素数无穷性的证明堪称简明、优雅和“精简”。约翰·伯努利的一系列无穷级数必然推导出调和级数的发散性，所以，犹如人们在讲到阿基米德的数学时所说的那样：“只要看上一眼，你就立刻相信，本来你也能够发现它。”我们讨论的许多命题，从月牙形的化方求积，到三次方程的可解，以及乔治·康托尔所发现的一切，都是令人感到非常意外的。总之，我希望哈代会认可我所选择的这些“伟大定理”。

最后，我将以两段引文作为本书的结语，这两段引文尽管相距1500年，但却传达了几乎完全一样的思想。第一段引文出自5世纪的希腊评注家普罗克洛斯之手：

> 因此，这就是数学：她赋予自己的发现以生命；她令思

维活跃，精神升华；她烛照我们的内心；消除了我们与生俱有的蒙昧与无知。

在本书的前言开篇中曾引述过20世纪伯特兰·罗素的一段话，最后，我再引述他的另一段话。罗素认识到数学中的美，他像其他任何人一样，尽力刻画这种美。我最后引述他的一段评论，希望它能够代表读者对书中这些数学杰作的反应：

恰当地说，数学不仅拥有真理，还拥有极度的美——一种冷静和朴素的美，犹如雕塑的美那样，没有吸引我们脆弱本性中的任何部分的内容，没有绘画或音乐那样华丽的外衣，但是，却显示了高尚的纯粹，以及只有在最伟大的艺术中才能表现出来的严格的完美。

参考文献

Journey Through Genius

Alexanderson, G. L. "Ars Expositionis: Euler as Writer and Teacher." *Mathematics Magazine* 56 (November, 1983) 274–278.

Beckmann, Petr. *A History of π*. New York: St. Martin's Press, 1971.

Bell, Eric Temple. *Men of Mathematics*. New York: Simon & Schuster, 1937.

Bernoulli, Jakob. *Ars Conjectandi*. Basel, 1713.

Borwein, Jonathan M. & Borwein, Peter B. "Ramanujan and Pi." *Scientific American* 258 (February, 1988) 112–117.

Burton, David M. *A History of Mathematics: An Introduction*. Boston: Allyn & Bacon, 1985.

Calinger, Ronald. *Classics of Mathematics*. Oak Park, Ill.: Moore Publishing Co., 1982.

Cantor, Georg. *Contributions to the Founding of the Theory of Transfinite Numbers* (Trans. by Philip E. B. Jourdain). New York: Dover (Reprint), 1955.

Cardano, Girolamo (a.k.a. Jerome Cardan). *De Vita Propria Liber* (Trans. by Jean Stoner). New York: Dover (Reprint), 1962.

———. *The Great Art, or The Rules of Algebra* (Trans. by T. Richard Witmer). Cambridge, Mass.: M.I.T. Press, 1968.

———. *Opera Omnia* (1662 edition), Vol. IV. New York: Johnson Reprint Corporation, 1967.

Cicero. *Tusculanes*. Paris: Societe d'Edition "Les Belles Lettres," 1968.

Dauben, Joseph. *Georg Cantor: His Mathematics and Philosophy of the Infinite*. Cambridge, Mass.: Harvard University Press, 1979.

Dunham, William. "The Bernoullis and the Harmonic Series." *The College Mathematics Journal* 18 (January, 1987) 18–23.

Edwards, C.H. Jr. *The Historical Development of the Calculus*. New York: Springer-Verlag, 1979.

Euler, Leonhard. *Opera Omnia* (1), Vols. 2, 6, and 14. Leipzig, 1915–1925.

Eves, Howard. *An Introduction to the History of Mathematics*, 5th Ed. Philadelphia: Saunders, 1983.

Fauvel, John & Gray, Jeremy. *The History of Mathematics: A Reader*. London: The Open University, 1987.

Fermat, Pierre de. *Oeuvres*, Vol. 1. Paris: Gauthier-Villars et Fils, 1891.
Gillispie, Charles C. (Ed.-in-chief). *Dictionary of Scientific Biography* (in 16 vols.). New York: Scribners, 1970.
Grattan-Guinness, Ivor (Ed.). *From the Calculus to Set Theory, 1630–1910*. London: Duckworth, 1980.
Hall, Rupert. *Philosophers at War*. New York: Cambridge University Press, 1980.
Hardy, G.H. *A Mathematician's Apology*. Cambridge: Cambridge University Press, 1967.
———. *Ramanujan*. New York: Chelsea, 1959.
Heath, Sir Thomas L. *A History of Greek Mathematics* (2 Vols.). New York: Dover (Reprint), 1981.
———. *The Thirteen Books of Euclid's Elements* (3 Vols.) New York: Dover (Reprint), 1956.
———. *The Works of Archimedes*. New York: Dover (Reprint), 1953.
Hilbert, David. *Foundations of Geometry* (Trans. by E. J. Townsend). Chicago: Open Court, 1902.
Kline, Morris. *Mathematical Thought from Ancient to Modern Times*. New York: Oxford University Press, 1972.
Loomis, Elisha Scott. *The Pythagorean Proposition*. Washington: National Council of Teachers of Mathematics, 1968.
Ore, Oystein. *Cardano: The Gambling Scholar*. New York: Dover (Reprint), 1965.
———. *Number Theory and its History*. New York: Dover (Reprint), 1988.
Oresme, Nicole. *Quaestiones super Geometriam Euclidis* (Commentary by H.L.L. Busard). Leiden: E. J. Brill, 1961.
Plutarch. *The Lives of the Noble Grecians and Romans* (trans. by John Dryden). New York: Modern Library, no date.
Proclus. *A Commentary on the first book of Euclid's Elements* (trans. by Glenn R. Morrow). Princeton: Princeton University Press, 1970.
Rickey, V. Frederick. "Isaac Newton: Man, Myth, and Mathematics." *The College Mathematics Journal* 18 (November, 1987) 362–389.
Russell, Bertrand. *The Autobiography of Bertrand Russell* (2 vols.). Boston: Little, Brown & Co., 1951.
Sandburg, Carl. *Abraham Lincoln: The Prairie Years*. New York, Harcourt, Brace & Co. 1926.
Smith, David E. *A Source Book in Mathematics*. New York: Dover (Reprint), 1959.
Struik, Dirk. *A Source Book in Mathematics: 1200–1800*. Princeton: Princeton University Press, 1986.
Trudeau, Richard. *The Non-Euclidean Revolution*. Boston: Birkhauser, 1987.
Viète, Francois. *The Analytic Art* (trans. by T. Richard Witmer). Kent, Ohio: Kent State University Press, 1983.

Weil, André. *Number Theory: An Approach through History*. Boston: Birkhauser, 1984.

Westfall, Richard S. *Never at Rest: A Biography of Isaac Newton*. Cambridge: Cambridge University Press, 1980.

Whiteside, D. T. *The Mathematical Works of Isaac Newton*, Vol. 1. New York: Johnson Reprint, 1964.

Wolfe, Harold. *Introduction to Non-Euclidean Geometry*. New York: Dryden Press, 1945.

Young, Jeff & Bell, Duncan A. "The Twentieth Fermat Number is Composite." *Mathematics of Computation* 50 (January, 1988) 261–263.